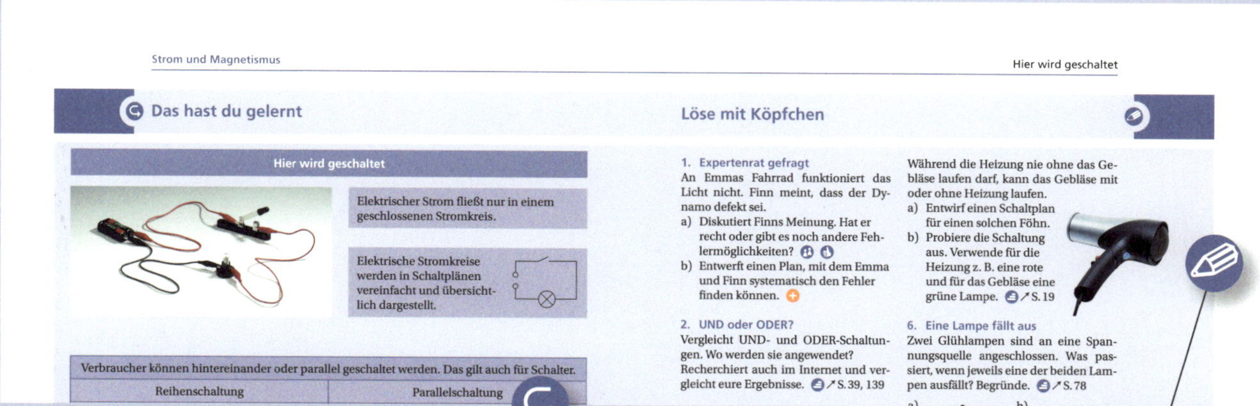

Strom und Magnetismus

Hier wird geschaltet

Das hast du gelernt

Hier wird geschaltet

Elektrischer Strom fließt nur in einem geschlossenen Stromkreis.

Elektrische Stromkreise werden in Schaltplänen vereinfacht und übersichtlich dargestellt.

Verbraucher können hintereinander oder parallel geschaltet werden. Das gilt auch für Schalter.

Reihenschaltung	Parallelschaltung

Löse mit Köpfchen

1. Expertenrat gefragt
An Emmas Fahrrad funktioniert das Licht nicht. Finn meint, dass der Dynamo defekt sei.
a) Diskutiert Finns Meinung. Hat er recht oder gibt es noch andere Fehlermöglichkeiten?
b) Entwerft einen Plan, mit dem Emma und Finn systematisch den Fehler finden können.

2. UND oder ODER?
Vergleicht UND- und ODER-Schaltungen. Wo werden sie angewendet? Recherchiert auch im Internet und vergleicht eure Ergebnisse. ↗ S. 39, 139

Während die Heizung nie ohne das Gebläse laufen darf, kann das Gebläse mit oder ohne Heizung laufen.
a) Entwirf einen Schaltplan für einen solchen Föhn.
b) Probiere die Schaltung aus. Verwende für die Heizung z. B. eine rote und für das Gebläse eine grüne Lampe. ↗ S. 19

6. Eine Lampe fällt aus
Zwei Glühlampen sind an eine Spannungsquelle angeschlossen. Was passiert, wenn jeweils eine der beiden Lampen ausfällt? Begründe. ↗ S. 78

Löse mit Köpfchen

Durch vielfältige und interessante Aufgaben kannst du erworbene Kenntnisse wiederholen und anwenden.

Das hast du gelernt

Du erhältst einen Überblick über wesentliche Inhalte mehrerer Themenseiten.

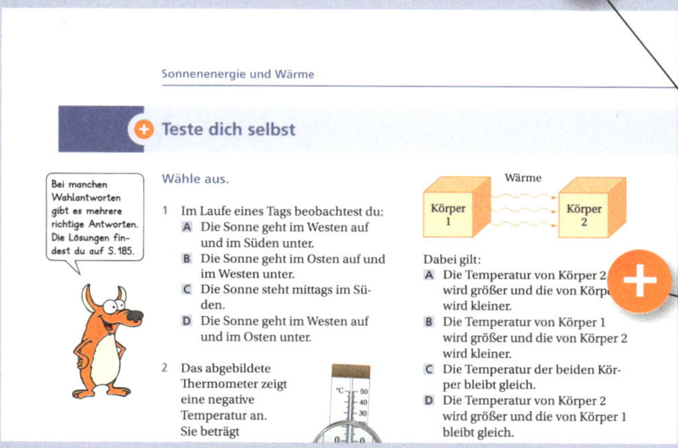

Sonnenenergie und Wärme

Teste dich selbst

Bei manchen Wahlantworten gibt es mehrere richtige Antworten. Die Lösungen findest du auf S. 185.

Wähle aus.

1 Im Laufe eines Tags beobachtest du:
A Die Sonne geht im Westen auf und im Süden unter.
B Die Sonne geht im Osten auf und im Westen unter.
C Die Sonne steht mittags im Süden.
D Die Sonne geht im Westen auf und im Osten unter.

2 Das abgebildete Thermometer zeigt eine negative Temperatur an. Sie beträgt

Dabei gilt:
A Die Temperatur von Körper 2 wird größer und die von Körper 1 wird kleiner.
B Die Temperatur von Körper 1 wird größer und die von Körper 2 wird kleiner.
C Die Temperatur der beiden Körper bleibt gleich.
D Die Temperatur von Körper 2 wird größer und die von Körper 1 bleibt gleich.

Teste dich selbst

Hier kannst du dein Wissen selbstständig überprüfen. Die Lösungen findest du im Anhang des Lehrbuchs.

Energieübertragung

Wusstest du schon …

Strom für unterwegs und aus der Wand

Wenn deine Taschenlampe nur noch glimmt, ist klar, was zu tun ist: Batterien austauschen. Schwächelt dein MP3-Player oder geht dein Handy nicht mehr, lädst du den Akkumulator, kurz Akku, auf. Dann liefert er wieder Energie. Die elektrische Energie im Akku wird durch elektrochemische Reaktionen freigesetzt (chemische Wirkung des elektrischen Stroms).

Im Braunkohlentagebau Garzweiler wird auf ca. 70 km² Fläche Braunkohle abgebaut.

Bei den meisten elektrischen Geräten nutzt du Energie aus der Steckdose. Diese wird in Kraftwerken aus verschiedenen Energieträgern bereitgestellt, z. B. aus Kohle, Wind oder Wasser. In einem Kohlekraftwerk wird beim Verbrennen von Kohle heißer Wasserdampf erzeugt.

Die Energie des Wasserdampfs versetzt eine Dampfturbine in Drehbewegung. Die Energie wird dann über eine Welle auf einen Generator übertragen und von dort auf den elektrischen Strom. Der Anteil der Braunkohle an der Energieerzeugung beträgt knapp 25 %.

Bei einem Kohlekraftwerk erfolgt eine ganze Kette von Energieüber-

Wusste…

Hier kan…
vertiefen…

Symbole zu den Aufgaben

- ⊕ Erweiterndes und Vertiefendes
- Erkenntnisse gewinnen
- Kommunizieren
- Bewerten

Physik – na klar!

Lehrbuch für die Klassen 5/6
Nordrhein-Westfalen

Duden Schulbuchverlag
Berlin · Mannheim

Autoren
Dr. habil. Barbara Gau
Ingo Koch
Prof. Dr. habil. Lothar Meyer
PD Dr. Gerd Riedl

Beiträge von
Evelyn Honcu, Dirk Kelch, Michael Neunzig, Dr. habil. Christa Pews-Hocke, Dr. Josef Küblbeck, Dr. Adria Wehser; Silvia Wenning

Beraterin
Silvia Wenning, Essen

Dieses Werk enthält Vorschläge und Anleitungen für Untersuchungen und Experimente. Vor jedem Experiment sind mögliche Gefahrenquellen zu besprechen. Die Gefahrstoffe sind durch die entsprechenden Symbole gekennzeichnet. Experimente werden nur nach Anweisung der Lehrkraft durchgeführt. Solche mit Gefahrstoffen dürfen nur unter Aufsicht durchgeführt werden. Beim Experimentieren sind die Richtlinien zur Sicherheit im naturwissenschaftlichen Unterricht einzuhalten.

Die genannten Internetangebote wurden von der Redaktion sorgfältig zusammengestellt und geprüft. Für die Inhalte der Internetangebote Dritter, deren Verknüpfung zu anderen Internetangeboten und Änderungen der unter der jeweiligen Internetadresse angebotenen Inhalte übernimmt der Verlag keinerlei Haftung.

1. Auflage
1 [5 4 3 2 1] | 2015 2014 2013 2012 2011
Alle Drucke dieser Auflage können im Unterricht nebeneinander benutzt werden.
Die letzte Zahl bezeichnet das Jahr des Druckes.

Internet www.duden-schulbuch.de

Redaktion Dr. habil. Barbara Gau
Gestaltungskonzept Schröder Design
Einband Britta Scharffenberg, Schröder Design
Layout corngreen, Cornelia Gründer, Leipzig; Claudia Kilian
Grafik Heribert Braun, Peter Friedl, Christiane Gottschlich, Melanie Groger, Gabriele Lattke, Heike Möller, Jens Prockat, Walther-Maria Scheid
Titelbild Surfer, iStockphoto/Michelle Lyles
Druck und Bindung CS-Druck CornelsenStürtz, Berlin
ISBN 978-3-8355-3195-6

Inhaltsverzeichnis

So kannst du vorgehen

1 Strom und Magnetismus

1 Ohne Energie läuft nichts

Einschalten und los geht's – das schätzen wir an elektrischen Geräten. Aber woher kommt die elektrische Energie, damit die Geräte funktionieren? Welche Spannungsquellen nutzt du? Erstelle eine Tabelle.

2 Kleine gelbe Männchen?

Elektrischen Strom kannst du nicht sehen, weil du kein Sinnesorgan dafür hast. Aber er besteht wohl ja nicht aus kleinen gelben Männchen. Beschreibe, wie du dir elektrischen Strom vorstellst.

3 Alleskönner Strom

Elektrischer Strom kann unterschiedliche Wirkungen haben. Finde diese in den Geräten, die du täglich benutzt.
Ordne die Geräte nach ihren Wirkungen.

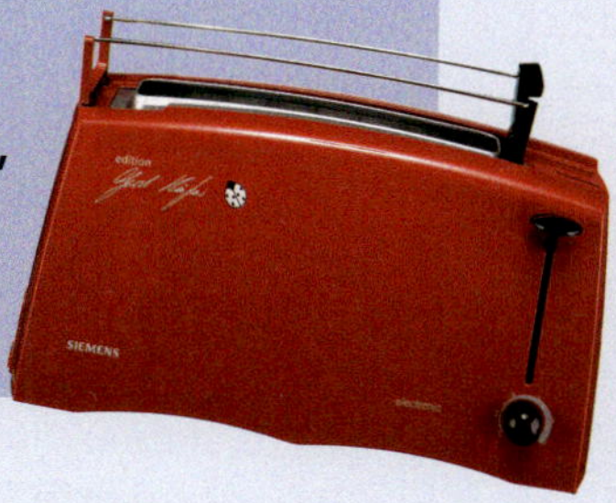

4 Für Rätselfans

Übernimm das Kreuzworträtsel ins Heft und löse es.

Waagerecht:
1 Wirkung zwischen zwei Magneten
2 Macht aus einer Spule einen Elektromagneten
3 Körper, der andere Körper aus Eisen anzieht
4 Richtung, in die der Südpol einer Kompassnadel weist

Senkrecht:
1 Gerät zur Bestimmung von Himmelsrichtungen

Orientierung mit dem Kompass

Magnete und ihre Wirkungen

Wie richtet sich eine drehbare Kompassnadel aus?
Gelingt es dir, die Richtung der Kompassnadel zu ändern?
Vergleicht eure Beobachtungen.

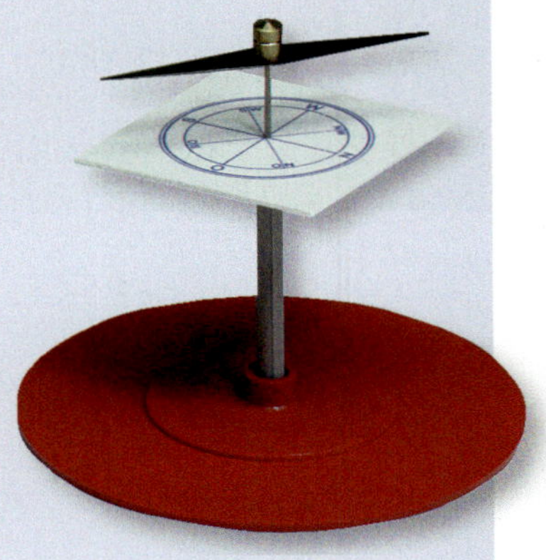

Magnete kennst du als Stabmagnete, Haltemagnete oder als Kompassnadeln. Magnete haben eine besondere Eigenschaft: Sie ziehen Körper aus bestimmten Stoffen an.

- Magnete sind Körper, die andere Körper aus Eisen, Nickel oder Cobalt anziehen.

Magnete haben Stellen, an denen die Anziehung am größten ist. Bei Stabmagneten und Hufeisenmagneten sind es die Enden. Sie heißen Pole des Magneten. Häufig werden die beiden Pole mit unterschiedlichen Farben gekennzeichnet: der **Nordpol** rot und der **Südpol** grün.

Auch wenn du versehentlich einen Magneten zerbrichst, hat jeder Teil wieder zwei Pole, einen Nordpol und einen Südpol. Das ergibt sich aus dem Aufbau eines Magneten (↗ S. 13).

- Jeder Magnet hat mindestens zwei Pole, einen Nordpol und einen Südpol.

Wenn du eine Magnetnadel drehbar lagerst oder einen Stabmagneten an einem Faden aufhängst, dann zeigen sie in Nord-Süd-Richtung.

Das Ende, das nach Norden zeigt, heißt Nordpol des Magneten, das andere Ende dementsprechend Südpol.

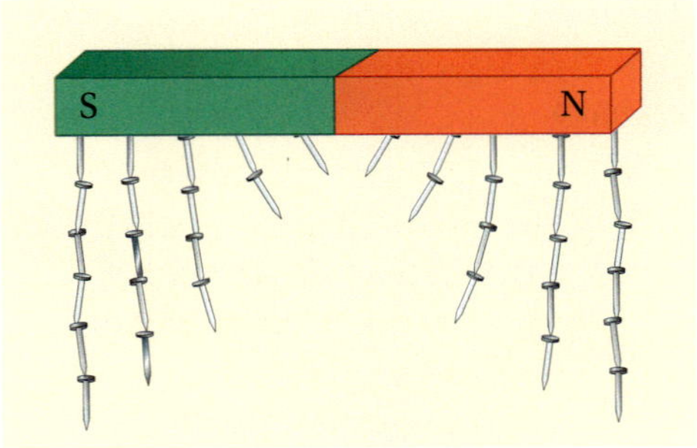

1 Woran erkennst du, dass die Anziehung an den Polen am größten ist?

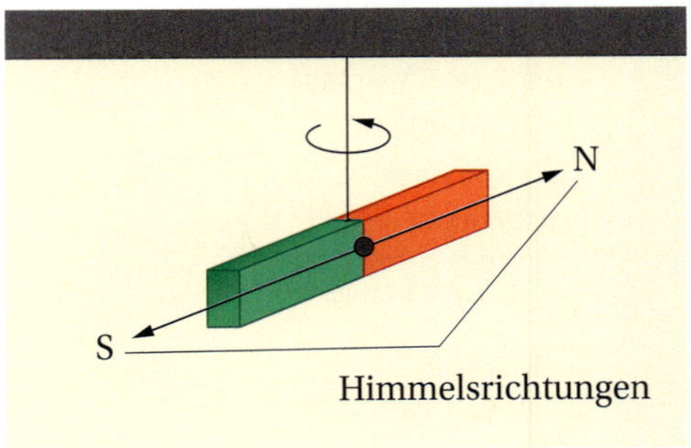

2 Beschreibe, wie sich ein drehbarer Magnet ausrichtet.

Erforsche es

Untersuchungen mit Magneten

1. Halte einen Stabmagneten in eine Kiste mit Eisennägeln und hebe ihn vorsichtig an.
   Beschreibe deine Beobachtungen.

2. Untersuche, in welchem Abstand eine Büroklammer von einem Stabmagneten merklich angezogen wird.

3. Untersuche, welche Gegenstände von einem Magneten angezogen werden und welche nicht.
   a) Prüfe z. B. die Gegenstände rechts. Lege eine Tabelle an.
   b) Bringe den Magneten in die Nähe von beiden Enden eines anderen Magneten.
   c) Dehne die Untersuchung auf Einzelteile deines Fahrrads aus.
   Aus welchen Stoffen bestehen die Gegenstände, die vom Magneten angezogen werden?

Verwende Büroklammern, Nägel, Schere, Kamm, Papier, Münzen, Radiergummi, Stoff und Schrauben.

4. Was passiert, wenn sich zwei gleichnamige und zwei ungleichnamige Pole gegenüberstehen? Beschreibe und erkläre deine Beobachtungen.

Je nachdem, welche Pole sich gegenüberstehen, ziehen sich Magnete an oder stoßen sich ab.

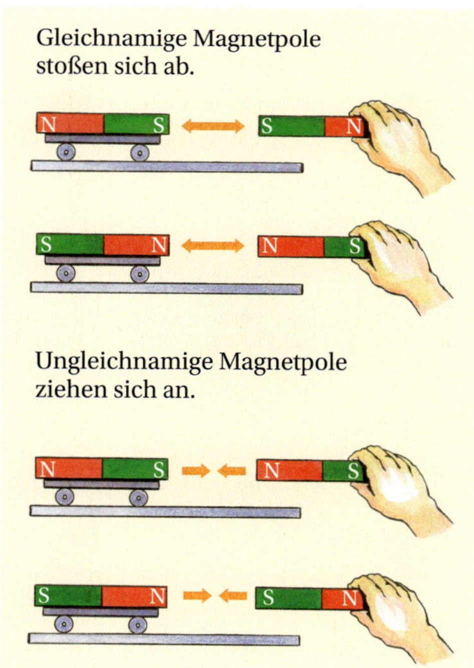

Dazu müssen sich die Pole nicht berühren. Magnete wirken durch Wasser, Luft und viele andere Stoffe hindurch.

Aufgaben

1 Laura verwechselt ständig die Farben, die für Magnetpole festgelegt sind. Hilf ihr, indem du fortsetzt:
Südpol – grün
Nordpol – …

2 Lies den Text auf dieser Seite gründlich. Stelle eine Vermutung auf. ⊕
a) Was wird passieren, wenn du eine Eisenkugel nutzt und der Magnet an der Unterseite des Tischs entlangbewegt wird?
b) Überprüfe deine Vermutung.
c) Nimm anstelle der Eisenkugel eine Holzkugel.
Wie ändert sich das Ergebnis? Deute deine Beobachtungen.

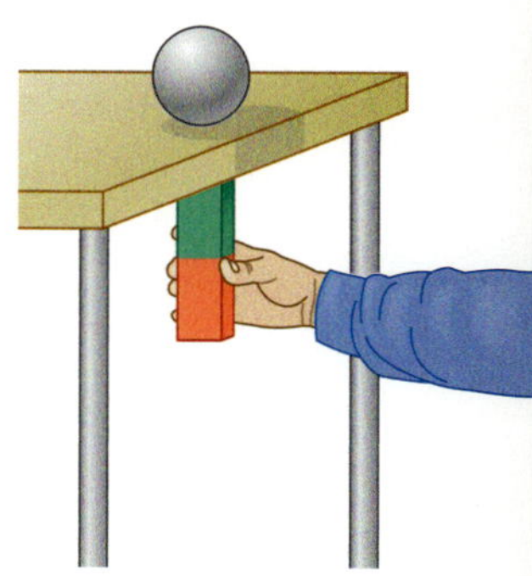

Orientierung mit dem Kompass

Das magnetische Feld

Lege auf verschiedene Magnete eine Glasplatte oder Papier. Streue darauf Eisenfeilspäne. Vergleiche die Bilder.

Woran liegt es, dass zwischen einigen Körpern magnetische Wirkungen auftreten, obwohl sie sich nicht berühren?

Um jeden Magneten existiert ein Bereich, ein **magnetisches Feld,** in dem Kraftwirkungen auftreten. Kleine Magnete und Eisenfeilspäne richten sich in einem Magnetfeld in ganz typischer Weise aus.

Zeichnest du anstelle der Ketten aus Eisenfeilspänen Linien, so erhältst du ein **Feldlinienbild** des magnetischen Felds wie auf der Seite 13 oben. Es ist ein **Modell** des magnetischen Felds.
Wie jedes andere Modell ist das Feldlinienbild eine **Vereinfachung der Wirklichkeit.** Es stimmt in wichtigen Eigenschaften mit der Wirklichkeit überein, in anderen nicht.

1 Beschreibe, wie sich kleine Magnete im magnetischen Feld ausrichten.

2 Vergleiche die Ausrichtung der Eisenfeilspäne mit der Abbildung links.

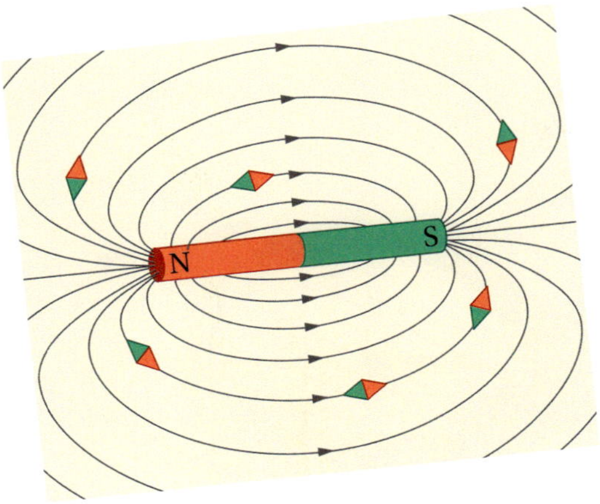

Aus dem Feldlinienbild eines Stabmagneten kannst du erkennen, wie sich kleine Magnete im Feld ausrichten.

Um einen Magneten existiert ein magnetisches Feld. Es lässt sich mithilfe eines Feldlinienbilds veranschaulichen. Es ist ein Modell des Felds.

Außerhalb eines Magneten verlaufen die Feldlinien vom Nordpol zum Südpol. Je dichter sie liegen, umso größer ist dort die magnetische Wirkung.

Aufgaben

1 Ein magnetisches Feld kannst du nur an seinen Wirkungen erkennen. Welche Wirkungen sind das?

2 Wenn du mit einem Magneten an einem Nagel aus Eisen mehrmals gleichmäßig entlangstreichst, wird der Nagel ein Magnet.

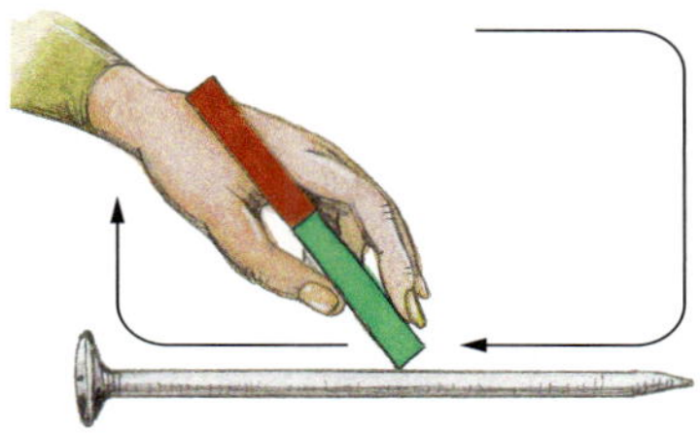

Stelle einen solchen Magneten her. Wie viele Büroklammern kann er heben? ↗ S. 19

3 Zeige, dass die magnetische Wirkung verloren geht, wenn du den Eisennagel stark erhitzt oder mit einem Hammer bearbeitest.

Wusstest du schon …

Herstellen von Magneten

Körper aus Eisen, Nickel und Cobalt werden in der Nähe eines starken Magneten selbst magnetisch. Das hängt mit ihrem Aufbau zusammen.
Sie bestehen aus winzigen ungeordneten Bereichen, von denen sich jeder wie ein kleiner Magnet verhält.

Nach außen ist z. B. ein Eisennagel unmagnetisch. Unter dem Einfluss eines Magneten richten sich die kleinen Magnete aus. Der Nagel wird selbst magnetisch.

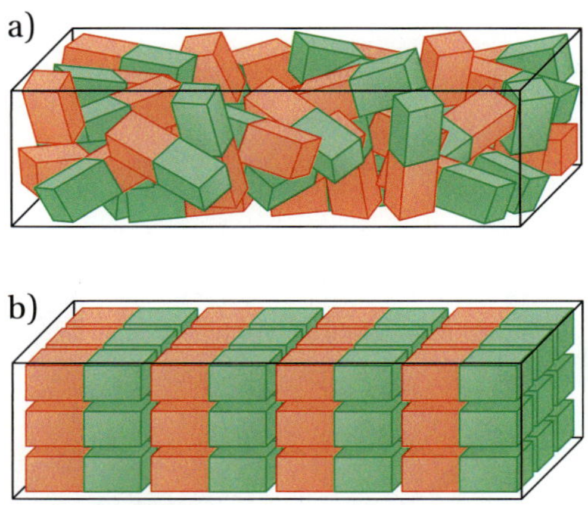

Unmagnetisiertes (a) und magnetisiertes (b) Eisen im Modell

Orientierung mit dem Kompass

So funktioniert ein Kompass

Mit einem Kompass kannst du Himmelsrichtungen bestimmen.
Wie funktioniert ein Kompass?

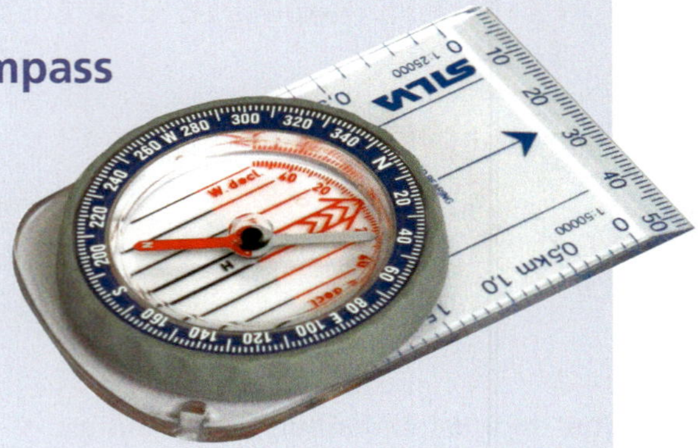

Es gilt als wahrscheinlich, dass die Chinesen den Kompass erfunden haben. Bereits vor mehr als tausend Jahren nutzten sie die ersten Kompasse.

Der prinzipielle Aufbau ist im Verlauf der Geschichte immer gleich geblieben. Ein Kompass besteht aus einer drehbar gelagerten kleinen Magnetnadel und einer Skala mit den Himmelsrichtungen. Diese kann ebenfalls drehbar sein.

Du kannst dich mit einem Kompass in einem unbekannten Gelände orientieren, weil unsere Erde ein großer, wenn auch relativ schwacher Magnet ist.
Im Magnetfeld der Erde richtet sich die Kompassnadel entsprechend der Richtung der Feldlinien dieses Magnetfelds aus.
Der Nordpol der Magnetnadel weist etwa in Richtung des geografischen Nordpols der Erde.

Die Kompassnadel richtet sich in Nord-Süd-Richtung aus.

Das Magnetfeld der Erde ähnelt in Erdnähe dem Magnetfeld eines Stabmagneten.

Wusstest du schon …

Besonderheiten des Magnetfelds der Erde

Die Stärke des Magnetfelds unterliegt Schwankungen. Auch die Lage der magnetischen Pole ist nicht konstant, sondern ändert sich im Laufe von Jahrzehnten.
Im Zusammenhang mit Sonnenflecken kann es zu kurzzeitigen Veränderungen und Störungen des Magnetfelds kommen (magnetische Stürme).

Von der Sonne geht ständig ein Strom von Teilchen aus, den man als Sonnenwind bezeichnet. Er führt zu einer Verformung des Erdmagnetfelds.
Auf der Seite, die der Sonne zugewandt ist, wird das Magnetfeld zusammengedrückt. Auf der Seite, die von der Sonne abgewandt ist, reicht es weit in den Weltraum.

Da sich aber bei Magneten ungleichnamige Pole anziehen, bedeutet das: Der magnetische Nordpol der Erde liegt in der Nähe ihres geografischen Südpols, der magnetische Südpol in der Nähe des geografischen Nordpols.

Da die geografischen Pole und die magnetischen Pole nicht genau zusammenfallen, zeigt eine Magnetnadel auch nicht genau in Nord-Süd-Richtung. Je nachdem, wo du dich auf der Erde befindest, ist diese Abweichung unterschiedlich groß. In Deutschland beträgt sie 1 bis 2°.
Abweichungen können bei der Anzeige auch auftreten, wenn sich der Kompass in der Nähe eiserner Zäune oder Heizkörper befindet. Diese Körper sind im Laufe der Jahre selbst zu schwachen Magneten geworden und beeinflussen die Anzeigen.

Aufgabe

Halte einen Kompass je einmal oben und unten an einen eisernen Heizkörper. Beschreibe und erkläre deine Beobachtungen. ↗ S. 30, 31

Die Lage der magnetischen Pole der Erde ändert sich mit der Zeit.

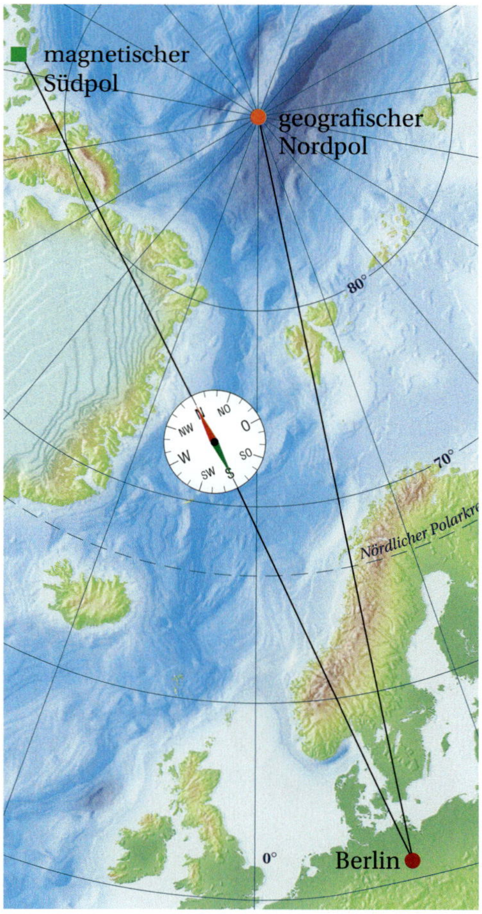

Der magnetische Südpol liegt in der Nähe des geografischen Nordpols.

Das hast du gelernt

Orientierung mit dem Kompass

Um einen Magneten wirken Kräfte auf Körper aus Eisen, Nickel, Cobalt und auf andere Magnete.
Das geschieht ohne direkten Kontakt.

Jeder Magnet hat mindestens einen Nordpol und einen Südpol.

Gleichnamige Pole stoßen sich ab, ungleichnamige Pole ziehen sich an.

Der Bereich um einen Magneten, in dem anziehende und abstoßende Wirkungen auftreten, heißt **magnetisches Feld**. Das Feld kann mithilfe eines Feldlinienbilds dargestellt werden.
Das **Feldlinienbild** ist ein Modell des Felds.

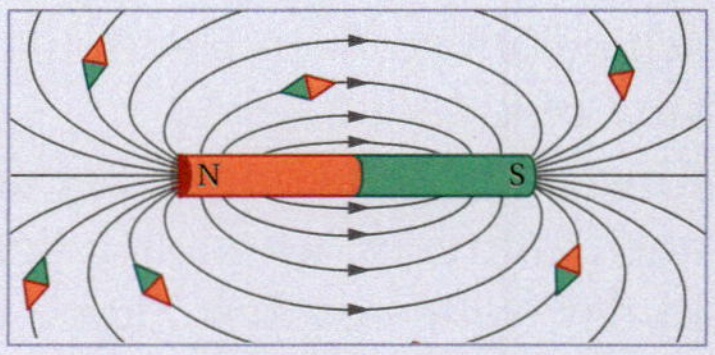

Unsere Erde ist ein großer, aber relativ schwacher Magnet. Im Magnetfeld der Erde richten sich Kompassnadeln in Nord-Süd-Richtung aus.

Löse mit Köpfchen

1. Magnete in Geräten

a) Erkläre, wie magnetische
- Seifenhalter,
- Schraubendreher,
- Büroklammerspender

funktionieren. ↗ S. 31

b) Finde weitere Gegenstände oder Geräte, in denen Magnete angewendet werden.

2. Aus 1 mach 2?

Ein Stabmagnet wurde versehentlich zerbrochen. Was kannst du über die magnetische Wirkung der beiden Teile voraussagen?

3. Schwebender Magnet

Ein Scheibenmagnet schwebt über einem anderen, so wie in der Abbildung dargestellt. Was passiert, wenn der obere Magnet umgedreht wird?

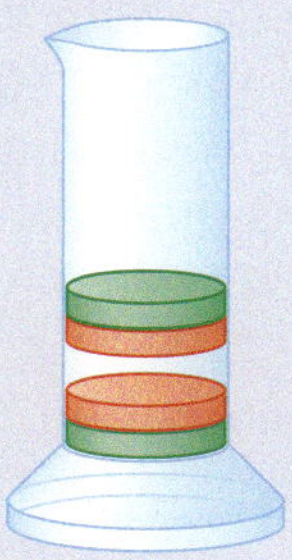

4. Gewaltsames Ende

Erkläre, warum ein magnetisierter Eisennagel seine Wirkung verliert, wenn er mit einem Hammer bearbeitet wird.

5. Sensible Kompassnadel

Ein Kompass zeigt dir nur dann die richtige Richtung an, wenn die Nadel nicht durch andere magnetische Kräfte beeinflusst wird, sondern nur durch das Erdmagnetfeld. Wodurch können Fehler bei der Richtungsbestimmung durch einen Kompass entstehen? +

6. Kraftverstärkung

Probiere aus, bei welcher Anordnung sich die Kraftwirkungen von zwei gleichen Stabmagneten verstärken bzw. abschwächen. ↗ S. 19

7. Experimentiere in Gedanken

Stell dir vor, du befindest dich mit einer Expedition in der Antarktis. Genau unter deinen Füßen ist ein magnetischer Pol. Du hast einen Kompass, dessen Nadel so gelagert ist, dass sie sich in jede Richtung drehen kann.
Wie stellt sich die Nadel ein? Begründe deine Antwort. ↗ S. 78

8. Nachweis des Erdmagnetfelds

Konstruiere eine Anordnung, mit der du die Richtung des Magnetfelds der Erde nachweisen kannst. ↗ S. 19
Entwickle Ideen für weitere Anordnungen und probiere sie aus. +

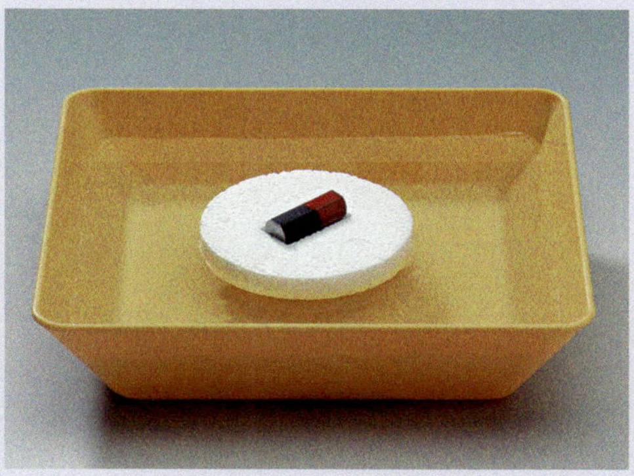

a) Demonstriere deinen Mitschülern die Anordnungen, die du entwickelt hast.

b) Beschreibe den Aufbau der Anordnungen und erkläre ihre Wirkungsweise.

c) Diskutiert mögliche Abweichungen.

Hier wird geschaltet

Sicherheit zuerst!

Beim Umgang mit elektrischem Strom musst du Regeln einhalten. Welche sind das?

Regeln für einen sicheren Umgang mit elektrischem Strom

- Experimentiere niemals mit Spannungsquellen, die eine Spannung von 25 V und mehr haben!
- Berühre niemals die Pole einer Steckdose oder Kabel mit schadhafter Isolierung mit den Händen! Berühre sie auch nicht mit Gegenständen, die den Strom leiten, wie Minen von Bleistift oder Kugelschreiber!
- Fasse elektrische Geräte niemals mit nassen Händen an!
- Ziehe Stecker nicht am Kabel aus der Steckdose, sondern am Stecker!
- Baue Experimente nur bei ausgeschalteter Spannungsquelle auf!
- Schalte Spannungsquellen erst ein, wenn der Lehrer den Aufbau der Schaltung überprüft hat!

Auch wenn du noch nicht genau weißt, was elektrischer Strom ist, musst du Regeln beachten, die mit seiner Nutzung verbunden sind. Nur so kannst du dich und andere vor Gefahren schützen.

Unser Körper leitet den elektrischen Strom. Deshalb kann es bei Stromfluss durch unseren Körper zu lebensgefährlichen Verletzungen kommen. Schon bei Spannungen von 25 V kann es gefährlich werden.

Wir haben kein Sinnesorgan für elektrischen Strom. Daher können wir ihn weder sehen noch hören oder riechen und müssen besonders vorsichtig sein.

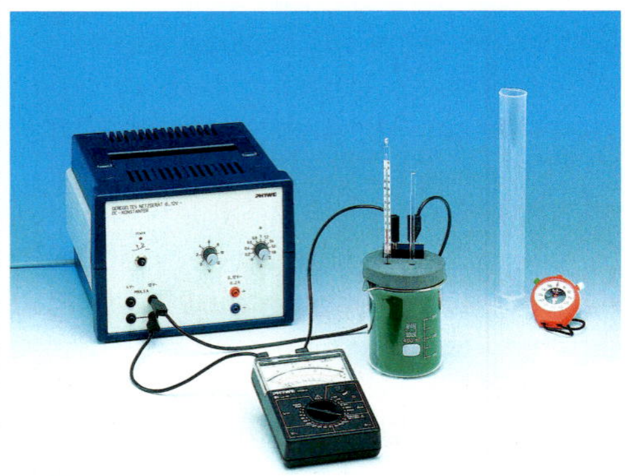

Wo lauern hier Gefahren?

So kannst du vorgehen

Experimentieren und Protokollieren

Beim Experimentieren gewinnst du Erkenntnisse, indem du Erscheinungen zielgerichtet genauer untersuchst. Dabei wird beobachtet, gemessen und ausgewertet.
Jedes Experiment muss wiederholt werden können. Nur dann lassen sich Ergebnisse überprüfen. Deshalb protokolliere alle Beobachtungen und Messungen.

Untersuche, wovon die Helligkeit eines Fahrradlämpchens abhängt.

▶ Schritt 1

Bereite das Experiment vor.
Überlege Folgendes:
- Musst du nur beobachten oder auch messen?
- Wie kannst du das Experiment aufbauen? Ist eine Skizze sinnvoll?
- Welche Geräte und Hilfsmittel benötigst du?

Ein Fahrradlämpchen (6 V; 3 W) wird nacheinander an eine, zwei und drei Batterien von 1,5 V angeschlossen. Die Helligkeit der Lampe wird beobachtet.

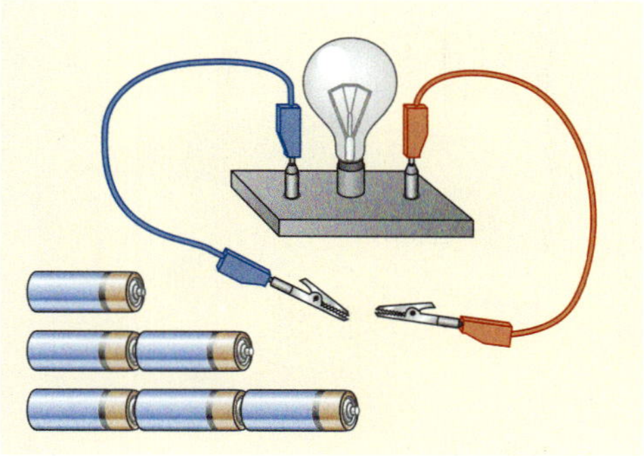

▶ Schritt 2

Führe das Experiment durch.
- Baue das Experiment auf.
- Gehe sorgfältig mit den Geräten um.
- Halte alle Sicherheitsvorschriften ein. Gefährde niemanden.
- Notiere alle Beobachtungen und trage Messwerte in Tabellen ein. Das hilft beim Anfertigen eines Protokolls.

Es ergeben sich folgende Beobachtungen:

Anzahl der Batterien	Beobachtung
1	Das Lämpchen leuchtet nur schwach.
2	Das Lämpchen leuchtet etwas heller.
3	Das Lämpchen leuchtet noch heller.

▶ Schritt 3

Werte das Experiment aus.
Formuliere das Ergebnis. Deute deine Beobachtungen, stelle Vergleiche an, fertige Diagramme an und nimm Berechnungen vor.

Deutung der Beobachtungen:
Das Lämpchen leuchtet heller, wenn es an mehrere Batterien angeschlossen wird.

Erfasse wichtige Angaben zum Experiment und seinen Ergebnissen in einem **Versuchsprotokoll**. Es sollte enthalten:
1. Aufgabe
2. Vorbereitung (Geräte, Hilfsmittel, Versuchsaufbau, Messwertetabelle)
3. Durchführung
4. Beobachtung
5. Auswertung

Hier wird geschaltet

Der elektrische Stromkreis

Nur wenn der Akku "richtig" eingelegt wird, funktioniert der MP3-Player.
Was bedeutet das?

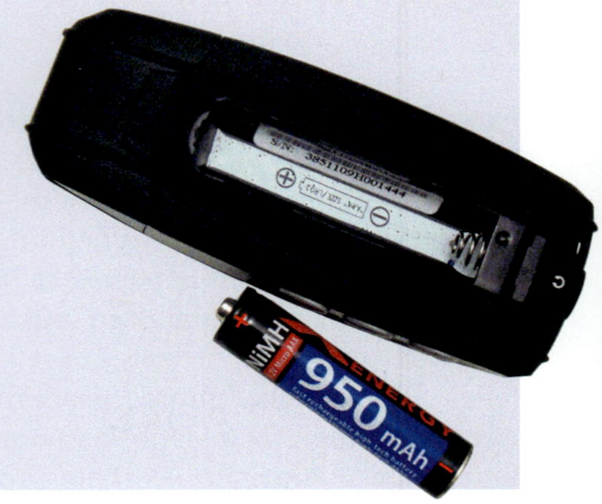

Spannungsquellen werden auch elektrische Quellen oder Stromquellen genannt.

Ohne elektrische Energie funktioniert kein elektrisches Gerät. Um eine Glühlampe zum Leuchten zu bringen, musst du sie mit einer Batterie oder mit einem Netzgerät verbinden. Auch dein MP3-Player funktioniert nur mit Akkumulatoren, kurz Akkus.

Damit dir Geräte wie ein Geschirrspüler mühselige Arbeit abnehmen, musst du den Gerätestecker in eine Steckdose stecken. In der Physik sagt man:
Es muss eine elektrische **Spannungsquelle** vorhanden sein, damit ein Gerät funktioniert.

An jeder Spannungsquelle sind der Pluspol (+) und der Minuspol (-) deutlich gekennzeichnet.

Batterien und Akkumulatoren wandeln chemische Energie in elektrische Energie um. Aber Akkumulatoren können mit Ladegeräten wieder aufgeladen werden, Batterien dagegen nicht.

Eine Spannungsquelle allein reicht aber nicht aus. Das stellst du fest, wenn du die Experimente auf Seite 21 durchführst. Damit z. B. eine Lampe leuchtet, muss sie „richtig“ angeschlossen werden.

Verschiedene Spannungsquellen

Erforsche es

Fahrradlampe intakt?

Untersuche, wie du mit einer Flachbatterie prüfen kannst, ob eine Lampe intakt ist.

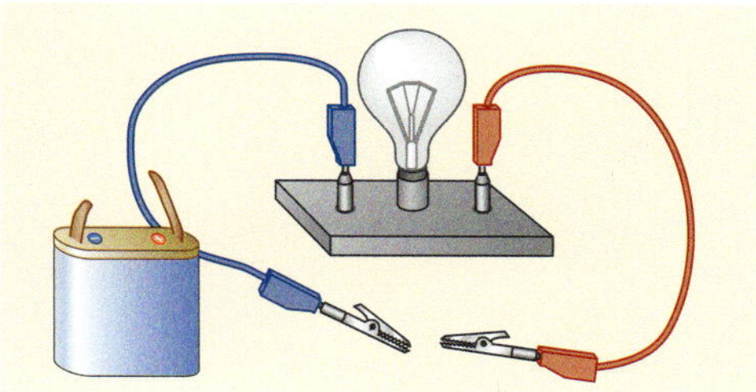

Vertausche die Kabel in der Fassung (an den Anschlüssen).

Verwende anstelle der Flachbatterie ein Netzgerät. Baue den Versuch wie in der Abbildung auf. Lege eine Spannung von 4 V an. Drehe dann die Lampe etwas aus der Fassung heraus.

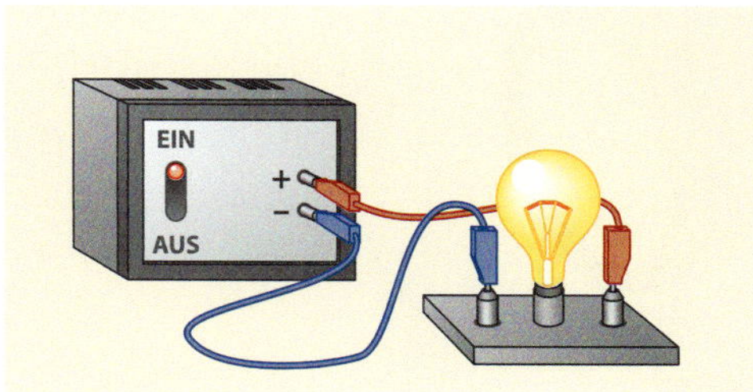

Fasse zusammen: Unter welchen Bedingungen leuchtet eine Lampe?

Jede Spannungsquelle und jedes elektrische Gerät, auch eine Lampe, hat zwei Anschlüsse. Die beiden Anschlüsse der Lampe müssen so wie in der Abbildung unten mit den beiden Anschlüssen der Spannungsquelle, den **Polen,** verbunden sein.
Von einem Pol der Batterie führt ein Kabel zu einem der beiden Anschlüsse der Lampe, dem Fußkontakt. Vom anderen Anschluss, dem Lampensockel, führt ein Kabel zurück zum anderen Pol der Batterie. Der Stromkreis ist geschlossen.

Ist der Stromkreis unterbrochen, leuchtet die Lampe nicht.

> Eine Lampe leuchtet, wenn beide Kontakte mit je einem Pol der Spannungsquelle verbunden sind. Der Stromkreis ist dann geschlossen.

Bei einer Glühlampe kommt es nicht darauf an, welcher Pol z. B. mit dem Fußkontakt verbunden ist.
Ein batteriebetriebenes Gerät funktioniert dagegen nur bei richtiger Polung.

Beim MP3-Player wird z. B. die Polung der Batterie angezeigt.

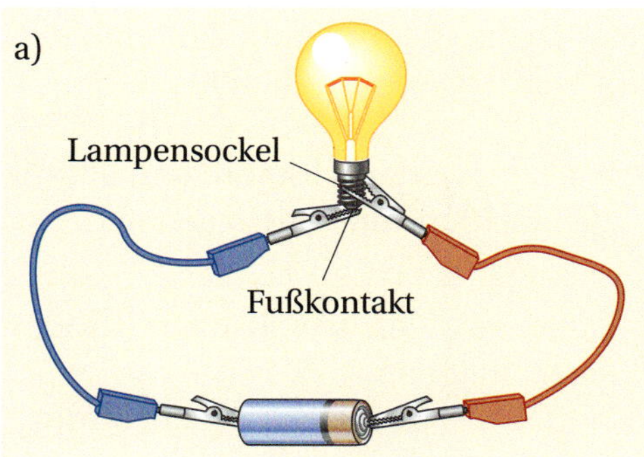

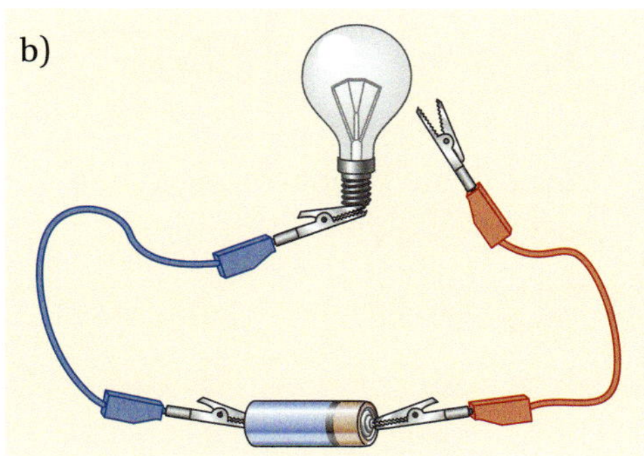

■ Beschreibe einen geschlossenen (a) und einen unterbrochenen (b) Stromkreis.

Hier wird geschaltet

Leiter und Nichtleiter

Einige Taschenlampen sind aus Kunststoff, andere aus Metall. Ist das Material wichtig für die Funktion?

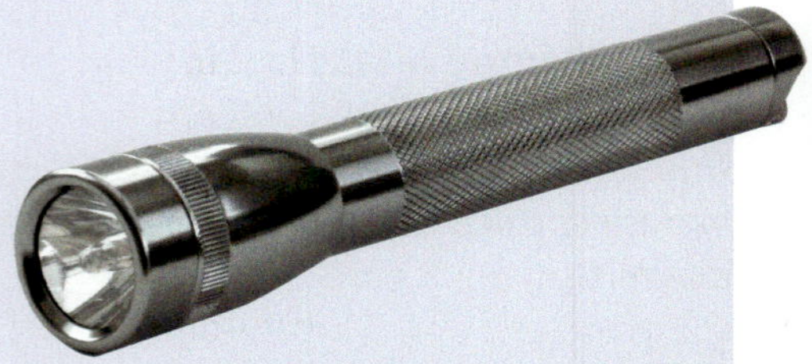

Erforsche es

Baue einen Stromkreis auf, mit dem du überprüfen kannst, welche Gegenstände aus deiner Federtasche elektrischen Strom leiten.

a) Trenne dazu einen einfachen Stromkreis an einer Stelle auf. Schließe ein drittes Kabel an. Wenn du die beiden offenen Kabelenden zusammenhältst, leuchtet die Lampe.

b) Halte nun die Kabelenden an verschiedene Gegenstände.

Nutze z. B. Füller, Lineal, Bleistift, Bleistiftmine, Radiergummi, Reißverschluss.

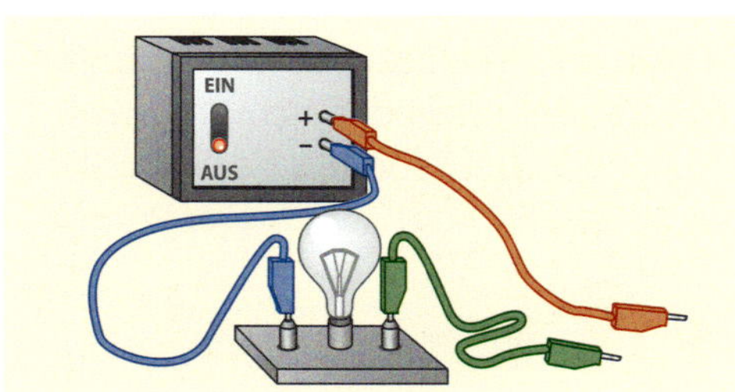

c) Werte deine Beobachtungen aus. Lege eine Tabelle an:

Körper	Stoff, aus dem der Körper besteht	Leitet der Stoff? ja	nein
Lineal			
…			

Einige Stoffe leiten den elektrischen Strom gut, andere Stoffe weniger gut oder überhaupt nicht.

Alle Metalle sind **Leiter.** Körper aus Kupfer und Aluminium leiten den elektrischen Strom besonders gut. Auch Gold ist ein guter elektrischer Leiter.

- Warum werden Kupfer und Aluminium für elektrische Kabel genutzt?

Salzlösungen leiten den Strom ebenfalls. Das gilt auch für unsere Körperflüssigkeiten. Deshalb kann der menschliche Körper Strom leiten.

Es gibt auch viele **Nichtleiter** (Isolatoren). Keramik, Kunststoff (z. B. Plastik oder Lack), Glas, Gummi, Luft und destilliertes Wasser sind Nichtleiter.

- Warum werden Gummi und Plastik zur Isolation von Kabeln genutzt?

> Stoffe, die den elektrischen Strom leiten, heißen Leiter.
> Stoffe, die den elektrischen Strom nicht leiten, heißen Nichtleiter.

Elektrische Stromkreise werden in **Schaltplänen** vereinfacht und übersichtlich dargestellt. Für einzelne Bauteile und Geräte gibt es **Schaltzeichen.**
In den meisten elektrischen Stromkreisen ist ein Schalter eingebaut, mit dem der Stromkreis geschlossen oder geöffnet werden kann. Bei geöffnetem Schalter ist der elektrische Stromkreis unterbrochen.
Bauteile und Geräte in Stromkreisen heißen elektrische **Verbraucher.** Dazu gehören z. B. Widerstände und Motoren.

Schaltzeichen	Bauteil
Spannungsquelle (allgemein) Spannungsquelle (Batterie)	
Lichtquelle	
Elektromotor	
Widerstand	
Sicherung	
Leitungen, Kabel: gekreuzt ohne Verbindung Abzweig	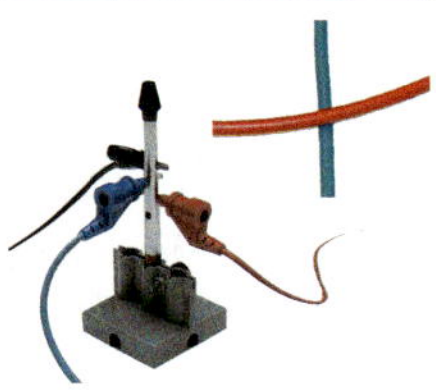
Schalter: geöffnet geschlossen	

▮ Zeichne einen Schaltplan für einen geöffneten Stromkreis.

Aufgaben

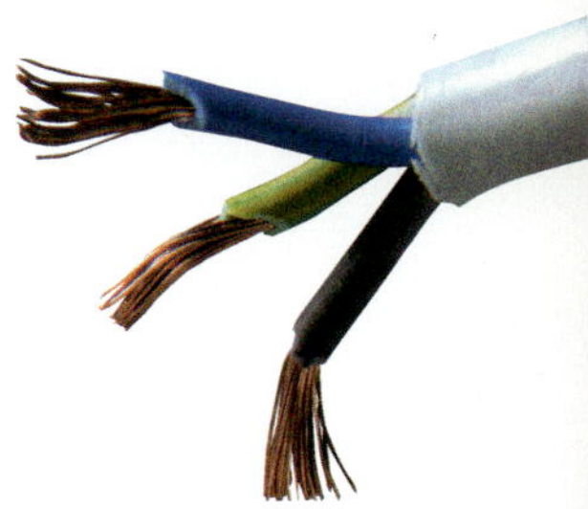

1 _ Beschreibe den Aufbau eines Elektrokabels. Verwende die Begriffe Leiter und Isolator. ↗ S. 30
Begründe, warum die elektrischen Leitungen auch gegeneinander isoliert sind. ↗ S. 78

2 _ Weise nach, dass Wasser den elektrischen Strom leitet. Probiere es mit dicken Stahlnägeln oder kleinen Kupferplatten selbst aus. Tauche die Nägel in Leitungswasser und Salzwasser. Vor dem Einschalten überprüft dein Lehrer den Stromkreis.

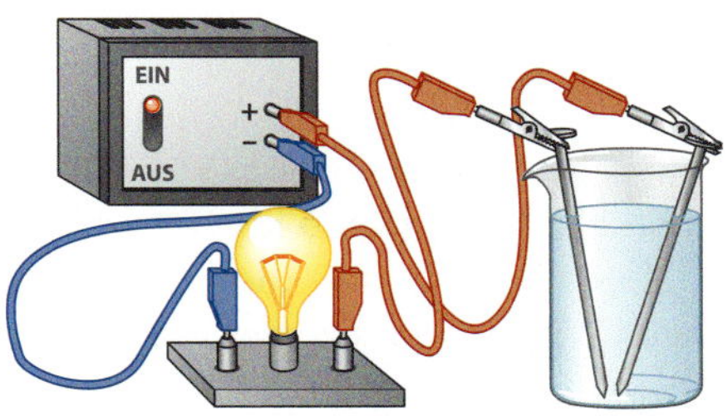

Leite aus deinen Beobachtungen ab, warum es lebensgefährlich ist, sich in der Badewanne die Haare zu föhnen. ⊕

Hier wird geschaltet

Trick mit Rahmen und Gehäuse

Nur in einem geschlossenen Stromkreis fließt elektrischer Strom. Warum ist dann aber an diesem Rücklicht nur ein einziges Kabel angeschlossen?

Erforsche es

1. Baue einen Stromkreis mit einer Batterie und einer Lampe auf, in dem Lampe und Batterie nur mit einem Kabel verbunden sind. Schließe den Stromkreis mit einer Stativstange. Beschreibe deine Beobachtung, wenn du die Klemmen an der Stativstange bewegst.

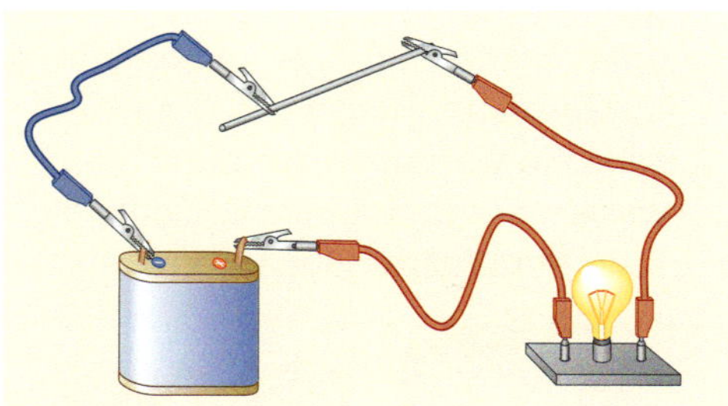

2. Erkläre mit deinem Ergebnis aus Versuch 1 und der Abbildung unten die Wirkungsweise einer Metalltaschenlampe. ⊕

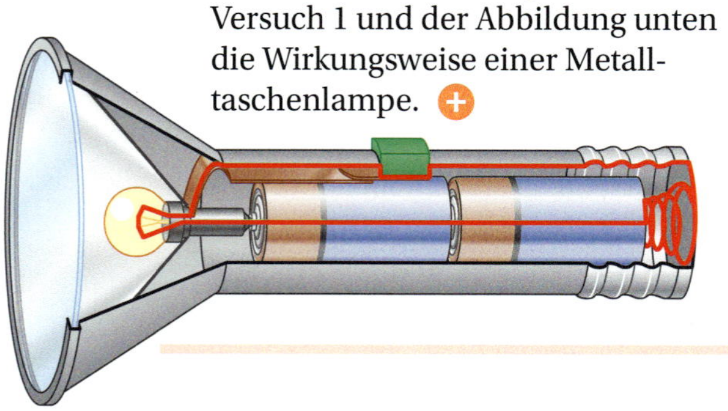

Bei vielen Fahrrädern sorgt ein Dynamo dafür, dass der Scheinwerfer und das Rücklicht eines Fahrrads bei Dunkelheit leuchten. Bei älteren Fahrrädern geht nur ein Kabel vom Dynamo zum Rücklicht und auch nur ein Kabel vom Dynamo zum Scheinwerfer.
Bei elektrischen Stromkreisen, die du bisher kennengelernt hast, verbinden zwei Kabel die Spannungsquelle mit der Lampe.

Der Stromkreis der Fahrradbeleuchtung ist aber nur scheinbar nicht geschlossen. Lampen und Dynamo sind mit dem Fahrradrahmen verbunden. Der **Rahmen** schließt den Stromkreis.

Ähnliches gilt für eine Metalltaschenlampe: Der eine Pol der Batterie ist direkt mit der Lampe verbunden. Die Rückleitung zum anderen Ende der Batterie übernimmt das **Metallgehäuse.**

> Ein Stromkreis kann über einen Rahmen oder ein Gehäuse geschlossen werden.

- Warum ist in Taschenlampen aus Kunststoff eine Rückleitung eingebaut?

Bei einem herkömmlichen Dynamo wie oben führt das eine Kabel zum Scheinwerfer, das andere zum Rücklicht. Der Rahmen schließt den Stromkreis.

Bei neueren Fahrrädern mit einem Nabendynamo wie oben rechts führen beide Kabel direkt zum Scheinwerfer. Das Rücklicht ist parallel zum Scheinwerfer geschaltet.

Falls die Fahrradbeleuchtung einmal nicht richtig funktioniert, kann das verschiedene Ursachen haben. Bei der Fehlersuche hilft dir diese Liste:

Fehlersuche bei der Fahrradbeleuchtung

- Sind die Kabel unbeschädigt und richtig angeschlossen?
- Ist eine Lampe lose oder defekt?
- Liegt der Dynamo fest genug an der Bereifung an oder ist er defekt?
- Sind alle Verbindungen zum Rahmen fest und rostfrei?

Aufgaben

1 _ Erkläre, warum eine Fahrradlampe fest am Fahrrad verschraubt sein muss. ↗ S. 31

2 _ Bewerte für einen herkömmlichen Dynamo und einen Nabendynamo die unterschiedlichen Arten, den elektrischen Stromkreis zu schließen.

3 _ Ein Stromkreis kann nicht nur über einen Rahmen oder ein Gehäuse geschlossen werden, sondern auch über den Erdboden. Begründe, warum Arbeiter, die an elektrischen Anlagen arbeiten, Schuhe aus nicht leitendem Material, z. B. aus Gummi, tragen sollten.

4 _ Zeichne den Schaltplan einer Taschenlampe mit zwei Batterien und geöffnetem Schalter.

5 _ Überlege, warum es ungefährlich ist, eine Taschenlampe zu berühren, bei der elektrischer Strom durch das Metallgehäuse fließt.

Hier wird geschaltet

Reihen- und Parallelschaltung

Warum funktioniert eigentlich der Computer noch, wenn du das Handyladegerät aus der Verteilersteckdose ziehst? Ist der Stromkreis dann nicht unterbrochen?

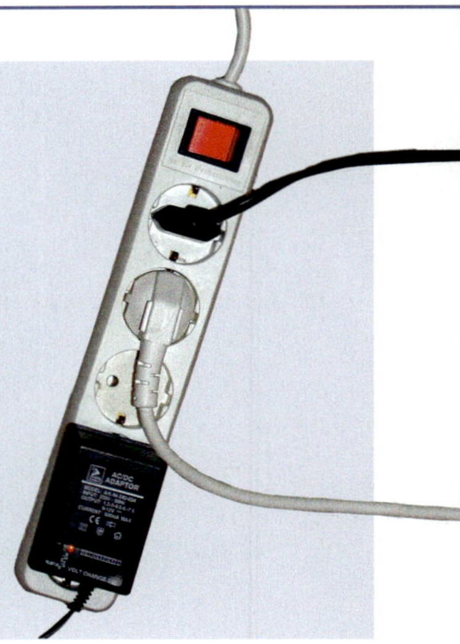

Es gibt verschiedene Möglichkeiten, um mehrere elektrische Geräte in einen Stromkreis einzubauen.
Bei Lichterketten können die Lampen hintereinandergeschaltet sein. Der Stromkreis ist **unverzweigt.** Die Schaltung heißt **Reihenschaltung.** Wenn der Stromkreis an einer Stelle durch eine defekte Lampe unterbrochen wird, dann erlöschen auch die anderen Lampen.
Zwei Schalter können ebenfalls in Reihe geschaltet werden.

Die Lampen können auch parallel zueinander geschaltet werden. Der Stromkreis ist dann **verzweigt.** Die Schaltung heißt **Parallelschaltung.** Wenn eine Lampe defekt ist, leuchten die anderen Lampen weiter.

Im Haushalt sind alle Verbraucher wie Lampen, Fernsehapparat und Computer parallel geschaltet.
Auch zwei Schalter können parallel geschaltet sein.

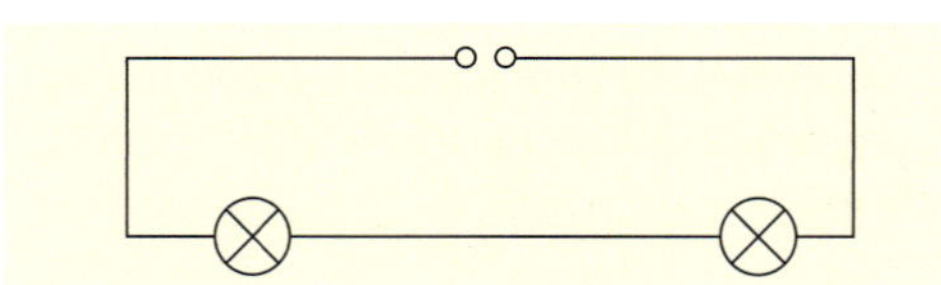

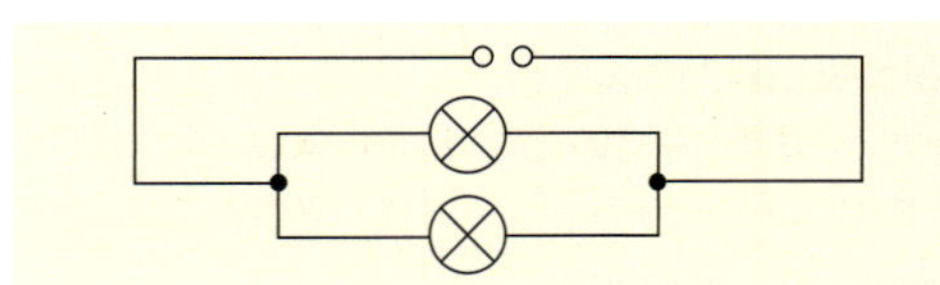

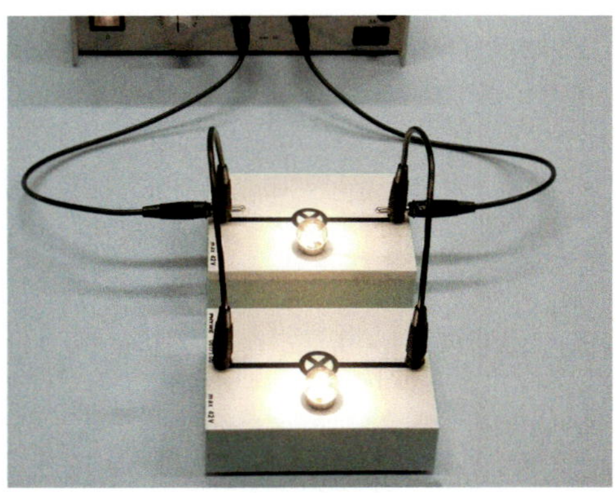

Vergleiche die Reihenschaltung und Parallelschaltung von zwei Lampen.

Erforsche es

Hintereinander oder parallel?

1. Untersuche, was passiert, wenn du in einem geschlossenen Stromkreis jeweils eine der beiden Lampen aus der Fassung schraubst.
   a) Baue zunächst eine Reihenschaltung, dann eine Parallelschaltung mit zwei Lampen auf.
   b) Welche Unterschiede zwischen beiden Schaltungen erkennst du?

2. Wie musst du eine Lampe an eine Batterie halten, damit sie leuchtet?

Probiere nun mit zwei Lampen. Beschreibe, wie du vorgegangen bist.

Der Kurzschluss

Stell dir vor, in einem Elektrokabel gibt es eine schadhafte Isolierung. Die beiden Kupferkabel berühren sich. Dies könnte passieren, wenn du mit einem Rasenmäher versehentlich über das Elektrokabel fährst und es durchtrennst.

Der elektrische Strom fließt dann direkt von einem Pol der elektrischen Quelle zum anderen Pol und nicht durch den Verbraucher (Rasenmäher). Es liegt ein **Kurzschluss** vor.
Bei einem Kurzschluss arbeitet der Verbraucher nicht mehr. Der Strom im Stromkreis wird sehr groß.

Aufgrund der Wärmewirkung könnten bei einem Kurzschluss die elektrischen Leitungen so heiß werden, dass ein Brand entstehen könnte.
Passiert ein Kurzschluss im Stromkreis einer Batterie oder eines Akkumulators (z. B. Akku eines Handys), können diese im schlimmsten Fall explodieren.

Elektrische Anlagen und elektrische Geräte werden deshalb mit **Sicherungen** gegen die Folgen eines Kurzschlusses geschützt.
In Schmelzsicherungen befindet sich dazu ein dünner Draht. Er schmilzt bei einem Kurzschluss, bevor sich die elektrischen Kabel zu stark erwärmen.

Kurzschluss

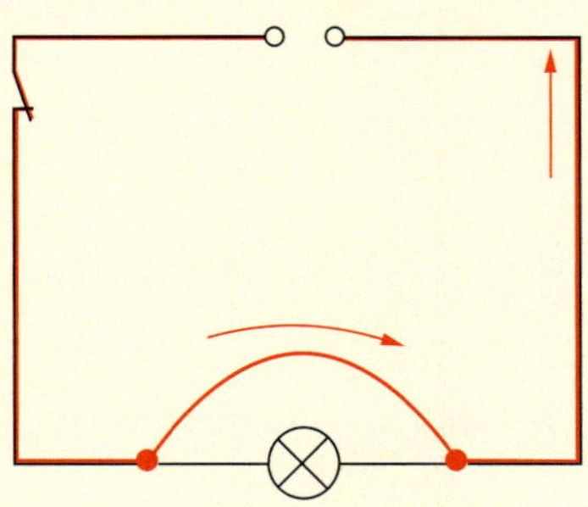

Schmelzsicherung

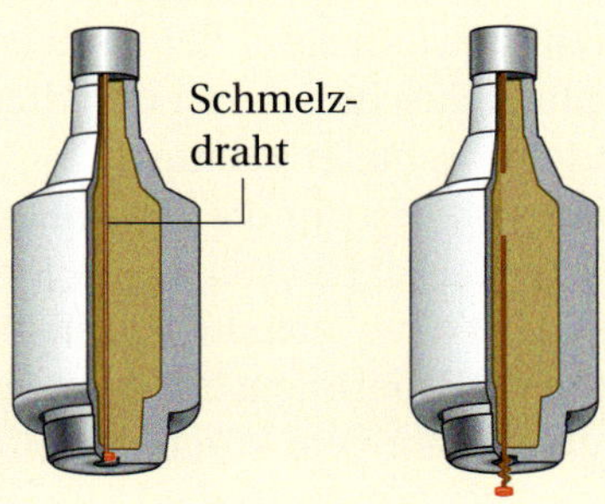

Der Draht dieser Sicherung schmilzt, wenn die Stromstärke einen bestimmten Wert überschreitet.

Hier wird geschaltet

Mit Schaltern ist vieles möglich

Eine Heckenschere läuft nur an, wenn die Griffe mit beiden Händen gefasst werden. Wie müssen die Schalter verbunden sein?

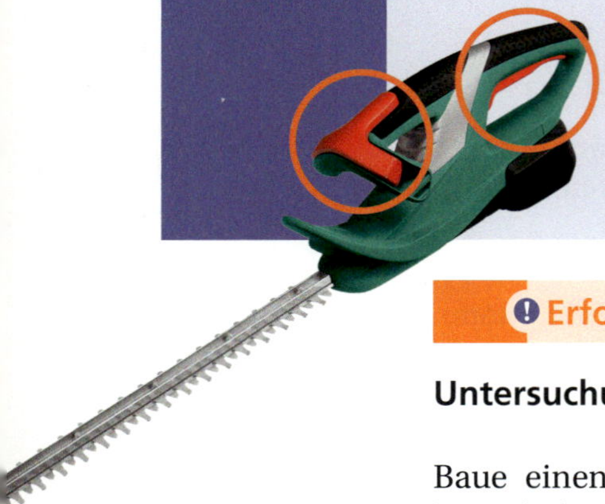

Erforsche es

Untersuchungen mit zwei Schaltern

Baue einen Stromkreis mit einer Reihenschaltung und danach mit einer Parallelschaltung von zwei Schaltern und einer Lampe auf.

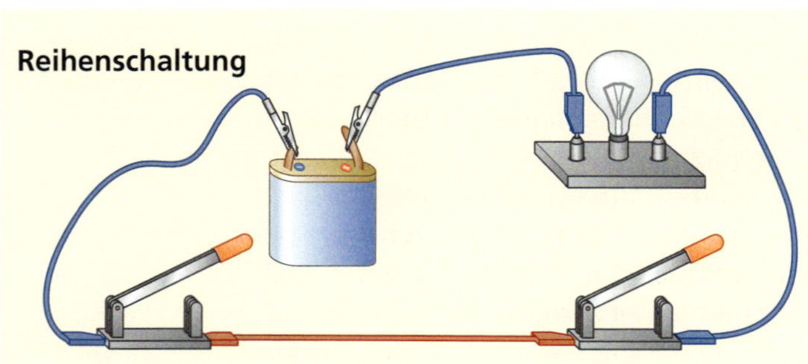

a) Untersuche in beiden Fällen, was passiert, wenn einer der beiden Schalter geschlossen ist und du den anderen Schalter betätigst.
b) Ziehe Schlüsse für die Schaltung der Schalter einer Heckenschere. Stelle zunächst eine Vermutung auf, um sie dann im Experiment zu überprüfen.
c) Protokolliere dein Vorgehen. Orientiere dich dabei an Seite 19.

UND-Schaltung: Bei dieser Schaltung sind zwei Schalter in Reihe geschaltet.

Bei einer Reihenschaltung von zwei Schaltern ist der Stromkreis geschlossen, wenn der eine **und** der andere Schalter geschlossen sind.

Damit bei einer Heckenschere der Motor läuft, muss jede Hand den Schalter an den beiden Handgriffen drücken. So können sie nicht in die Schere kommen. Bei einer Waschmaschine ist der gut sichtbare Geräteschalter mit einem versteckten Türschalter in Reihe geschaltet. Die Maschine startet erst, wenn der Geräteschalter angeschaltet **und** die Tür geschlossen ist.

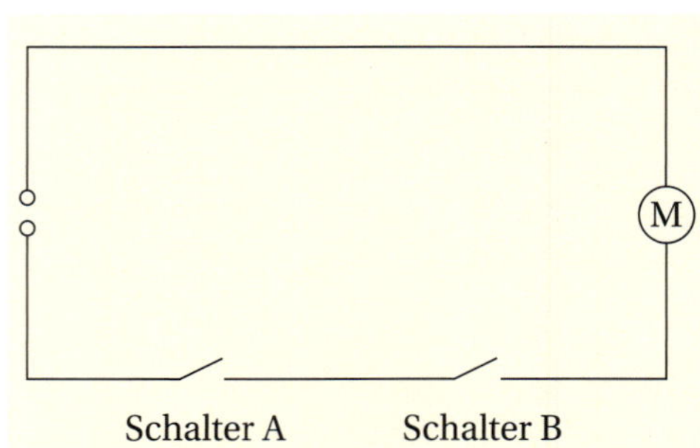

Begründe, dass der Motor erst dann läuft, wenn Schalter A **und** B geschlossen ist.

Erforsche es

Wechselschalter – ein Schalter mit drei Anschlüssen

1. Baue einen Wechselschalter mit einfachen Mitteln wie in der Abbildung.

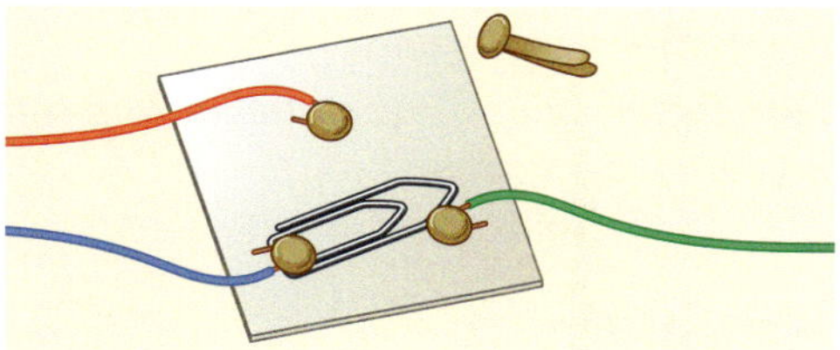

2. Plane ein Experiment, mit dem du mit einem Wechselschalter jeweils eine von zwei Lampen in einem Stromkreis ein- und ausschalten kannst.
Verwende deinen selbst gebauten Wechselschalter, zwei Glühlampen und eine Batterie. Führe das Experiment durch. Orientiere dich an S. 19.

ODER-Schaltung: Bei dieser Schaltung sind zwei Schalter parallel geschaltet. Bei deinen Untersuchungen im Experiment auf Seite 28 hast du Folgendes herausgefunden:

> Bei einer Parallelschaltung von zwei Schaltern ist der Stromkreis geschlossen, wenn der eine **oder** der andere **oder** beide Schalter geschlossen sind.

Mit einer ODER-Schaltung kann z. B. die Klingel in einem Wohnhaus sowohl von der Haustür als auch von der Wohnungstür aus betätigt werden. Die Klingel läutet, wenn einer der beiden Schalter gedrückt wird.

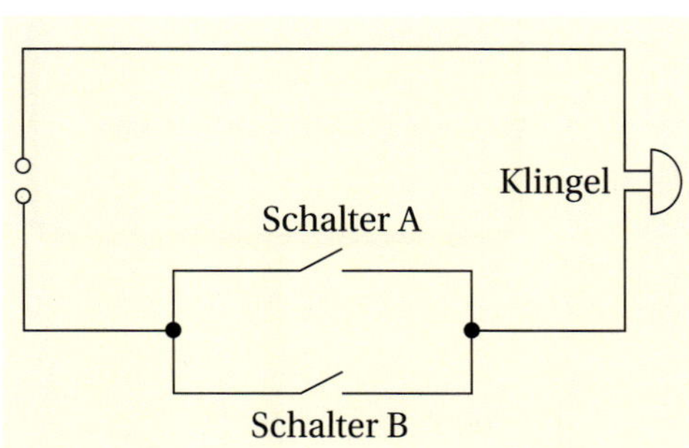

■ Begründe, dass die Klingel läutet, wenn Schalter A, B **oder** beide betätigt werden.

Wechselschaltung: Das ist eine Schaltung mit zwei Wechselschaltern. Wie eine Wechselschaltung aufgebaut ist und wie sie funktioniert, erfährst du unter „So kannst du vorgehen" auf den Seiten 30 und 31.

Aufgaben

1 Eine UND-Schaltung heißt auch Sicherheitsschaltung. Begründe am Beispiel der Heckenschere, dass diese Bezeichnung treffend gewählt ist.

2 Vergleiche deinen selbst gebauten Wechselschalter mit einem industriell hergestellten Wechselschalter und seinem Schaltsymbol.

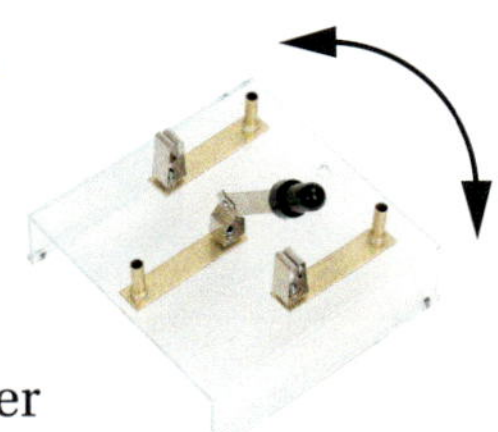

3 Entwirf eine Schaltung: Die Innenbeleuchtung in einem Auto soll angehen, wenn die Fahrertür oder die Beifahrertür geöffnet wird. Wie heißt diese Schaltung? +

So kannst du vorgehen

Beschreiben

Wenn du etwas Spannendes beobachtet hast, möchtest du es sicher auch anderen mitteilen. Dazu musst du deine Beobachtung möglichst genau beschreiben.

Auch beim Experimentieren kommt es darauf an, dass du deine Beobachtungen, den Aufbau des Experiments oder dein Vorgehen beschreibst.

Stelle beim **Beschreiben** zusammenhängend und geordnet dar, **wie** z. B. eine elektrische Schaltung aufgebaut ist oder **wie** ein Vorgang abläuft.

Schreibe gegliedert und in logischer Reihenfolge. Durch Fachbegriffe entfallen umständliche Umschreibungen.

In der Praxis sind die beiden Schalter z. B. oben und unten im Treppenhaus.

In Treppenhäusern kann eine Lampe von zwei verschiedenen Stellen ein- oder ausgeschaltet werden. Das gelingt mit einer Wechselschaltung. Beschreibe den Aufbau einer Wechselschaltung.

► Schritt 1

Nenne den Gegenstand, die Erscheinung oder den Vorgang.

Der Aufbau einer Wechselschaltung soll beschrieben werden.

► Schritt 2

Erfasse wesentliche Merkmale.

Merke oder notiere dir die Merkmale.

Elemente des Stromkreises:
zwei Wechselschalter, eine Glühlampe, eine Spannungsquelle, Kabel

Schaltungsart:
Reihenschaltung, Verbindungen der beiden Wechselschalter

► Schritt 3

Ordne die Aussagen sinnvoll an.

Schreibe einfache Sätze. Ordne sie sinnvoll. Vermeide Gedankensprünge.

Wechselschalter

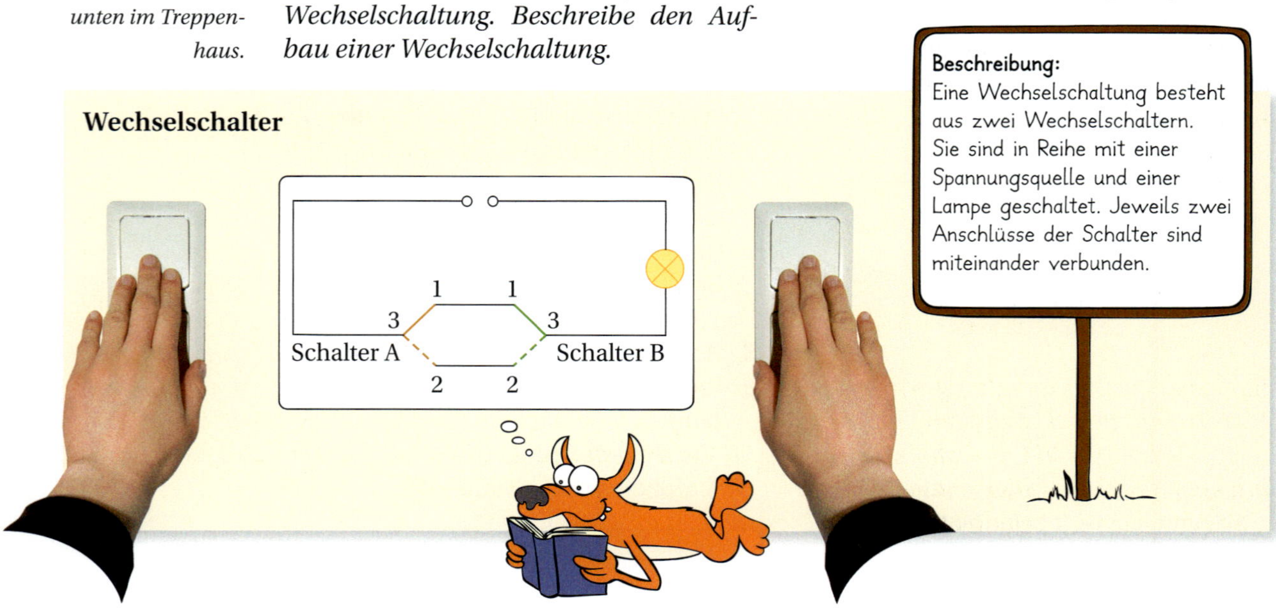

So kannst du vorgehen

Erklären

Eine Wechselschaltung wird erst dann wirklich interessant, wenn du weißt, warum sie so funktioniert.
Wenn du die Wechselschaltung nach der Abbildung auf der linken Seite aufbaust, kannst du folgende Beobachtungen machen: Die Lampe lässt sich mit jedem der beiden Schalter in jeder Situation anschalten und auch wieder ausschalten.

Wenn du wissen möchtest, **warum** etwas geschieht oder so abläuft, ist eine **Erklärung** gefragt.

Beim Erklären wird ein Sachverhalt auf Gesetze zurückgeführt. Es wird dargestellt, wie das Gesetz wirkt. Auch Modelle werden zum Erklären genutzt. Die Sachverhalte, die zu erklären sind, können sehr unterschiedlich sein. Im Fall der Wechselschaltung interessiert z. B.:

Erkläre, warum du bei einer Wechselschaltung eine Lampe mit beiden Schaltern ein- und ausschalten kannst. Du kannst sie aber auch mit einem Schalter einschalten und mit dem anderen wieder ausschalten.

▶ Schritt 1

Nenne den Sachverhalt, der erklärt werden soll.

Bei einer Wechselschaltung kann eine Lampe mit beiden Schaltern ein- und ausgeschaltet werden. Sie kann aber auch mit einem Schalter eingeschaltet und mit dem anderen ausgeschaltet werden.

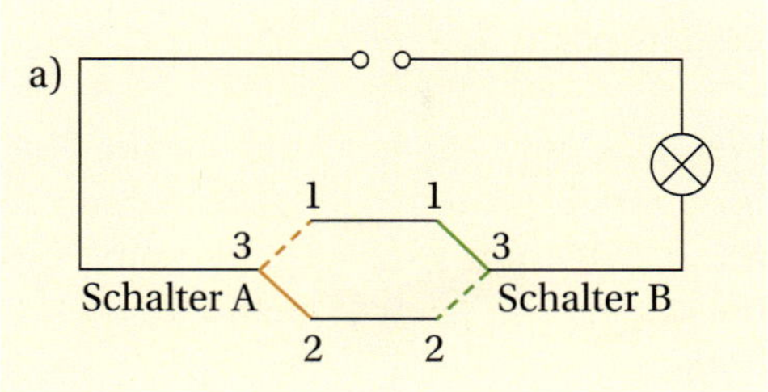

Bei diesen Schalterstellungen leuchtet die Lampe nicht.

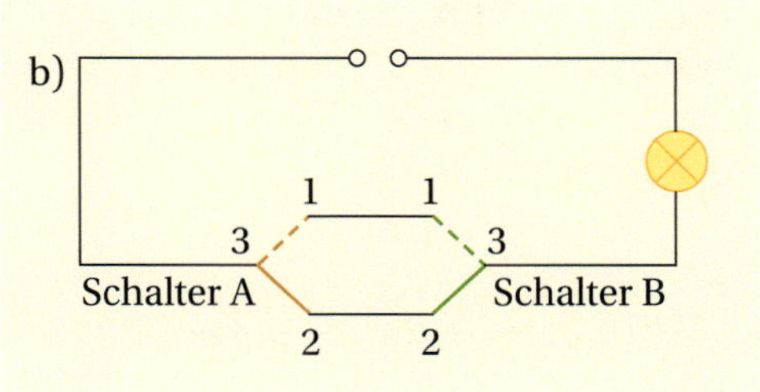

Bei diesen Schalterstellungen leuchtet die Lampe.

▶ Schritt 2

Suche Gesetze und Modelle auf.

Eine Lampe leuchtet, wenn der Stromkreis geschlossen ist.
Beim Öffnen eines Schalters wird ein Stromkreis unterbrochen.

▶ Schritt 3

Führe den Sachverhalt auf Gesetze oder Modelle zurück.

Zeige, dass diese Gesetze oder Modelle in dem Sachverhalt wirken, den du erklären sollst.

Bei einer Wechselschaltung wird durch die Verbindung der beiden Schalter erreicht, dass der Stromkreis von jedem Schalter aus geöffnet oder geschlossen werden kann.

Mit dem einen Schalter kann der Stromkreis unterbrochen und mit dem anderen wieder geschlossen werden.

Bei einer Wechselschaltung wechselt die Betätigung eines beliebigen Schalters von „an" nach „aus" und umgekehrt.

Das hast du gelernt

Hier wird geschaltet

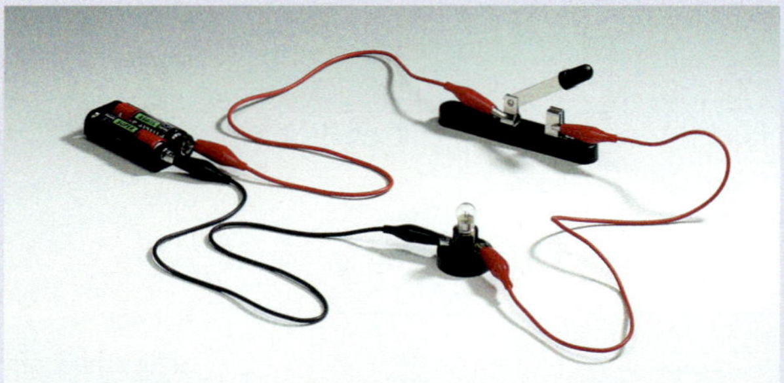

Elektrischer Strom fließt nur in einem geschlossenen Stromkreis.

Elektrische Stromkreise werden in Schaltplänen vereinfacht und übersichtlich dargestellt.

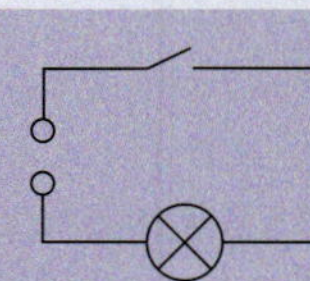

Verbraucher können hintereinander oder parallel geschaltet werden. Das gilt auch für Schalter.	
Reihenschaltung	Parallelschaltung
Die Verbraucher sind hintereinander angeordnet. 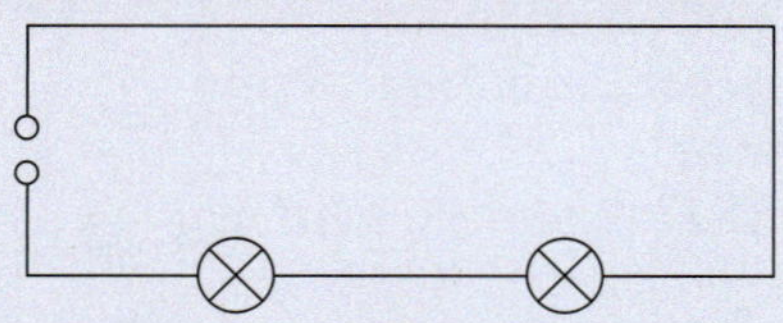	Die Verbraucher sind parallel angeordnet. 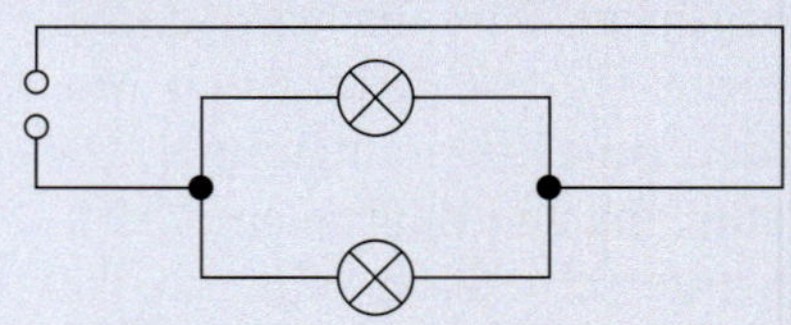
Die Schalter sind hintereinander angeordnet (UND-Schaltung). 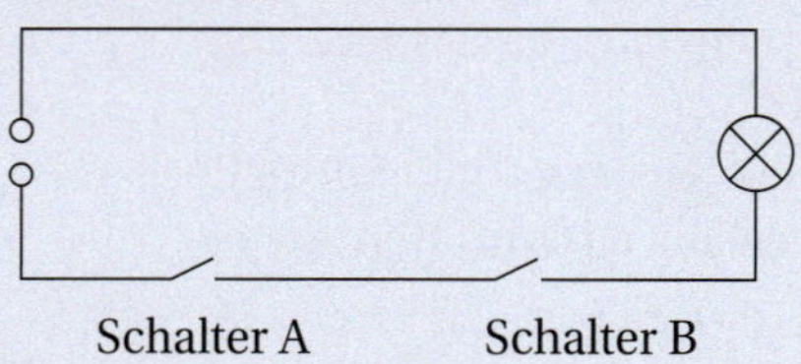	Die Schalter sind parallel angeordnet (ODER-Schaltung). 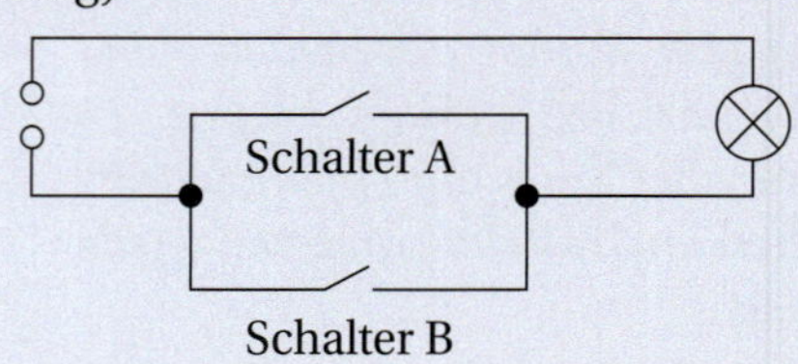

Elektrische Leiter leiten den elektrischen Strom gut.
Beispiele: Metalle, Salzlösungen, Kohlenstoff
Vorsicht: Auch der menschliche Körper leitet elektrischen Strom!

Nichtleiter leiten den elektrischen Strom schlecht oder gar nicht.
Beispiele: Keramik, Kunststoffe, Glas, Gummi, destilliertes Wasser

Für den Umgang mit elektrischem Strom sind unbedingt die Regeln auf Seite 18 einzuhalten, um Schäden und Unfälle zu vermeiden.

Löse mit Köpfchen

1. Expertenrat gefragt

An Emmas Fahrrad funktioniert das Licht nicht. Finn meint, dass der Dynamo defekt sei.

a) Diskutiert Finns Meinung. Hat er recht oder gibt es noch andere Fehlermöglichkeiten?

b) Entwerft einen Plan, mit dem Emma und Finn systematisch den Fehler finden können.

2. UND oder ODER?

Vergleicht UND- und ODER-Schaltungen. Wo werden sie angewendet? Recherchiert auch im Internet und vergleicht eure Ergebnisse. ↗ S. 39, 139

3. Von der Schaltung zum Schaltplan

Zeichne einen Schaltplan für diesen Versuchsaufbau:

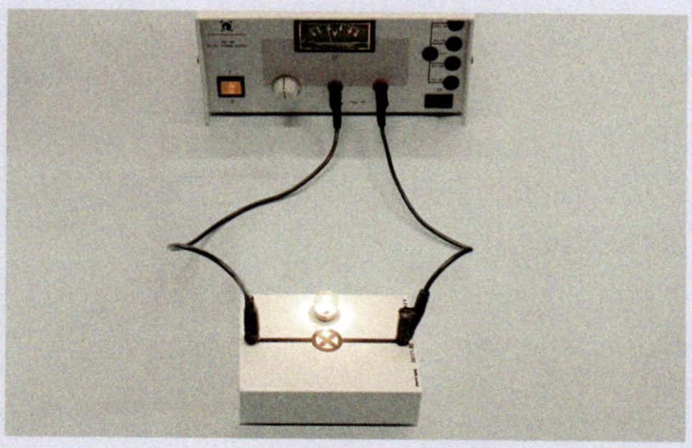

4. Auf der Suche nach der Sicherung

Erkunde, wo sich in eurem Haushalt der Sicherungskasten befindet. Wie kann die Hauptsicherung ausgeschaltet werden? Begründe, warum bei einem Stromunfall diese Kenntnis wichtig ist.

5. Schaltung für einen Föhn

Bei einem Föhn lassen sich Gebläse und Heizung getrennt einschalten. Während die Heizung nie ohne das Gebläse laufen darf, kann das Gebläse mit oder ohne Heizung laufen.

a) Entwirf einen Schaltplan für einen solchen Föhn.

b) Probiere die Schaltung aus. Verwende für die Heizung z. B. eine rote und für das Gebläse eine grüne Lampe. ↗ S. 19

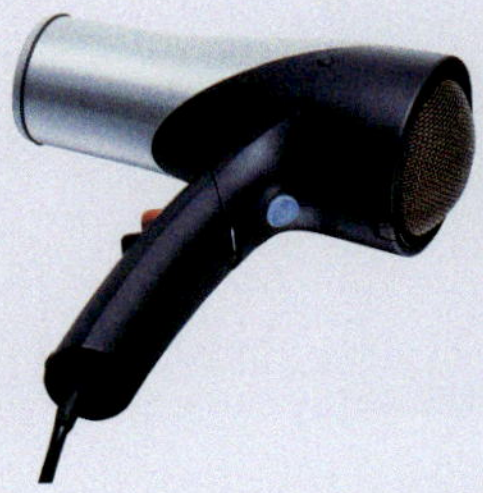

6. Eine Lampe fällt aus

Zwei Glühlampen sind an eine Spannungsquelle angeschlossen. Was passiert, wenn jeweils eine der beiden Lampen ausfällt? Begründe. ↗ S. 78

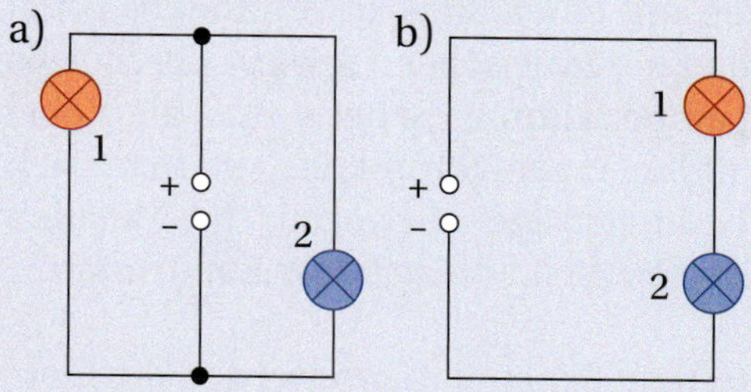

7. Stromkreis bei Straßenbahnen

Oberleitungsbusse (O-Busse) und Straßenbahnen werden mit Elektromotoren angetrieben. Damit die Motoren arbeiten können, muss ein geschlossener Stromkreis vorhanden sein.

Warum benötigen O-Busse zwei Fahrdrähte zum Betrieb, Straßenbahnen dagegen nur einen? ↗ S. 139

8. Drachen sicher steigen lassen

Bewerte die Aussage: „Vorsicht beim Drachensteigen in der Nähe von Freileitungen!“

Elektrische Geräte im Alltag

Elektrischer Strom

Blitze haben etwas mit elektrischem Strom zu tun. Wie kannst du dir elektrischen Strom vorstellen?

Wenn sich unterschiedlich geladene Kugeln wie im Bild oben durch einen Blitz ausgleichen, fließt kurzzeitig elektrischer Strom.
Damit eine Lampe leuchtet, musst du sie mit einer Batterie verbinden. Dann fließt elektrischer Strom durch die Lampe. Lampe, Batterie und die Kabel bilden einen Stromkreis, in dem sich **Ladungsträger** bewegen. In Metallen heißen die Ladungsträger **Elektronen.**

In dem Schema unten werden die Elektronen als Kugeln mit einem Minuszeichen dargestellt.

Wenn du eine Lampe an eine Batterie anschließt, dann wirkt die Batterie wie eine Art Pumpe für die Elektronen und treibt sie an. Die Elektronen bewegen sich dadurch in eine Richtung.

- Elektrischer Strom ist die gerichtete Bewegung von Elektronen in einem elektrischen Stromkreis.

Die Elektronen bewegen sich im Stromkreis vom Minuspol zum Pluspol der Batterie.

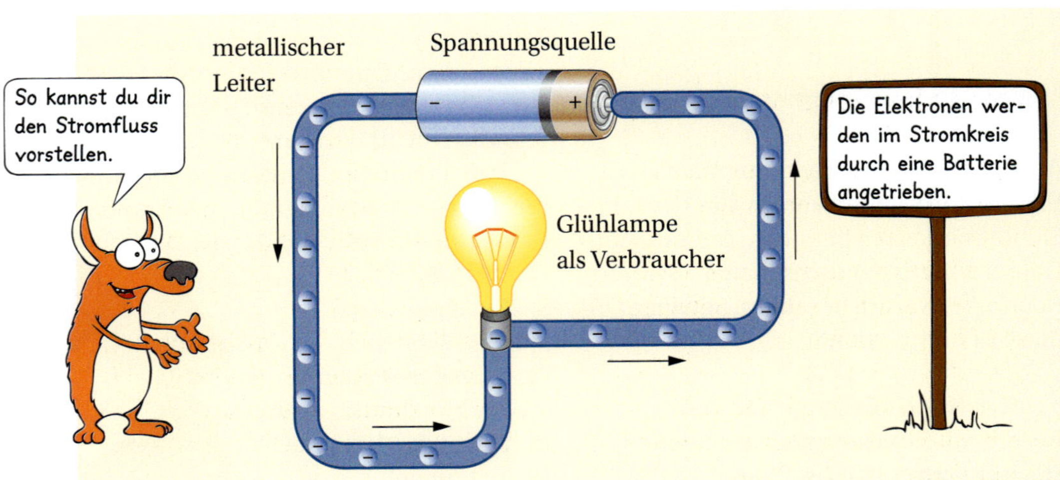

Modell Wasserstromkreis	Elektrischer Stromkreis
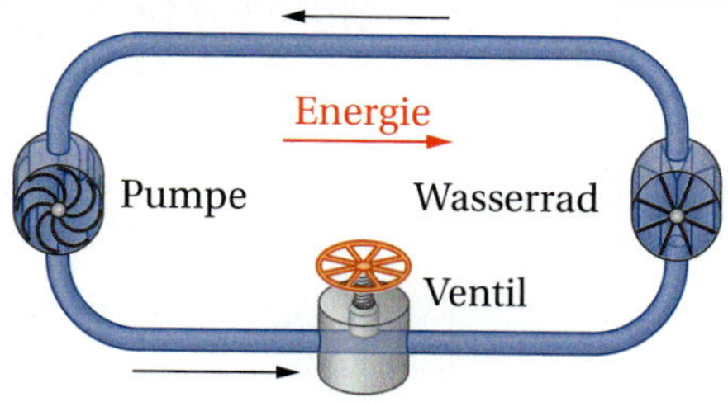	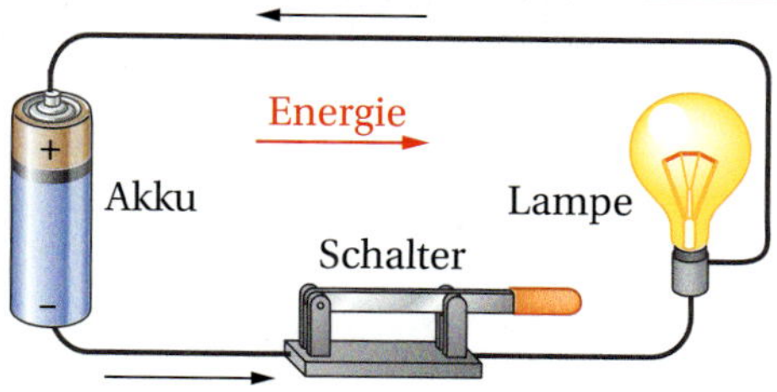
In einem geschlossenen Wasserstromkreis wird das Wasser durch eine Pumpe angetrieben. Das Wasser fließt durch Rohrleitungen zu einem Wasserrad und setzt es in Bewegung.	In einem geschlossenen Stromkreis werden die Elektronen durch eine Spannungsquelle angetrieben. Die Elektronen fließen durch die Leitungen zu einer Lampe und bringen sie zum Leuchten.

Du kannst einen geschlossenen Stromkreis mit einem Wasserstromkreis vergleichen. Der Wasserstromkreis ist somit ein **Modell** für einen elektrischen Stromkreis.
Von Vorteil ist: Wasser kannst du sehen und beobachten, die fließenden Elektronen im Stromkreis nicht.

Unser Körper leitet den elektrischen Strom. Das kann zu lebensgefährlichen Verletzungen führen.
Sehr kleine Ströme schaden nichts. Sie werden zur medizinischen Behandlung eingesetzt.

Was tun bei einem Stromunfall?

- Berühre den Verunglückten nicht, solange der Stromkreis nicht sicher unterbrochen ist!
- Schalte den Stromkreis, in dem sich der Verunglückte befindet, mithilfe der Sicherung aus!
- Rufe den Notruf 112!
- Leite Erste-Hilfe-Maßnahmen ein, z. B. Herzdruckmassage und Atemspende!

Aber bereits etwas größere Ströme können uns verletzen oder sogar töten. Schon Ströme aus Spannungsquellen über 25 V können lebensgefährlich sein. Zwischen den Polen von Steckdosen im Haushalt und in der Schule besteht eine Spannung von 230 V. Eine Berührung der Kontakte ist lebensgefährlich.

Besonders kritisch ist der Stromweg Hand–Hand. Bei diesem Weg fließt der Strom über das Herz und beeinflusst dessen Tätigkeit. Beachte deshalb unbedingt die Regeln auf Seite 18 und die Regeln bei einem Stromunfall (↗ Zettel).

Stromwirkungen hängen vom Weg des Stroms durch den Körper ab.

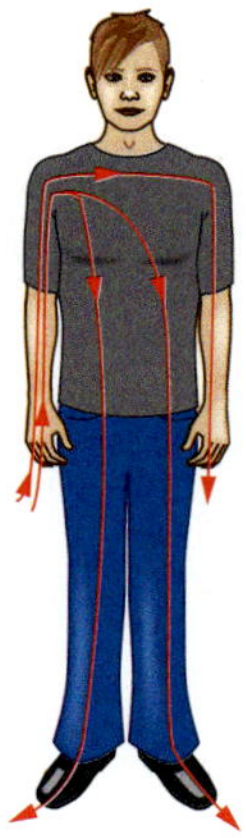

Aufgaben

1 Vergleiche einen elektrischen Stromkreis mit einem Wasserstromkreis: Was entspricht in einem elektrischen Stromkreis der Pumpe, dem Wasserrad, dem Ventil und den Rohrleitungen? ↗ S. 39

2 Lies die Regeln im Kasten auf dieser Seite und begründe, warum bei einem Stromunfall zuerst der Stromkreis unterbrochen werden muss.

Elektrische Geräte im Alltag

Wirkungen des elektrischen Stroms

Welche Wirkungen erkennst du in Geräten, die du im Alltag nutzt?

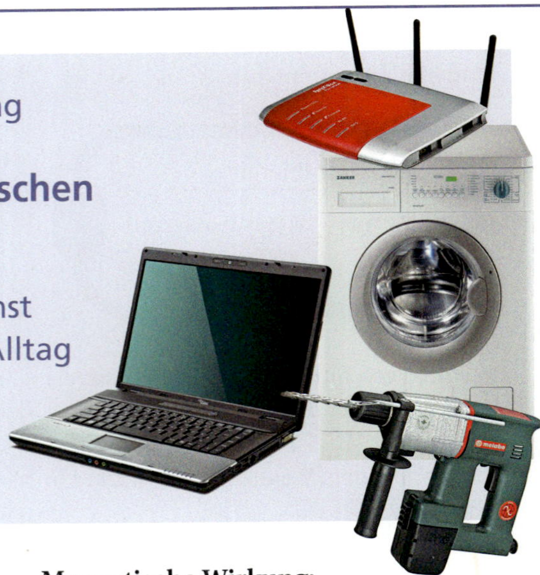

Ob Strom fließt, erkennst du nur an seinen Wirkungen. Auch alle Nachweismöglichkeiten für Strom beruhen auf seinen Wirkungen.
Viele Geräte nutzen die Wirkungen des elektrischen Stroms (↗ Übersicht S. 37).

Wärmewirkung und Lichtwirkung:
In Glühlampen heizt der Strom einen dünnen Draht so weit auf, dass er glüht und Licht aussendet. Dabei entsteht Wärme, die unerwünscht ist.

Leuchtdioden und Leuchtstofflampen wandeln elektrische Energie ebenfalls in Licht um. Es entsteht aber weniger Wärme.
In Wasserkochern, Kaffeemaschinen, Toastern und Bügeleisen befinden sich Drähte, die vom elektrischen Strom erhitzt werden. Hier ist die Wärmewirkung erwünscht.

Magnetische Wirkung:
In Elektromotoren wie in CD-Playern erzeugt der Strom über seine magnetische Wirkung eine Drehbewegung der CD.
Weitere Anwendungen sind Hebemagnete (↗ S. 38), elektrische Klingeln und elektrische Türöffner.

Chemische Wirkung:
Der Stromfluss in Flüssigkeiten ist immer mit einem Stofftransport verbunden. Das wird z. B. zur Oberflächenveredlung genutzt.
So werden Lenker von Fahrrädern mithilfe von elektrischem Strom verchromt. Die Chromschicht schützt den Stahl des Lenkers vor Rost und sieht dazu noch gut aus.

> Elektrischer Strom hat eine magnetische Wirkung, eine Lichtwirkung, eine Wärmewirkung und eine chemische Wirkung.

Aufgabe

Welche Wirkung des elektrischen Stroms wird in einem Wasserkocher genutzt?

Elektrischer Strom kann unterschiedliche Wirkungen haben.			
Der elektrische Strom in einer Leuchtstofflampe erzeugt Licht.	Der elektrische Strom in einem Bügeleisen erwärmt die Heizplatte.	Der elektrische Strom macht aus der Spule einen Elektromagneten.	Mit elektrischem Strom kann ein metallischer Gegenstand verkupfert werden.
	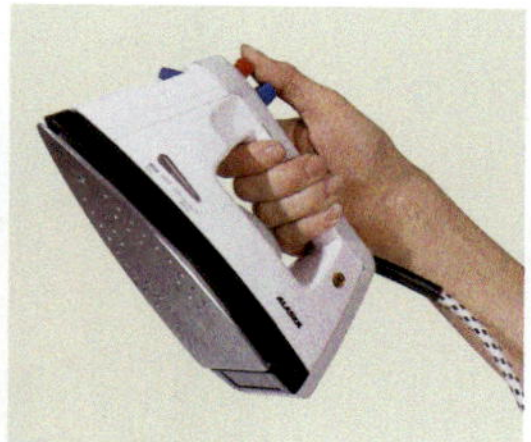	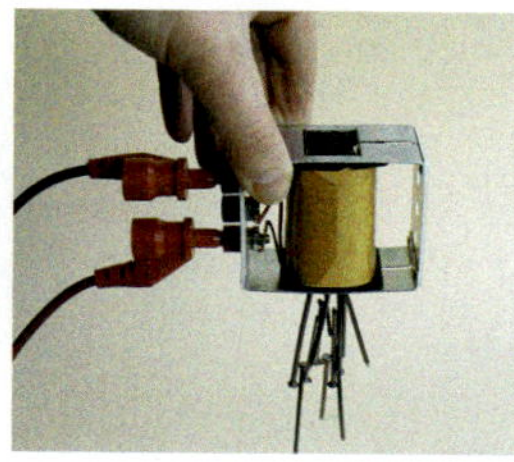	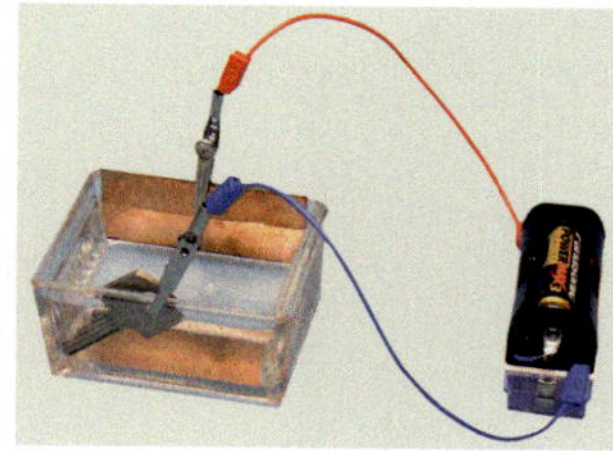
Der Strom hat eine Lichtwirkung.	Der Strom hat eine Wärmewirkung.	Der Strom hat eine magnetische Wirkung.	Der Strom hat eine chemische Wirkung.

Erforsche es

Was der Strom alles kann

1. Untersuche die Wirkungen von elektrischem Strom. Schließe an eine Batterie verschiedene Bauteile an.
   a) Verbinde eine Glühlampe wie in der Abbildung mit einer Batterie. Beobachte und berühre die Lampe.

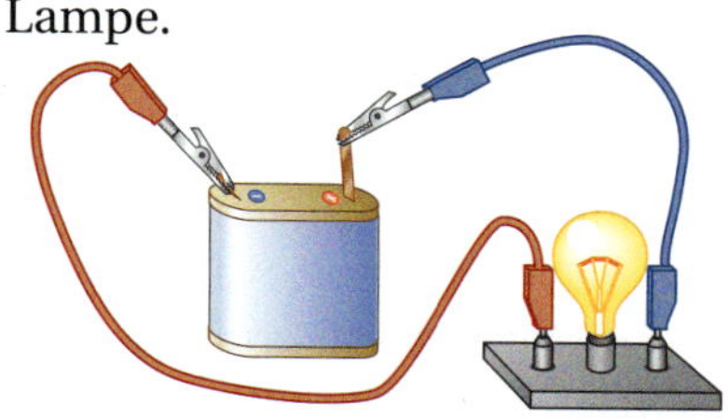

   b) Ersetze die Glühlampe durch eine Leuchtdiode (LED) mit Vorwiderstand. Den längeren Draht der Leuchtdiode musst du mit dem Pluspol der Batterie verbinden. ⊕

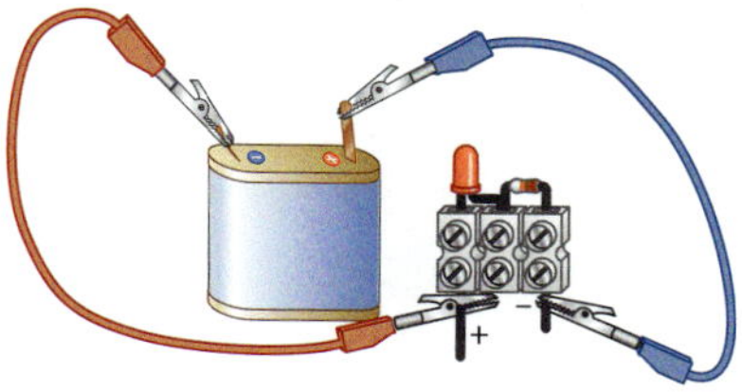

2. Baue das Experiment wie in der Abbildung auf. Nutze einen ca. 10 cm langen, dünnen Draht. Miss die Temperatur vor und nach dem Schließen des Stromkreises.

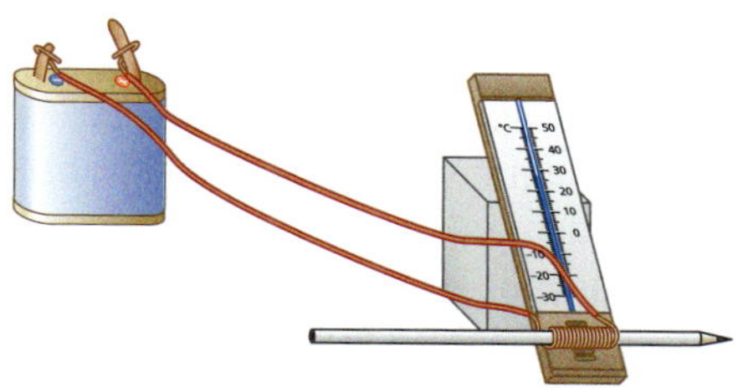

3. Wickle einen ca. 50 cm langen isolierten Draht um einen Stahlnagel. Halte den Nagel über verschiedene Eisenteile. Beschreibe deine Beobachtungen.

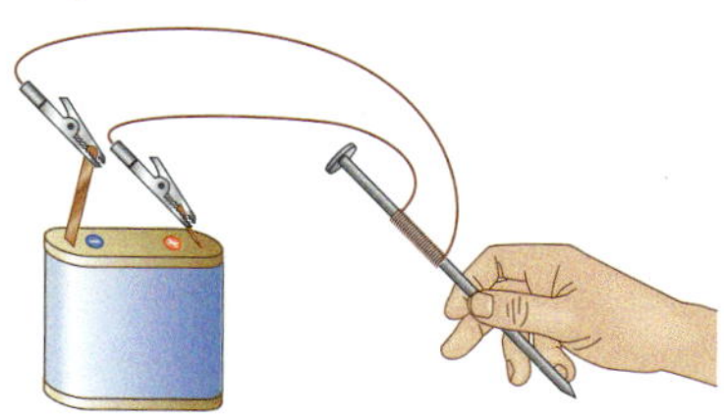

Beachte, dass du das zweite Kabelende nur kurz an die Batterie anschließt.

Elektrische Geräte im Alltag

Elektromagnete

Auf Schrottplätzen werden schwere Teile aus Eisen oder Stahl mit Lasthebemagneten bewegt.
Wie funktionieren sie?

Der elektrische Strom hat eine magnetische Wirkung. Sie ist besonders groß, wenn ein Draht um einen Eisenkern, z. B. um einen Nagel, zu einer Spule aufgewickelt wird. So entsteht ein **Elektromagnet.** Das hast du im Experiment auf der Seite 37 herausgefunden.

> Stromdurchflossene Leiter wirken wie Magnete.

Elektromagnete sind oft viel stärker als Dauermagnete. Sie lassen sich abschalten und haben einen Nordpol und einen Südpol. Wenn du die Richtung des Stroms änderst (Plus und Minus vertauschst), dann wechseln Nordpol und Südpol ihre Lage.

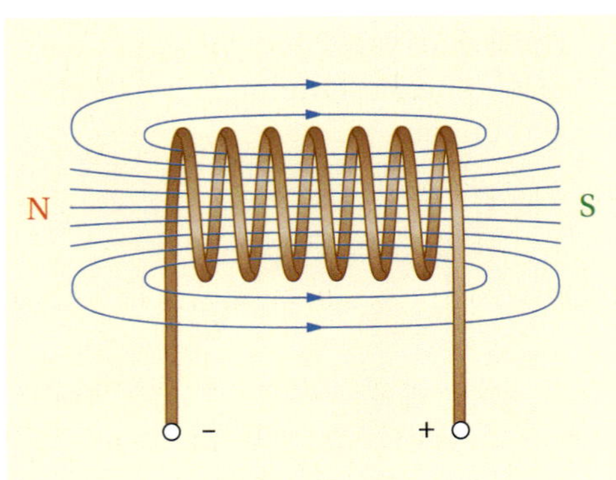

Aufgaben

1 _ Warum hat die Spule eines Lasthebemagneten einen Eisenkern? Untersuche die magnetische Wirkung einer Spule mit und ohne Eisenkern.

2 _ Beschreibe das Feldlinienbild einer stromdurchflossenen Spule. Vergleiche dieses Feldlinienbild mit dem eines Stabmagneten. ↗ S. 39

3 _ Schreibe einen Text, in dem du die Wirkungsweise eines Lasthebemagneten erklärst. Nimm die folgende Abbildung zu Hilfe.

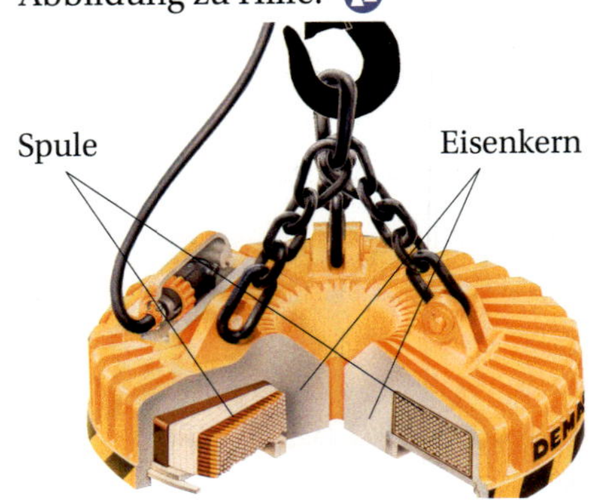

So kannst du vorgehen

Vergleichen

Wenn du etwas vergleichst, suchst du nach Gemeinsamkeiten oder Unterschieden zwischen mindestens zwei Objekten oder Vorgängen. Ein Vergleich hat immer einen bestimmten Zweck.

▶ Schritt 1

Lege die Objekte fest, die du vergleichen willst.

Vergleiche Dauermagnete und Elektromagnete. Was haben sie gemeinsam? Worin unterscheiden sie sich?

▶ Schritt 2

Wähle geeignete Merkmale aus.

- *Wie sind die Magnete aufgebaut?*
- *Wie wirken die Magnete auf andere Körper?*
- *Wo ist die Wirkung der Magnete am größten?*
- *Kann die Wirkung abgeschaltet werden?*
- *Lassen sich Magnete umpolen?*

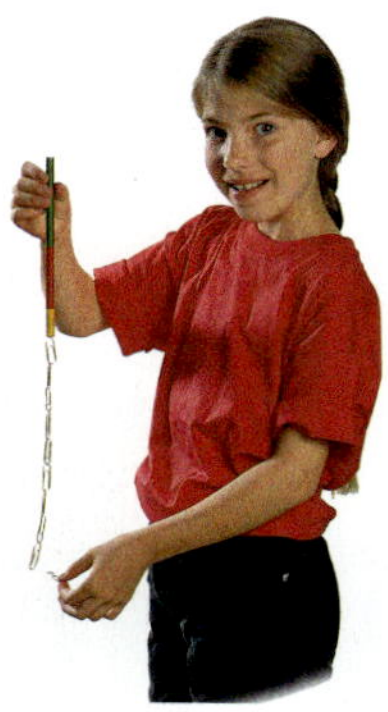

▶ Schritt 3

Führe den Vergleich durch.

Ermittle Gemeinsamkeiten und Unterschiede der Objekte, die du vergleichst.

Gemeinsamkeiten:
Beide ziehen Magnete (auch Elektromagnete) und Körper aus Eisen, Nickel oder Cobalt an. An den Polen ist die magnetische Wirkung am größten. Gleiche Magnetpole stoßen sich ab. Ungleiche Magnetpole ziehen sich an.
Die ***Unterschiede*** *sind in der Übersicht unten dargestellt.*

▶ Schritt 4

Leite eine Schlussfolgerung ab.

Elektromagnete und Dauermagnete wirken auch aufeinander ein. Das zeigt sich, wenn du eine Kompassnadel in die Nähe eines Elektromagneten bringst.

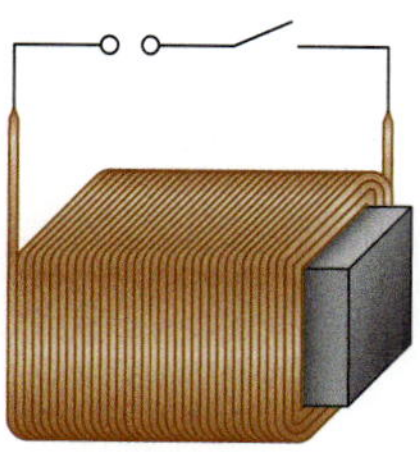

Unterschiede zwischen Dauermagneten und Elektromagneten	
Dauermagnete	Elektromagnete
bestehen aus Eisen, Nickel oder Cobalt bzw. werden aus speziellen Legierungen hergestellt	bestehen aus einer Spule mit Eisenkern
lassen sich nicht umpolen	lassen sich umpolen (Vertauschen der Anschlüsse)
magnetische Wirkung kann nicht abgeschaltet werden	magnetische Wirkung kommt nur bei Stromfluss zustande, kann also abgeschaltet werden

Elektrische Geräte im Alltag

Ohne Energie läuft nichts

Diese Taschenlampe funktioniert auch ohne Batterie. Weißt du, wie?

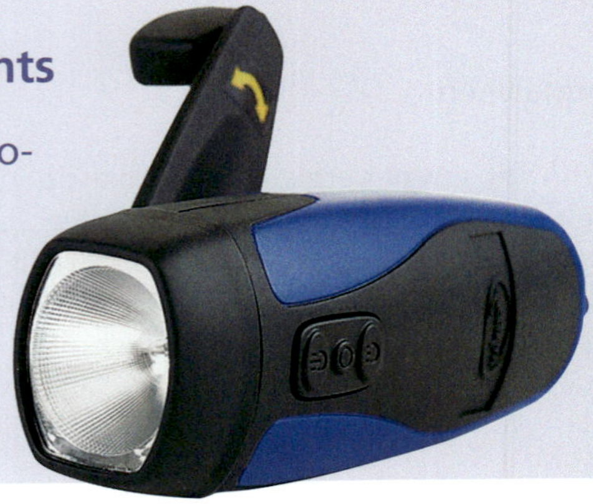

Du nutzt ständig Energie: die Energie von Brennstoffen, elektrische Energie oder die Energie in einem Hamburger.

- Was ist im Alltag mit Energiebündel, Energiedrink und energielos gemeint?

Wie wichtig elektrische Energie für dich ist, merkst du erst, wenn die Energieversorgung unterbrochen ist: Computer, Kühlschrank und Radio funktionieren nicht mehr. Der Bildschirm des Fernsehapparats bleibt dunkel. Straßenbahnen stehen still.

Lampen, Geräte und Maschinen funktionieren nur, wenn ihnen Energie zugeführt wird. Sie sind **Energiewandler.**

- Begründe, warum elektrische Geräte Energiewandler sind.

Wenn elektrische Geräte arbeiten, wandeln sie die Energie des elektrischen Stroms in andere Energien um. Energie braucht man, um etwas zu bewegen, zu erwärmen oder zu beleuchten.

Beim Verbrennen von Holzkohle wird chemische Energie in thermische umgewandelt.

Bei einer Energiesparlampe wird elektrische Energie in Lichtenergie umgewandelt.

Im Pkw wird durch die Energie, die im Kraftstoff gespeichert ist, das Auto bewegt.

So kannst du vorgehen

Erstellen einer Mindmap

Mindmaps (*mind*, engl. = Gedanken; *map*, engl. = Karte) sind so etwas wie Gedankenkarten. Mit ihnen kannst du Zusammenhänge zwischen Begriffen und Fakten darstellen.
So entsteht eine bildliche Darstellung deiner Gedanken.

Im Alltag wird der Energiebegriff in ganz unterschiedlichen Zusammenhängen verwendet. Erstelle eine Mindmap für Bereiche, in denen Energie benötigt wird.

► Schritt 1

Wähle ein Thema.
Schreibe einen zentralen Begriff des Hauptthemas in die Mitte eines unlinierten Blatts.

► Schritt 2

Finde Schlüsselwörter.
Denke über Teilthemen oder Aspekte nach und schreibe diese als eingängige Wörter, auch Schlüsselwörter genannt, auf je einen Ast.

► Schritt 3

Erweitere die Gedankenebenen.
Füge weitere Gedankenebenen als Verzweigung der Äste hinzu. So entstehen Zweige.

► Schritt 4

Gestalte die Mindmap.
Verwende unterschiedliche Farben für Schlüsselwörter, Äste und ihre Verzweigungen. Passende Skizzen oder Symbole helfen dir beim Behalten der Informationen.
Übertrage die Mindmap in dein Heft und vervollständige sie. Finde weitere Schlüsselwörter.

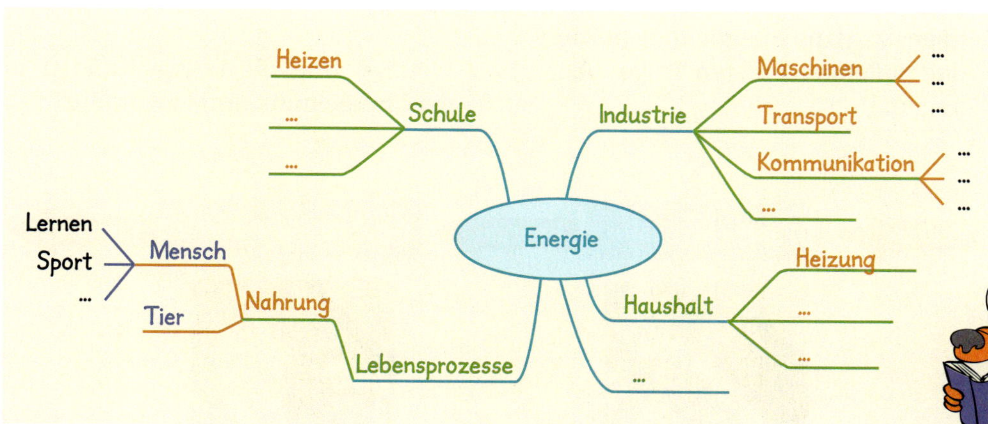

Mindmap zum Thema Energie: Schule, Industrie, Haushalt und Lebensprozesse sind Schlüsselwörter für Bereiche, in denen Energie benötigt wird. Sie bilden die Hauptäste, die sich in Nebenäste verzweigen können.

Elektrische Geräte im Alltag

Energieübertragung

Wo „steckt" die Energie, die das Wasser in einem Topf zum Sieden bringt? Wie gelangt die Energie zum Topf?

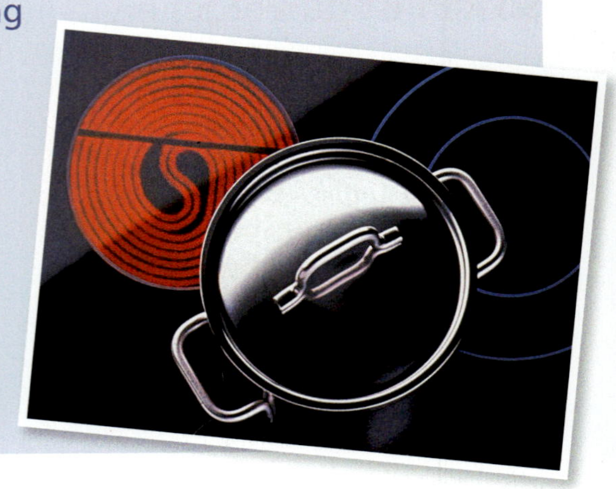

Auch in einer heißen Herdplatte ist Energie gespeichert.

Energie ist in **Energieträgern** gespeichert. Solche Energieträger sind z. B.:
- Licht und elektrischer Strom,
- Batterien und Akkumulatoren,
- Brennstoffe (Kohle, Holz, Erdöl),
- Treibstoffe (Benzin, Diesel),
- Nahrungsmittel aller Art.

Energie haben auch bewegte Körper wie ein Dynamo, fließendes Wasser, fahrendes Auto und gehobene Körper wie angestautes Wasser.

Energie ist in Energieträgern gespeichert. Mit dem jeweiligen Energieträger wird die Energie transportiert und auf einen anderen Träger übertragen.

Wenn du in die Pedale deines Fahrrads trittst, versetzt du das Rädchen am Dynamo in Drehbewegung. Mit der Drehbewegung des Vorderrads wird die Energie auf den Dynamo übertragen.

Der Dynamo wandelt die Bewegungsenergie in elektrische Energie um. Mit dem elektrischen Strom wird Energie auf den Scheinwerfer übertragen. Im Scheinwerfer wird die elektrische Energie in Licht umgewandelt.

Energieübertragungen können in **Energietransportketten** dargestellt werden.

▪ Welches sind die Energiewandler in der Energietransportkette unten?

▪ Beschreibe die Energietransportkette bei einer Fahrradbeleuchtung.

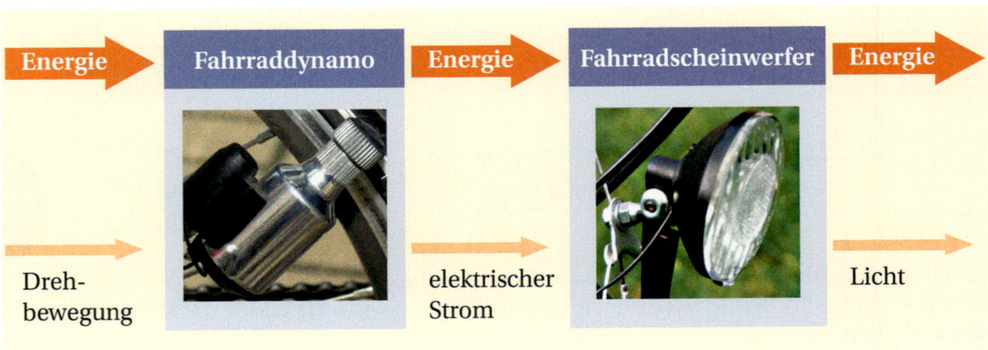

Wusstest du schon …

Strom für unterwegs und aus der Wand

Wenn deine Taschenlampe nur noch glimmt, ist klar, was zu tun ist: Batterien austauschen. Schwächelt dein MP3-Player oder geht dein Handy nicht mehr, lädst du den Akkumulator, kurz Akku, auf. Dann liefert er wieder Energie. Die elektrische Energie im Akku wird durch elektrochemische Reaktionen freigesetzt (chemische Wirkung des elektrischen Stroms).

Im Braunkohlentagebau Garzweiler wird auf ca. 70 km² Fläche Braunkohle abgebaut.

Bei den meisten elektrischen Geräten nutzt du Energie aus der Steckdose. Diese wird in Kraftwerken aus verschiedenen Energieträgern bereitgestellt, z. B. aus Kohle, Wind oder Wasser. In einem Kohlekraftwerk wird beim Verbrennen von Kohle heißer Wasserdampf erzeugt.

Die Energie des Wasserdampfs versetzt eine Dampfturbine in Drehbewegung. Die Energie wird dann über eine Welle auf einen Generator übertragen und von dort auf den elektrischen Strom. Der Anteil der Braunkohle an der Energieerzeugung beträgt knapp 25 %.

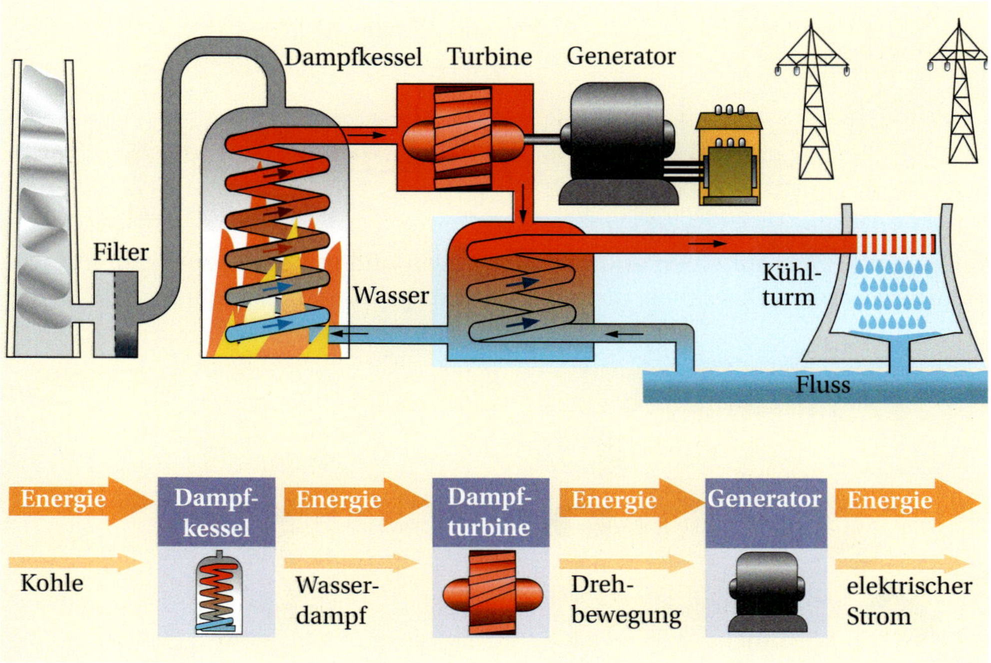

Bei einem Kohlekraftwerk erfolgt eine ganze Kette von Energieübertragungen. Ein Teil der Energie erwärmt die Umwelt.

Das hast du gelernt

Elektrische Geräte im Alltag

Der elektrische Strom ist nur an seinen Wirkungen zu erkennen.

Elektrischer Strom ist die gerichtete Bewegung von Ladungsträgern in einem elektrischen Stromkreis.

Elektrische Geräte, Maschinen und Anlagen sind Energiewandler.

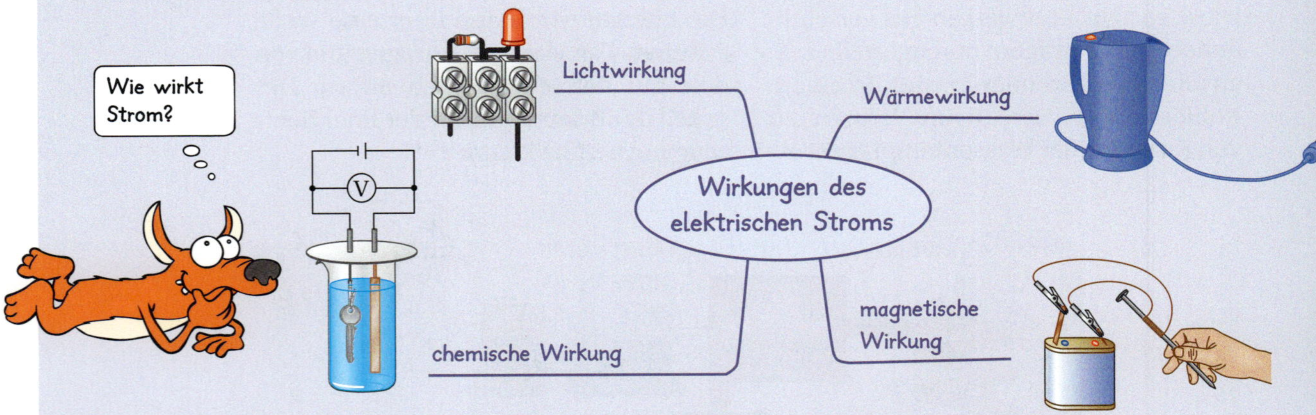

Energie kann von einem Körper auf einen anderen übertragen und mit dem jeweiligen Energieträger auch transportiert werden. Das kannst du in Energietransportketten darstellen.

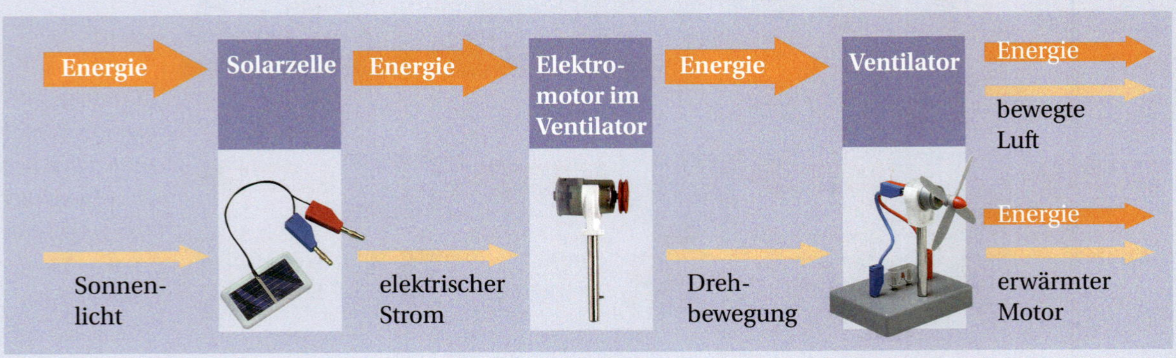

Löse mit Köpfchen

1. Im Vergleich

Vergleiche das Verhalten eines Stabmagneten mit dem eines Elektromagneten. Halte zunächst den Elektromagneten und dann den Stabmagneten über eine Kiste mit Stecknadeln.
Beschreibe und vergleiche deine Beobachtungen. ↗ S. 30, 39

2. Weicher Kern

Starke Elektromagnete, mit denen schwere Stahlplatten gehoben werden können, haben Spulenkerne aus Weicheisen. Recherchiere, welche Eigenschaften Weicheisen hat. ↗ S. 139

3. Magnete in vielen Anwendungen

Erarbeite eine Mindmap zum Thema „Magnete und ihre Anwendungen im Alltag und in der Technik“. Gehe dabei auf Dauermagnete und auf Elektromagnete ein. ↗ S. 41

4. Strom wirkt verschieden

Welche Wirkungen des elektrischen Stroms werden bei den Geräten in den Abbildungen genutzt?

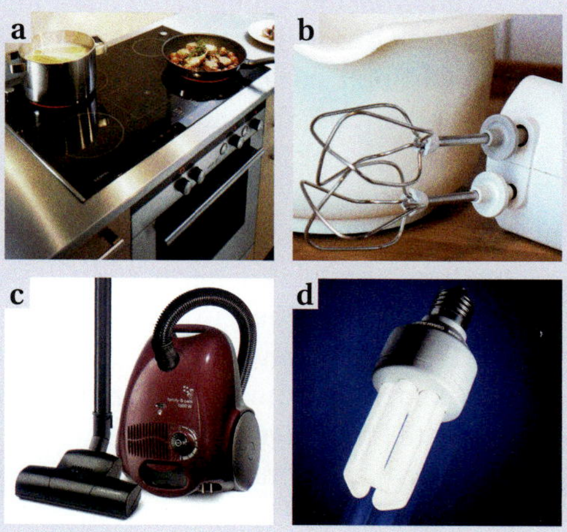

5. Fehlersuche

In der Energietransportkette haben sich Fehler eingeschlichen. Finde und korrigiere sie.

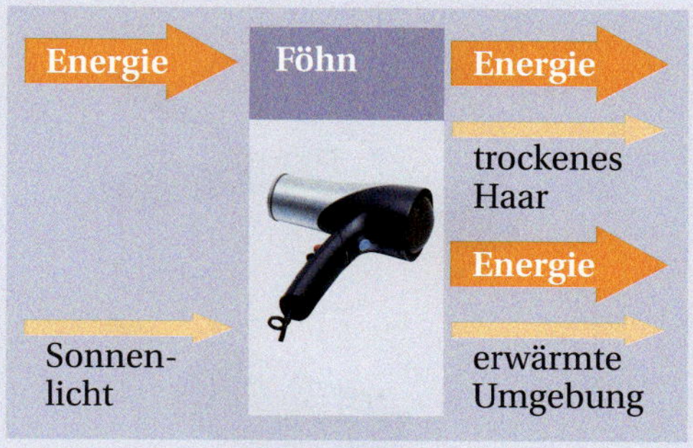

6. Energietransport in Ketten

a) Beschreibe die Energietransportkette für eine Energiesparlampe.

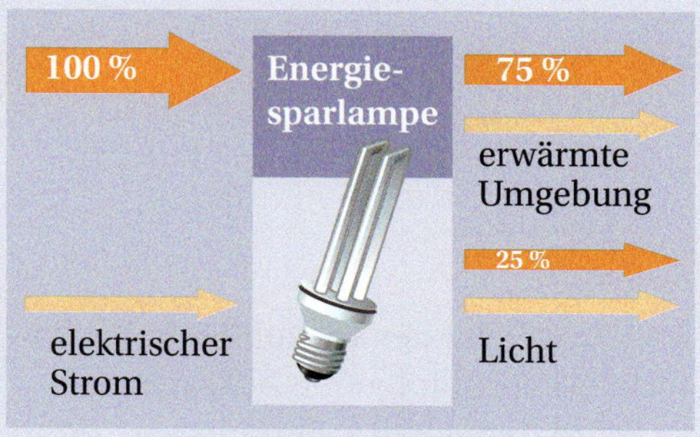

b) Zeichne eine Energietransportkette für einen Mixer.
c) Was passiert mit der zugeführten elektrischen Energie, wenn du Wasser in einem Wasserkocher zum Sieden bringst? Zeichne eine Energietransportkette.
d) Begründe, warum ein Mixer und ein Wasserkocher Energiewandler sind.

7. Aufgaben selbst gestellt

Stellt euch untereinander Aufgaben zu Energieumwandlungen. Wertet sie aus.

Teste dich selbst

Wähle aus.

Bei manchen Wahlantworten gibt es mehrere richtige Lösungen. Die Lösungen findest du auf S. 184.

1 Entscheide: Nach welchem Schaltplan wurde die folgende Schaltung aufgebaut?

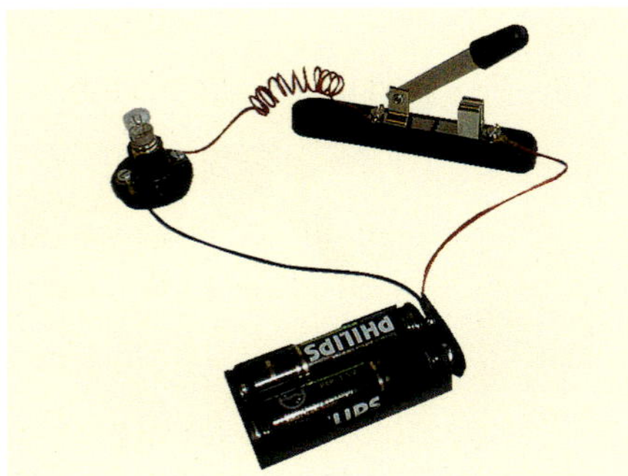

A

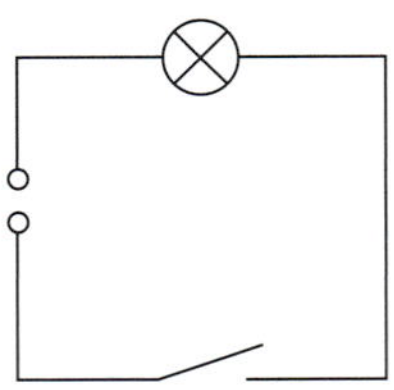

B

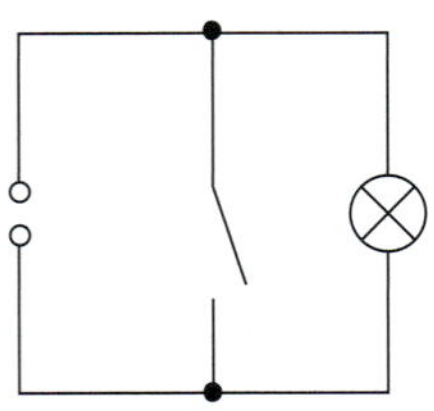

C

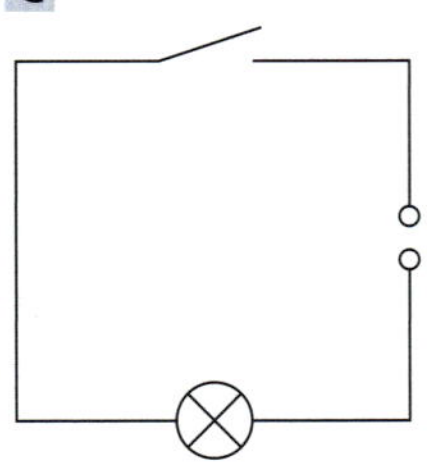

2 Für welche der abgebildeten Stromkreise trifft folgende Aussage zu: Wird der Schalter geschlossen, dann fließt ein elektrischer Strom im Stromkreis.

A

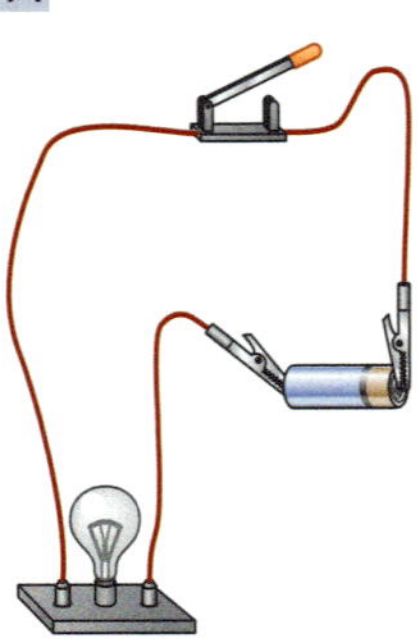

B

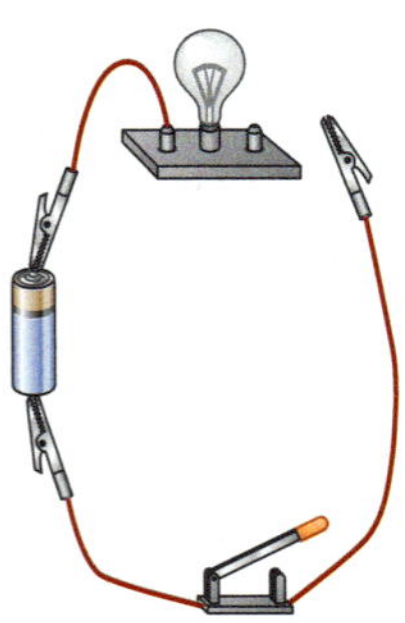

C

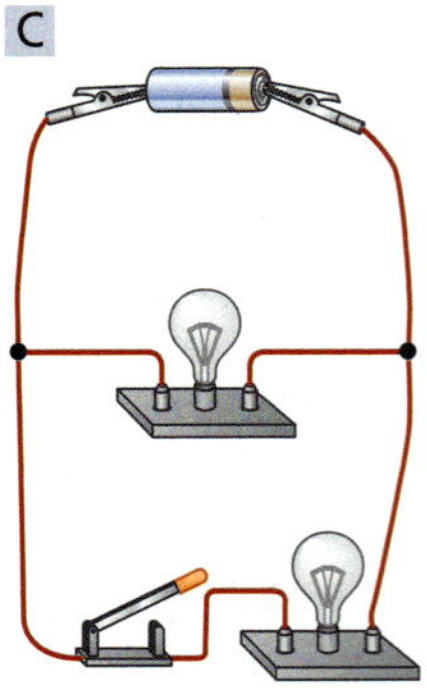

3 Körper, die elektrischen Strom gut leiten, heißen
- A Stromleiter,
- B Isolatoren,
- C elektrische Leiter.

4 Was wird passieren, wenn sich der Nordpol und der Südpol von zwei Stabmagneten gegenüberstehen?

- A Die beiden Magnete stoßen sich ab, weil sich ungleichnamige Pole abstoßen.
- B Die beiden Magnete ziehen sich an, weil sich ungleichnamige Pole anziehen.
- C Die beiden Magnete haben keinen direkten Kontakt. Deshalb können sie sich weder anziehen noch abstoßen.

5 Ein Kompass dient zur Bestimmung der Himmelsrichtungen. Der Nordpol einer Kompassnadel zeigt
- A in Richtung des geografischen Südpols der Erde,
- B in Richtung des geografischen Nordpols der Erde,
- C in Richtung des magnetischen Südpols der Erde.

6 Ein Eierkocher ist ein Energiewandler. In einem Eierkocher wird
- A chemische Energie in elektrische Energie umgewandelt,
- B elektrische Energie in thermische Energie umgewandelt,
- C thermische Energie in elektrische Energie umgewandelt.

Beantworte ausführlich.

1 Die Geräte in der Abbildung nutzen die Wirkungen des elektrischen Stroms.

a) Stelle in einer Tabelle die jeweiligen Geräte und die genutzten Wirkungen zusammen.

b) Wie sind die Geräte geschaltet?

c) Der Toaster und der Wasserkocher sind in Betrieb. Was passiert mit dem Toaster, wenn der Wasserkocher ausfällt?

2 Zeichne einen Schaltplan für die jeweilige Schaltung. Beschreibe und vergleiche die beiden Schaltungen.

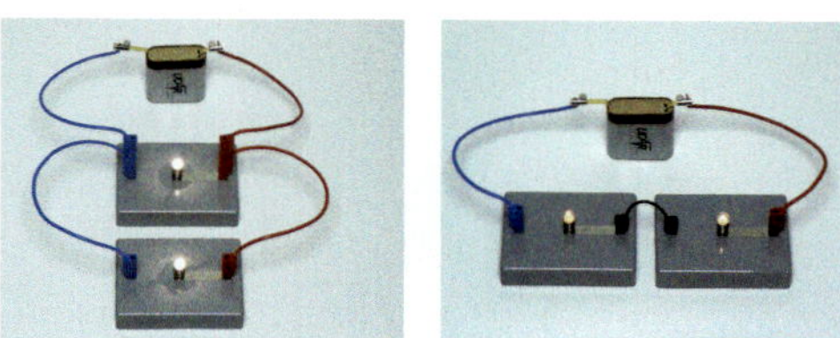

3 Sicherheitsschaltungen sind UND-Schaltungen. Kontrolliere die Schaltung oben rechts, die Meike als Sicherheitsschaltung gezeichnet hat.

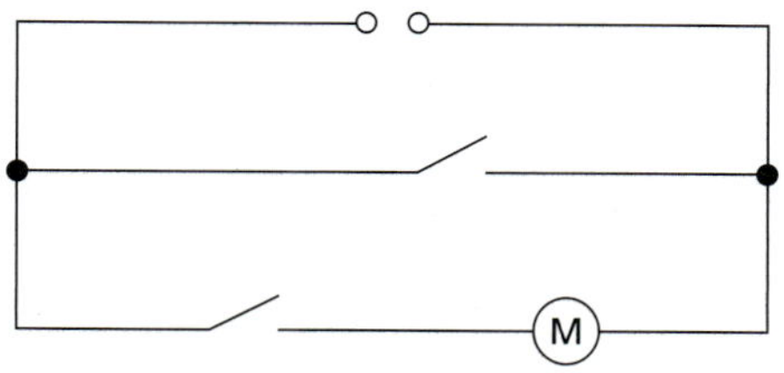

a) Würdest du ihr die Erlaubnis zum Aufbau der Schaltung erteilen?

b) Wo kommen Sicherheitsschaltungen im Alltag und in der Technik vor?

4 „Mir passiert schon nichts!“, sagt Niklas und experimentiert zu Hause mit Netzspannung. Bewerte sein Verhalten.

5 Vorsicht bei der Nutzung von elektrischen Geräten im Bad!

a) Begründe, warum die Berührung mit elektrischem Strom beim Baden gefährlich ist.

b) Welche Schlussfolgerungen leitest du daraus für die Benutzung eines Föhns oder anderer elektrischer Geräte im Bad ab?

6 Bei den folgenden Aussagen und Schaltungen haben sich Fehler eingeschlichen. Finde sie heraus und korrigiere sie.

a) Ein Elektromagnet wird stärker, wenn man die Zahl der Windungen einer Spule verkleinert.

b) Der Stromkreis rechts ist geschlossen.

c) Körper aus Kupfer leiten den elektrischen Strom schlechter als Körper aus Kunststoff.

2 Sonnenenergie und Wärme

1 **Wohlfühltemperatur**
Viele Tiere, aber auch Menschen leben ständig in der Kälte. Wie schützen sie sich? Was versteht man unter der Wohlfühltemperatur?

2 Und nun zum Wetter von morgen …
Nicht nur Verkehrsteilnehmer interessiert:
Ist mit Regen oder Nebel zu rechnen? Besteht Glatteisgefahr? Wettererscheinungen gibt es viele. Erarbeitet Steckbriefe für Wettererscheinungen. Veranstaltet einen Quiz.

3 Ein Haus wird geplant
Denke dir eine kurze Geschichte zu diesem Bild aus.
Schreibe sie auf.
Vergleicht eure Geschichten.
Was haben sie gemeinsam?

4 Lange Tage – kurze Tage
Morgens klingelt der Wecker zwar immer zur gleichen Zeit, aber im Laufe eines Jahrs ist es unterschiedlich hell.
Was ändert sich alles in den vier Jahreszeiten?
Zeichne eine Mindmap.
Was hat es mit der fünften Jahreszeit auf sich?

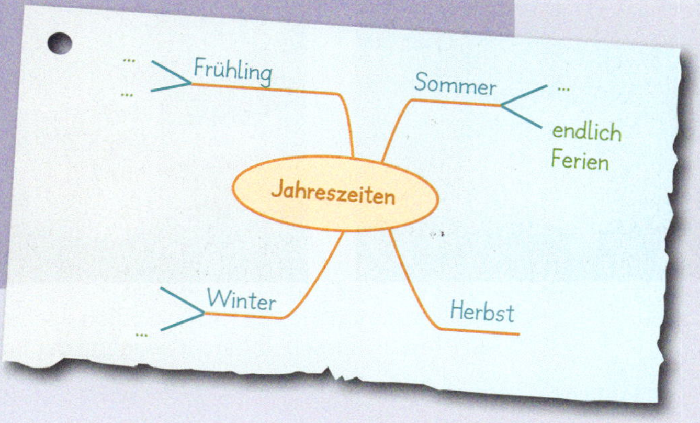

Leben in den Jahreszeiten

Die scheinbare Bewegung der Sonne

Endlich ist Frühling! Tim meint: „Die Sonne steht nun wieder höher am Himmel."
Tina widerspricht: „Die Sonne steht nicht. Sie bewegt sich um uns herum."

Viele Himmelsbeobachtungen sind für dich selbstverständlich: Die Sonne, die abends unter dem Horizont versinkt und morgens als gleißend helle Scheibe emporsteigt, ist ein- und derselbe Stern.

Die Bewegung der Sonne, die du beobachtest, ist eine **scheinbare Bewegung**. In Wirklichkeit bewegt sich unsere Erde während eines Tags ein Mal um ihre Achse. Das ist die **wahre Bewegung**.

Die scheinbare tägliche Bewegung der Sonne kannst du leicht verfolgen: Die Sonne geht im Osten auf. Sie hat im Süden ihren höchsten Stand und geht im Westen unter. Wie hoch die Sonne über dem Horizont steht, hängt von der Jahreszeit ab.

Durch die scheinbare Bewegung der Sonne kannst du dich im Gelände orientieren.

- Die scheinbare tägliche Bewegung der Sonne kommt durch die wahre Bewegung der Erde um sich selbst zustande.

Die Erde dreht sich in 24 Stunden entgegen dem Uhrzeigersinn ein Mal um ihre eigene Achse. Diese Achse verläuft durch den Nordpol und Südpol der Erde. Du drehst dich an deinem Standort mit der Erde mit und erlebst so im Wechsel **Tag** und **Nacht**.

Der Sonnenuntergang wurde zeitlich nacheinander von einem Ort aus fotografiert. Beschreibe die scheinbare Bewegung der Sonne.

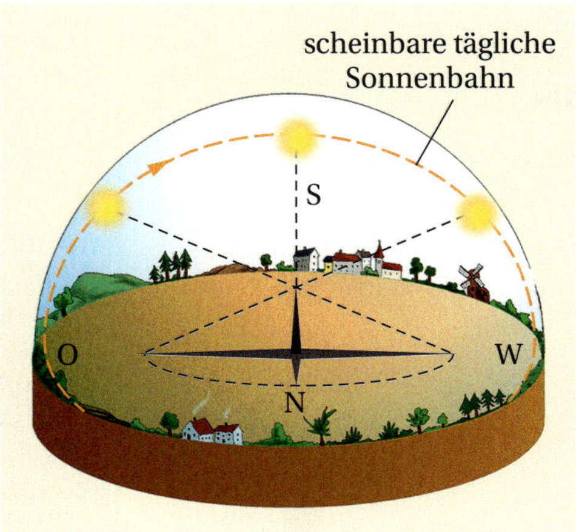

Beschreibe die scheinbare Bewegung der Sonne um die Erde.

Aufgaben

1 Begründe, warum die Bewegung der Sonne um die Erde eine scheinbare Bewegung ist. ↗ S. 78

2 Erläutere mithilfe der Abbildung links: Mittags weist der Schatten eines Körpers nach Norden und ist am kürzesten. Wann ist der Schatten am längsten?

3 Schreibe einen kurzen Text, wie Tag und Nacht zustande kommen.

Erforsche es

Tag und Nacht wechseln sich ab

Baut in Partnerarbeit einen Globus, mit dem ihr den Wechsel von Tag und Nacht zeigen könnt.

Vorbereitung:

a) Ein Globus ist ein Modell für unsere Erde. Findet heraus, welche Gemeinsamkeiten und welche Unterschiede zwischen der wirklichen Erde und ihrem Modell Globus bestehen.

b) Ihr benötigt folgende Materialien: Holzspieß, Styroporkugel (Durchmesser ca. 15 cm), Stifte, Styroporplatte, Taschenlampe

Durchführung:

a) Markiert den „Äquator" an der Stelle mit dem größten Umfang, die Umrisse der Kontinente und etwa euren Wohnort.

b) Steckt das eine Ende des Holzspießes als „Erdachse" in die Styroporplatte und berücksichtigt dabei wie in der Abbildung rechts die Neigung der Achse.

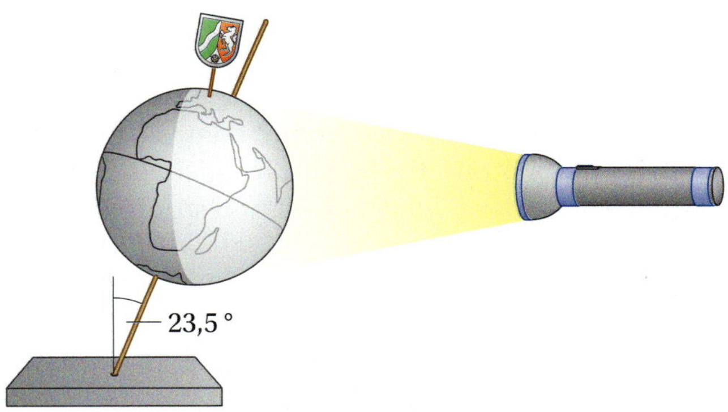

c) In einem verdunkelten Raum lenkt einer von euch beiden das Licht einer Taschenlampe genau auf den Äquator. Der andere dreht den Globus um seine Achse und beobachtet dabei die Lichtseite und die Schattenseite.

d) Wechselt eure Positionen und wiederholt den Vorgang.

Auswertung:

a) Beschreibt und deutet eure Beobachtungen.

b) Zeigt am Modell, wann an eurem Wohnort Tag, und wann Nacht ist.

Leben in den Jahreszeiten

Die Entstehung der Jahreszeiten

Die Achse, um die sich unsere Erde dreht, ist geneigt. Was hat das mit den Jahreszeiten zu tun?

Die Erde bewegt sich in einem Jahr ein Mal um die Sonne. Den wiederkehrenden **Jahresrhythmus** spürst du mit den Veränderungen in den **Jahreszeiten**.

Im Winter sind die Nächte lang. Das Tageslicht scheint nur relativ kurze Zeit. Im Sommer sind die Nächte kurz. Die Sonne geht früh auf und spät unter.

Während eines Umlaufs der Erde um die Sonne ändert sich zwar ständig ihr Abstand von der Sonne. Die Jahreszeiten entstehen jedoch durch die Neigung der Erdachse.

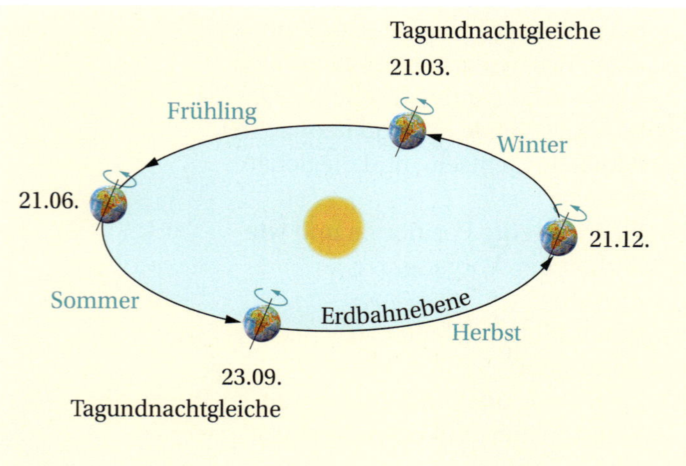

Die Erdachse bildet mit der Senkrechten auf der Ebene der Erdbahn einen Winkel von 23,5°.

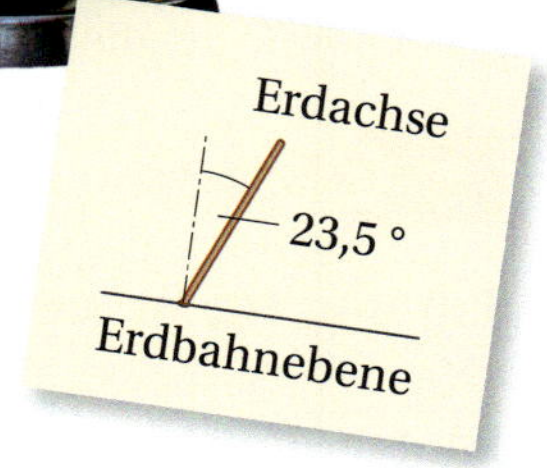

- Prüfe diesen Winkel an deinem selbst gebauten Globus.

Durch die Neigung der Erdachse ändert sich während der Bewegung der Erde um die Sonne im Laufe eines Jahrs der Stand der Sonne.
Da die Erde immer in die gleiche Richtung geneigt ist, wird im Sommer die Nordhalbkugel länger beleuchtet als im Winter.

> Die Jahreszeiten entstehen bei uns durch die jährliche Bewegung der Erde um die Sonne. Die Neigung der Erdachse weist dabei immer in die gleiche Richtung.

Was auf der Südhalbkugel der Erde und was im Bereich des Äquators passiert, findest du heraus, wenn du die Experimente auf der gegenüberliegenden Seite durchführst.

Erforsche es

Lange Tage – kurze Nächte?

1. Untersuche, wie die Energie des Sonnenlichts, das auf eine Fläche fällt, vom Einfallswinkel abhängt.
   Durchführung:
   a) Lass Licht aus einer bestimmten Entfernung auf eine Solarzelle treffen, an die ein Motor mit Ventilator angeschlossen ist.

   b) Verändere den Einfallswinkel des Lichts, indem du die Solarzelle kippst. Der Abstand Lampe – Solarzelle muss gleich bleiben.
   Auswertung:
   Beschreibe deine Beobachtungen. Ziehe Schlüsse aus der Schnelligkeit, mit der sich der Ventilator dreht, auf die Energie des Sonnenlichts.

2. Untersuche mit einem Partner das Zustandekommen von Jahreszeiten.
   Vorbereitung:
   Recherchiert, was ein Polartag ist.
   Durchführung:
   a) Untersucht die Positionen A, B und C in der Tabelle rechts, wenn sich die Lichtquelle rechts vom Globus befindet.
   b) Beobachtet bei jeder Position, auf welche Hälfte der Kugel mehr Licht trifft. Übernehmt die Tabelle oben ins Protokoll und tragt die Ergebnisse ein.

Position	Halbkugel mit mehr Licht
A	Nordhalbkugel
B	...
C	...

Auswertung:
a) Schließt jeweils für die Positionen A, B und C, auf welcher Halbkugel das Licht flacher einfällt.
b) Ordnet den Positionen die Jahreszeiten auf der jeweiligen Halbkugel zu.
c) Auf welche Stelle der Kugel in Position A trifft trotz Drehung um die Erdachse kein Licht? Was bedeutet das dort für den Wechsel von Tag und Nacht?

Position	Stellung der Erdachse zur Lichtquelle	Skizze
A	Die Erdachse ist zur Lichtquelle geneigt. Der mittlere Lichtstrahl der Lichtquelle trifft oberhalb der Äquatorlinie auf.	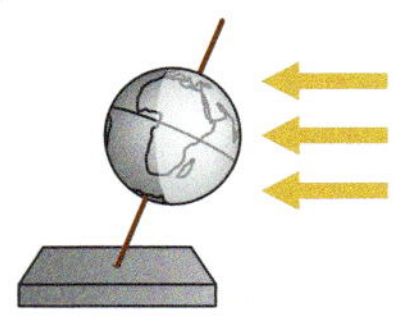
B	Die Erdachse neigt sich von der Lichtquelle weg. Der mittlere Lichtstrahl der Lichtquelle trifft unterhalb der Äquatorlinie auf.	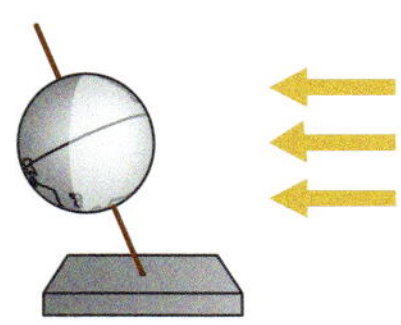
C	Der mittlere Lichtstrahl trifft auf die Äquatorlinie.	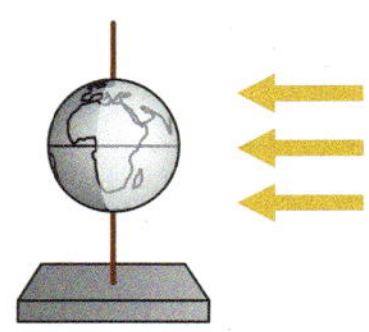

Leben in den Jahreszeiten

Tagundnachtgleiche in Europa

Steinzeitmenschen in Europa konnten bereits Frühlingsanfang und Herbstanfang bestimmen. Wie gelang ihnen das?

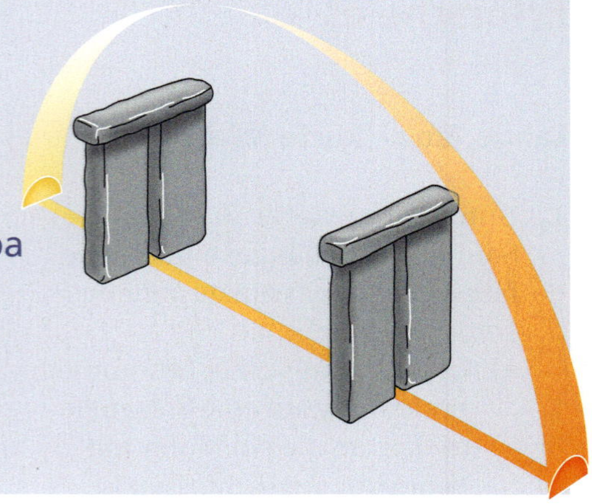

Tag und Nacht entstehen, weil sich die Erde in 24 Stunden einmal um sich selbst dreht.

Am längsten scheint bei uns die Sonne zur Sommersonnenwende am 21. Juni mit 16 Stunden. Am kürzesten scheint sie zur Wintersonnenwende am 21. Dezember mit nur 8 Stunden.

- Finde den 21. Juni und den 21. Dezember in der Abbildung unten auf der Seite 52 auf.

Nicht nur die Sonnenscheindauer ist unterschiedlich, sondern auch der Winkel, unter dem die Sonne auf die Erde scheint. Im Sommer ist dieser Winkel bei uns wesentlich steiler als im Winter. Der steilere Winkel bewirkt eine stärkere Erwärmung der Erdoberfläche.

Zwischen dem Sommer- und dem Winterhalbjahr geschieht es zwei Mal, dass Tag und Nacht mit je 12 Stunden gleich lang sind. Daher rührt die Bezeichnung **Tagundnachtgleiche**. Das ist zu Frühlingsanfang am 21. März und zu Herbstanfang am 23. September der Fall.

Nur an diesen Tagen geht die Sonne genau im Osten auf und genau im Westen unter. Diese beiden Orte am Horizont können durch eine gerade Linie verbunden werden. Wird die Linie durch Öffnungen in Felsblöcken markiert, dann kann jedes Jahr erneut der Zeitpunkt von Frühlingsanfang und Herbstanfang bestimmt werden.

Auf der Nordhalbkugel wird die Erdoberfläche im Sommer stärker erwärmt als im Winter.

Stonehenge in Mittelengland diente zur Beobachtung des Laufs der Sonne und damit zur genauen Bestimmung der Ost-West-Richtung.

Dies haben Völker in Europa bereits in der Steinzeit tatsächlich getan. In Kultstätten ordneten sie große Steine entsprechend an und schufen damit die Basis für eine einfache Zeitrechnung.

Die Zeitdauer zwischen zwei Frühlingsanfängen wurde als **Länge eines Jahrs** bestimmt. Dabei zeigte sich, dass ein Jahr keine ganze Anzahl von Tagen währt, sondern etwa 365,25 Tage lang ist.

Aus praktischen Gründen muss ein Kalenderjahr natürlich aus einer ganzen Anzahl von Tagen bestehen. Dafür wird in Abständen von vier Jahren der 29. Februar als Schalttag eingeführt.

Aufgaben

1 Ein Erdumlauf um die Sonne dauert 365 Tage und 6 Stunden. Welche Bedeutung hat dies für unseren Kalender?

2 Beschreibe mithilfe der Abbildung unten die Unterschiede im Lichteinfall der Sonne im Sommer und im Winter. ↗ S. 30, 39
Gehe auf die Länge eines Tags, die Höhe des Sonnenstands und die Länge des Schattens zur Mittagszeit ein. Vergleiche die Orte, an denen die Sonne auf- und untergeht.

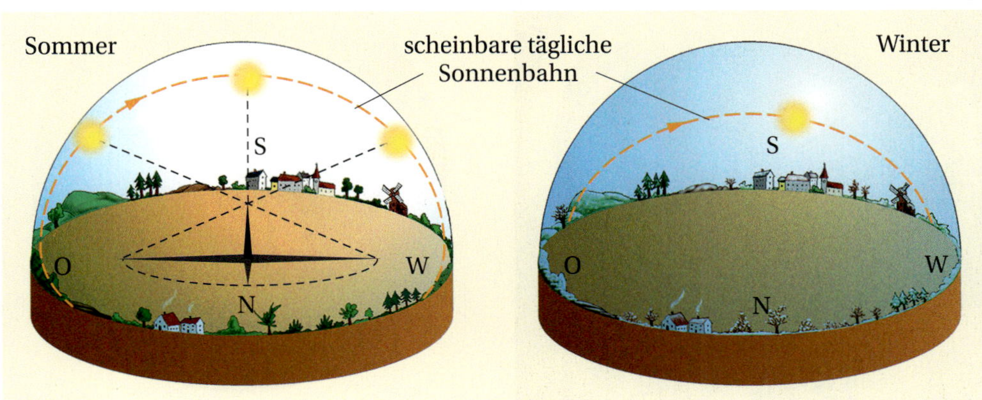

Wusstest du schon …

Sternkunde

Für die Menschen der Vorzeit waren Naturvorgänge das Werk von Göttern oder Dämonen. Viele Völker hielten Sonne und Erdmond für Gottheiten. Die Beobachtung des Himmels sollte helfen, den Willen der Götter zu ergründen.

Bei ihren Beobachtungen fanden die Menschen heraus, dass es viele Himmelserscheinungen gibt, die sich in bestimmten Zeiten in genau gleicher Weise wiederholen.
Aus jener fernen Zeit gibt es keine schriftlichen Überlieferungen, denn Schriften entstanden erst später. Gefunden wurden aber z. B. Anordnungen von Steinen und Grabgemälde.

Die bislang älteste Darstellung des Sternhimmels ist eine Scheibe aus Bronze. Sie wurde 1999 bei Nebra in Sachsen-Anhalt gefunden und zwischen 2 100 und 1 700 v. Chr. hergestellt.

Im antiken Griechenland versuchten Menschen, die vielfältigen Beobachtungen zusammenzufassen und zu erklären. Sie entwickelten eine Vorstellung, die nahe liegt: Die Erde befindet sich im Zentrum der Welt. Die Sonne, der Mond und alle Planeten bewegen sich auf Kreisbahnen um die Erde.
Dieses Bild von der Welt war eine der großartigsten Leistungen der antiken Wissenschaft.

Fast 1 500 Jahre hielten die meisten Gelehrten dieses Weltbild für richtig. Im Mittelalter kamen aber zunehmend Zweifel auf. NIKOLAUS KOPERNIKUS (1473–1543) nahm an, dass nicht die Erde, sondern die Sonne im Zentrum der Welt steht. Um die Sonne herum bewegen sich alle Planeten. Diese Vorstellung, dieses Bild von der Welt, entspricht den Tatsachen.

- Welche Planeten bewegen sich um die Sonne?

Die Himmelsscheibe von Nebra ist etwa 3 600 Jahre alt. Die Goldeinlagen zeigen vermutlich Vollmond, zunehmenden Mond und Sterne.

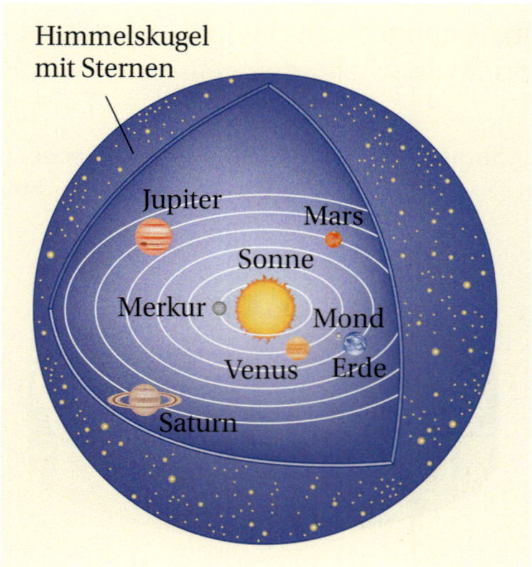

Wusstest du schon …

Orientierung bei Nacht

Für eine grobe Orientierung am Himmel eignen sich markante Sterngruppierungen. Sie heißen **Sternbilder**.

Menschen haben sich seit alters her besonders anschauliche Sternbilder ausgedacht. Mit viel Fantasie bezogen sie Figuren aus ihren Sagen und Mythen mit ein. Das erklärt, warum verschiedene Völker auch ganz unterschiedliche Sternbilder kannten.

Erst 1925 wurden 88 Sternbildregionen mit Namen und Grenzen international festgelegt.

Von Deutschland aus kannst du nur einen Teil dieser Sternbilder sehen. Die bekannteste Sterngruppierung ist der **Großen Wagen**. Mit seiner Hilfe findest du leicht den Polarstern. Er steht über der Nordrichtung, leuchtet aber nicht besonders hell.

Der Große Wagen ist ein Teil des astronomischen Sternbilds der Großen Bärin.

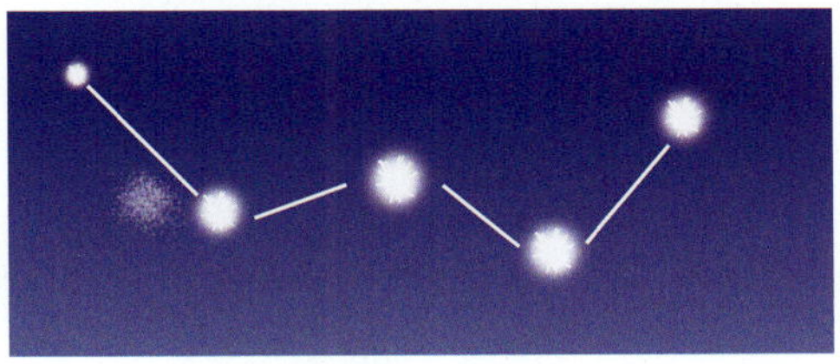

Auch das Sternbild **Kassiopeia** fällt auf. Seine Hauptsterne bilden ein „W". Kassiopeia heißt deshalb auch Himmels-W.

Die Große Bärin und Kassiopeia sind bei uns in Deutschland das gesamte Jahr über zu sehen.

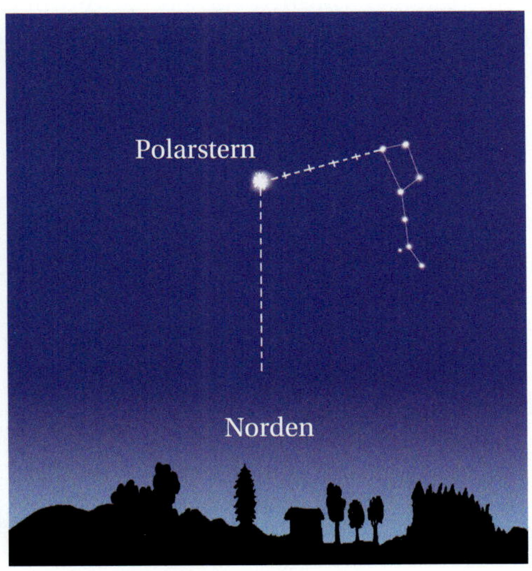

So findest du den Polarstern: Denke dir die Entfernung zwischen den beiden hinteren Sternen des Wagens 5-mal abgetragen.

Das hast du gelernt

Leben in den Jahreszeiten

Bewegungen und Beobachtungen	
Bewegungen	Beobachtungen
Tägliche Bewegung: Die Erde dreht sich um ihre eigene Achse. Tageslänge: 24 Stunden	Die Sonne bewegt sich scheinbar von Ost über Süd nach West. Es entstehen **Tag** und **Nacht**.
Jährliche Bewegung: Die Erde bewegt sich um die Sonne. Jahreslänge: 365,25 Tage	Die Sonne „steht" im Sommer höher als im Winter. Es entstehen die Jahreszeiten.

Die **Jahreszeiten** entstehen durch die Bewegung der Erde um die Sonne und die Neigung der Erdachse. Dadurch fällt im Sommer die Sonnenstrahlung länger und steiler auf eine Erdhälfte als im Winter.

- Die Erde ist ein Teil unseres Sonnensystems. Die Sonne befindet sich im Zentrum des Sonnensystems.
- Die Erde bewegt sich um die Sonne.
- Der Mond kreist um die Erde und bewegt sich mit ihr zusammen um die Sonne.

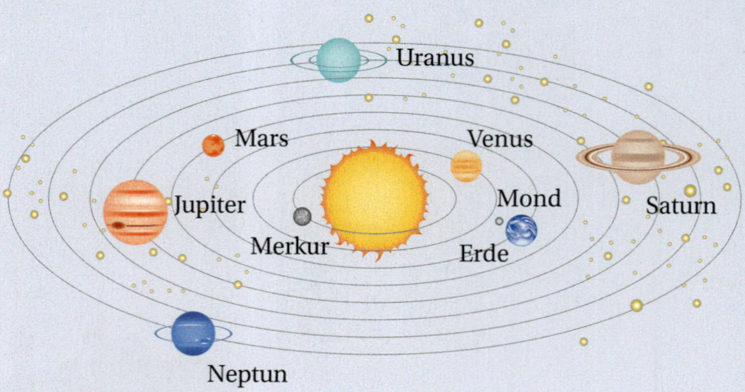

Löse mit Köpfchen

1. Genauigkeit in Stunden

Ein Jahr hat ja nicht exakt 365 Tage, sondern 365,25 Tage.

a) Wie viele Stunden sind 0,25 Tage?

b) Wie viele Stunden hat ein Jahr?

2. Modell Erde

Führe an einem Ball die Drehung der Erde um ihre eigene Achse vor. Berücksichtige auch die Neigung der Erdachse. Beachte: Die Erde dreht sich entgegen dem Uhrzeigersinn.

3. Steiler oder flacher?

Nimm den selbst gebauten Globus zur Hilfe und finde heraus, wie sich der Einfallswinkel der Sonne im Laufe eines Jahrs verändert

- an deinem Wohnort,
- am Äquator.

Beschreibe den Einfluss, den der Einfallswinkel auf die Erwärmung der Erdoberfläche hat. ↗ S. 30

4. Alles klar?

Bringe das Puzzle in Ordnung.

5. Schneeschmelze

Begründe mit deinen Ergebnissen aus dem Experiment 1 auf der Seite 53, warum man zur Zeit der Schneeschmelze Folgendes beobachten kann:

Der Schnee schmilzt zuerst an geneigten freien Hangflächen mit Südlage und erst später auf dem ebenen Boden.

6. Jahreszeiten

Erkläre, wie die Jahreszeiten auf der Nordhalbkugel zustande kommen. Gibt es überall auf der Erde vier Jahreszeiten?
↗ S. 31

Was sich mit der Temperatur alles ändert

Unser Temperatursinn

Führe das Experiment durch.
Was stellst du fest?
Beschreibe deine
Beobachtungen.

Unsere Haut hat Punkte, die empfindlich für Wärme und Kälte sind. Mit diesen Punkten können wir fühlen, ob z. B. Wasser heiß, warm oder kalt ist.

Unser **Temperatursinn** lässt sich aber leicht täuschen. Das beobachtest du, wenn du mit unterschiedlich warmem Wasser experimentierst.

Mit der Hand, die zuvor in kaltes Wasser getaucht war, empfindest du warmes Wasser wärmer als mit der Hand, die zuvor in heißes Wasser tauchte.

Auch andere Körper erscheinen uns wärmer, wenn wir zuvor etwas Kaltes angefasst haben.

In der Nähe von sehr heißen und sehr kalten Körpern reagiert unser Körper mit klaren Signalen. Er warnt uns vor schweren Verbrennungen oder Unterkühlungen.

Dass unser Temperatursinn gut auf unsere Bedürfnisse abgestimmt ist, erfährst du, wenn du das Experiment 2 auf der Seite 61 oben durchführst.

1 Nenne weitere Beispiele für Temperaturtäuschungen.

2 Nenne Beispiele für Warnungen der Haut bei extremer Temperatur.

Ein glühender Stahlblock leuchtet kirschrot bei ca. 800 °C.

Ein Eisberg in der Antarktis hat eine Temperatur von ca. -30 °C.

Erforsche es

Temperaturempfindungen

1. Ermittelt Kälte- und Wärmepunkte auf eurer Haut.
   Vorbereitung:
   Stellt Stricknadeln, Eiswasser, heißes Wasser (60 °C) und zwei dünne Folienstifte bereit.
   Durchführung:
   a) Zeichne auf den Handrücken eines Mitschülers an verschiedenen Stellen mit dem Folienstift eine Fläche von einem Quadratzentimeter.

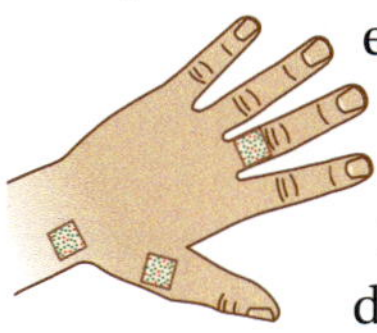

   b) Taste mit der Stricknadel, die im Eiswasser gekühlt wurde, nach Stellen, an denen du Kälte fühlst (Kältepunkte). Markiere sie grün.
   c) Taste mit der heißen Stricknadel nach Wärmepunkten. Markiere sie rot.

Auswertung:
Stellt die Anzahl der Wärme- und Kältepunkte fest. Hier liegen Sinneszellen in der Haut.

2. In zwei Bechern befindet sich Wasser von 20 °C bzw. 25 °C. Vertausche die Becher mehrmals.
   Lasse eine Mitschülerin feststellen, welches Wasser wärmer ist.
   Mische nun das Wasser aus den Bechern so, dass der Temperaturunterschied geringer wird.
   Welchen Temperaturunterschied kann deine Mitschülerin gerade noch spüren?

Wusstest du schon …

„Warm" oder doch eher „kalt"?

Unser Temperatursinn ist sehr gut auf unsere Bedürfnisse abgestimmt. Im mittleren Temperaturbereich ist unsere Wahrnehmung von warm bzw. kalt sehr leistungsfähig. Schon bei sehr geringen Unterschieden der Temperatur können wir fühlen, welcher Körper wärmer bzw. kälter ist.
Wir können zwar nicht fühlen, ob das Wasser in einem Becher 20 °C, 22 °C oder 25 °C hat, aber wir nehmen geringe Temperaturunterschiede zwischen dem Wasser in beiden Bechern wahr.

Bei sehr heißen oder sehr kalten Körpern ist es für uns nicht wichtig, Temperaturunterschiede wahrzunehmen.

Entscheidend ist hier nur ein klares Signal, damit wir keine Verbrennungen oder Erfrierungen erleiden.
Eine heiße Herdplatte reizt die Sinneszellen in unserer Haut. Der Reiz wird an unser Gehirn weitergegeben und dort verarbeitet. Das Gehirn löst Reaktionen in den entsprechenden Muskeln aus.

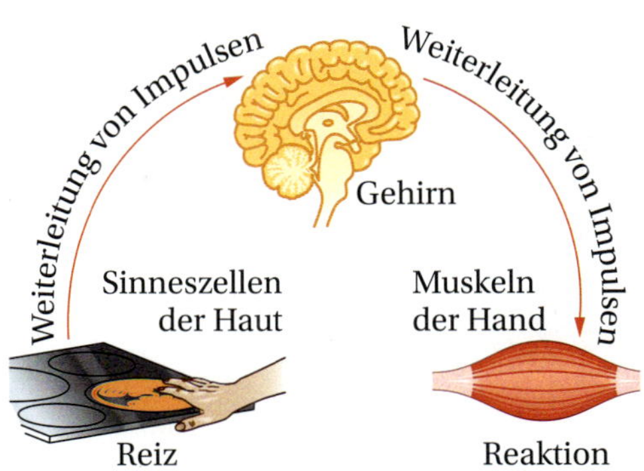

Was sich mit der Temperatur alles ändert

Temperatur und ihre Messung

Sicher kennst du die Messgeräte.
Was misst man damit und wo werden sie benutzt?

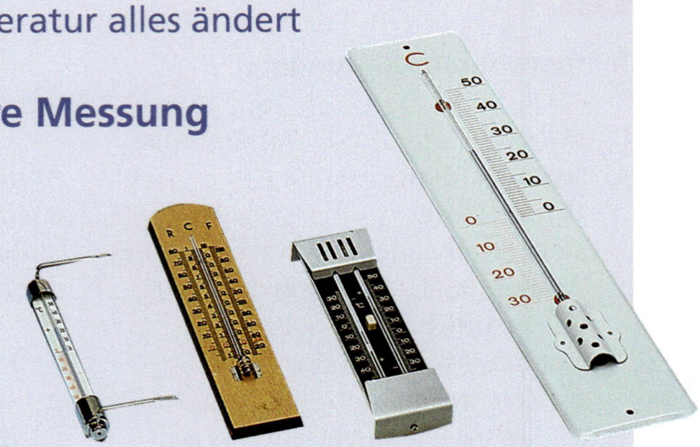

Um genau zu sagen, wie warm oder kalt ein Körper ist, reicht unser Temperaturempfinden nicht aus. Deshalb nutzen wir Messgeräte und messen die physikalische Größe **Temperatur.**

> Die Temperatur gibt an, wie heiß oder wie kalt ein Körper ist.
> Formelzeichen: ϑ (griechischer Buchstabe, sprich: *theta*)
> Einheit: 1 Grad Celsius (1 °C)

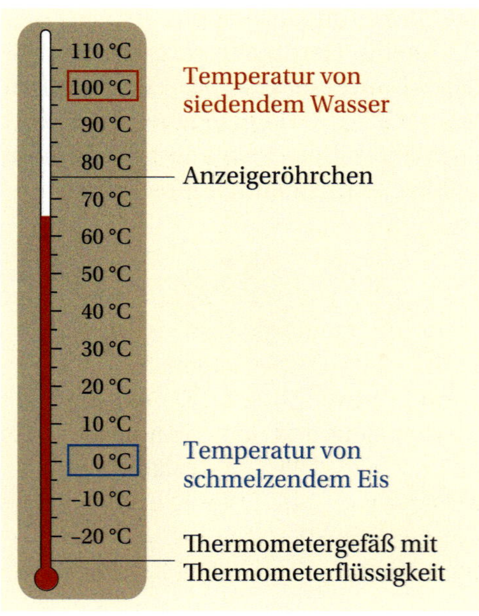

Um die Temperatur eines Körpers in Grad Celsius anzugeben, wird die **Celsiusskala** genutzt. Sie ist nach dem schwedischen Naturforscher ANDERS CELSIUS (1701–1744) benannt.

Temperaturen werden mit **Thermometern** gemessen. Das Thermometer rechts ist ein **Flüssigkeitsthermometer.** Seine Wirkungsweise beruht darauf, dass sich eine Flüssigkeit bei Temperaturänderung ausdehnt oder zusammenzieht. Je höher die Temperatur ist, desto höher steht die Flüssigkeitssäule im Anzeigeröhrchen.

▪ Welche Temperatur zeigt das Flüssigkeitsthermometer links an?

Die Skala des Thermometers links beginnt bei der Temperatur -20 °C und endet bei 110 °C. In diesem **Messbereich** können Temperaturen gemessen werden.
Der Abstand zwischen zwei Skalenstrichen beträgt 5 °C. Deshalb kannst du mit dem Thermometer auf 5 °C genau ablesen.
Als Thermometerflüssigkeit ist gefärbter Alkohol geeignet.

Aufgaben

1 Finde auf dem Thermometer, das auf Seite 62 abgebildet ist, folgende Temperaturen: 20 °C, deine Körpertemperatur, die Körpertemperatur einer Waldmaus, -10 °C und -15 °C.

2 Beim Baden von Säuglingen muss man sehr vorsichtig sein. Die Temperatur des Badewassers soll genauso hoch sein wie die normale Körpertemperatur des Menschen. Welche Temperatur muss das Badewasser haben? Wie kann man das überprüfen? ↗ S. 81

3 Stellt Vermutungen auf, warum Wasser als Thermometerflüssigkeit für Außenthermometer nicht geeignet ist. Diskutiert eure Vermutungen.

4 Bereite einen Vortrag über die Geschichte der Temperaturmessung vor. Nutze das Internet. ↗ S. 164

Wusstest du schon …

Drei Forscher und ihre Ideen

Temperaturangaben müssen jedem dasselbe sagen. Das gelingt mit Bezugspunkten, die überall auf der Welt gleich sind. Eis schmilzt im Norden bei derselben Temperatur wie im Süden und Wasser siedet in Essen bei derselben Temperatur wie in Düsseldorf.
Es gibt verschiedene Skalen:

Celsiusskala	Fahrenheitskala	Kelvinskala
 100 °C / 0 °C	 212 °F / 32 °F	 373 K / 273 K

Der schwedische Forscher ANDERS CELSIUS (1701–1744) wählte die Temperaturen von schmelzendem Eis (0 °C) und siedendem Wasser (100 °C) und teilte den Abstand zwischen ihnen in 100 gleiche Teile.

Die **Celsiusskala** ist heute in den meisten Ländern verbreitet.

Ursprünglich hatte die Celsiusskala den Siedepunkt bei 0 °C und den Schmelzpunkt bei 100 °C. Um 1750 kehrte CARL VON LINNÉ die Skala um.

GABRIEL DANIEL FAHRENHEIT (1686 bis 1736) wollte negative Temperaturangaben vermeiden. Er wählte als Nullpunkt die Temperatur eines Gemischs aus Eis, Salmiak und Wasser: 0 °F (sprich: null Grad Fahrenheit). 0 °F entspricht -18 °C. Der andere Fixpunkt ist unsere Körpertemperatur (100 °F).
Die **Fahrenheitskala** ist noch heute in den USA und Großbritannien weitverbreitet. Auch auf internationalen Flügen werden die Außentemperaturen häufig sowohl in °C als auch in °F angegeben.

LORD KELVIN (1834–1907), wie sich der berühmte englische Naturwissenschaftler WILLIAM THOMSON seit 1892 nennen durfte, entwickelte die **Kelvinskala.** Sie beginnt mit der tiefsten Temperatur, die möglich ist: - 273 °C. Für die Kelvinskala wurde die gleiche Einteilung wie für die Celsiusskala gewählt. -273,15 °C entsprechen 0 K (sprich: null Kelvin).

0 °C ≙ 273 K
373 K ≙ 100 °C

So kannst du vorgehen

Darstellen und Auswerten von Messwerten in einem Diagramm

Bei vielen Experimenten wird gemessen. Die Messwerte werden in einer Tabelle erfasst und in einem Diagramm dargestellt.

Wie ändert sich die Temperatur von Wasser beim Erwärmen? Zeichne ein Diagramm mit den Messwerten und werte es aus.

Zeit *t* in min	0	1	2	3	4	5
Temperatur ϑ in °C	14	16	23	27	33	36

Zeitachse: 1 cm ≙ 1 min
Temperaturachse: 1 cm ≙ 10 °C

► Schritt 1

Zeichne ein Koordinatensystem.
Schreibe an die Achsen des Koordinatensystems die jeweilige physikalische Größe mit ihrer Einheit.

► Schritt 2

Trage die Messwerte ein.
Trage Messwerte, die zusammengehören, mit Bleistift in das Diagramm ein.

Die Gerade verläuft nicht durch den Koordinatenursprung.

Eintragen der Werte in ein Diagramm

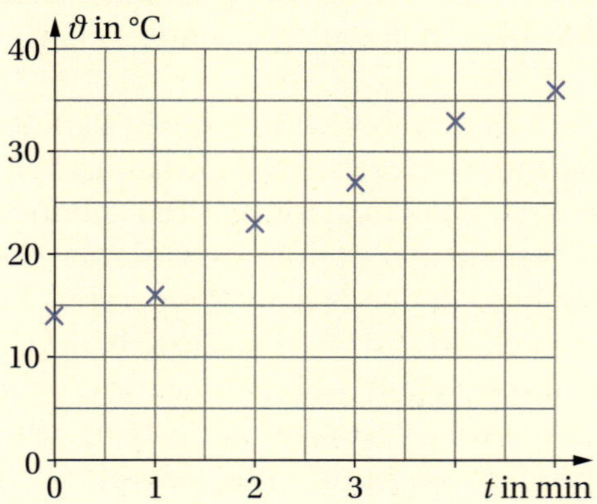

► Schritt 3

Zeichne die grafische Darstellung.
Lege durch die Wertepaare eine Gerade. Die Gerade kannst du zeichnen, weil sich das Wasser auch zwischen den Zeitmessungen erwärmt hat. Einzelne Messwerte können etwas „aus der Reihe tanzen“. Wenn du selber keinen Fehler beim Zeichnen gemacht hast, kann ein Messfehler vorliegen.

► Schritt 4

Werte das Diagramm aus.
Beschreibe den Zusammenhang zwischen beiden physikalischen Größen.

Mit zunehmender Zeit steigt die Temperatur des Wassers gleichmäßig an.

Du kannst aus dem Diagramm auch Werte ablesen, die du gar nicht aufgenommen hast. Das Wasser hat z. B. nach 2,5 min eine Temperatur von 25 °C.

Verbinden der Messwerte

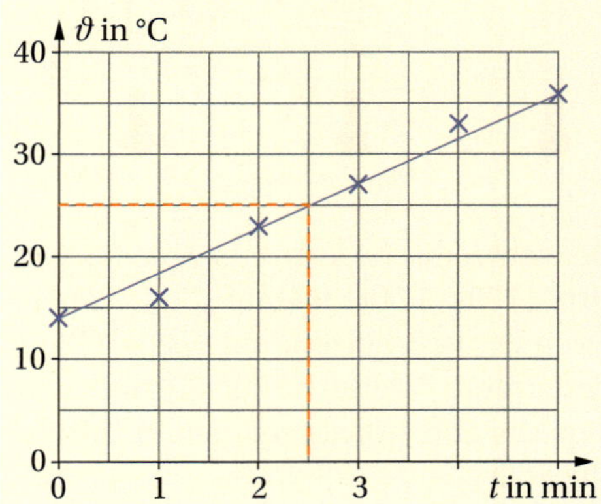

Wusstest du schon …

Thermometer für unterschiedliche Anwendungen

Je nach Verwendungszweck und Bauform gibt es unterschiedliche Thermometer. Sie unterscheiden sich nicht nur in ihrem Aufbau und ihrer Wirkungsweise, sondern vor allem auch in ihren Messbereichen.

Im Haushalt verwenden wir verschiedene Arten von Flüssigkeitsthermometern. Während **Zimmerthermometer** einen Messbereich zwischen -10 und 40 °C haben (↗ Abb. a), liegt er bei **Außenthermometern** zwischen -30 und 50 °C.
Kühlschrankthermometer messen die Temperatur im Innern eines Kühlschranks (↗ Abb. b). Ihr Messbereich geht bis -20 oder -30 °C.
Fieberthermometer sollen möglichst genau die Körpertemperatur messen. Der Messbereich dieser Thermometer liegt deshalb zwischen 35 und 42 °C, also im Bereich der normalen Körpertemperatur von 37 °C (↗ Abb. c). Fieberthermometer haben eine hohe Messgenauigkeit, mit der auf 0,1 °C genau abgelesen werden kann.
Neben Flüssigkeitsthermometern gibt es Thermometer, die völlig anders funktionieren. Weitverbreitet sind **Bimetallthermometer.** Genutzt wird bei solchen Thermometern die Veränderung der Krümmung eines Bimetallstreifens bei Temperaturänderung.
Zunehmend verwendet werden **elektronische Thermometer**.
Besonders interessant ist das **galileische Thermometer**, das GALILEO GALILEI (1564–1642) erfunden hat und dessen Wirkungsweise mit dem Auftrieb in Flüssigkeiten erklärt werden kann.

Thermometerarten

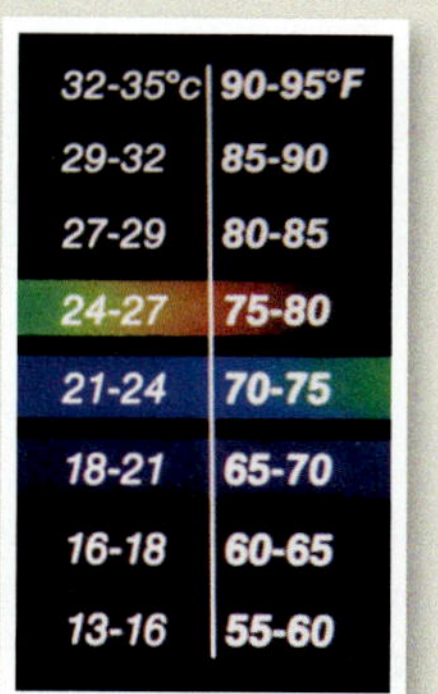

Thermometer mit Thermofarben:
Bestimmte Stoffe wechseln mit der Temperatur ihre Farbe.

a) b) c)

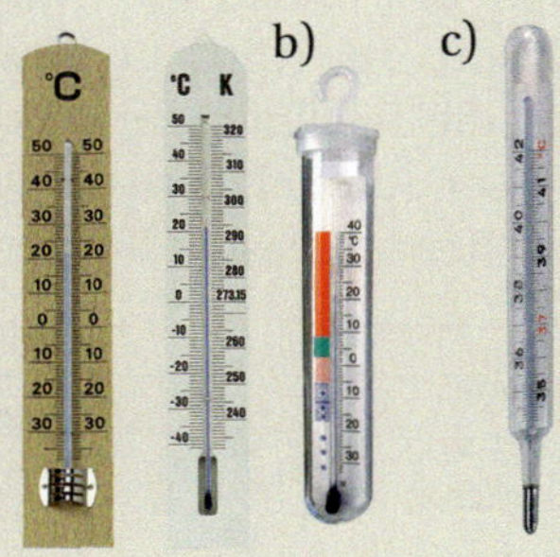

Flüssigkeitsthermometer:
Flüssigkeit verändert das Volumen bei Temperaturveränderung

Bimetallthermometer:
Der Bimetallstreifen krümmt sich bei Temperaturveränderungen.

Thermometer nach Galilei
Es nutzt den Auftrieb in Flüssigkeiten.

Was sich mit der Temperatur alles ändert

Temperatur und Teilchenbewegung

Vergleiche deine Beobachtungen und versuche, sie zu erklären.

Wasser und Tinte bestehen aus **Teilchen.** Physiker bezeichnen diese Teilchen als Atome oder Moleküle. Diese sind so klein, dass du sie mit bloßem Auge nicht sehen kannst. Du kannst dir die Teilchen vereinfacht als kleine Kugeln vorstellen.
Die Teilchen eines Stoffs befinden sich in ständiger Bewegung. Einige bewegen sich etwas schneller, andere etwas langsamer.

Je höher die Temperatur eines Körpers ist, desto heftiger bewegen sich die Teilchen des Stoffs, aus dem der Körper besteht. Im warmen Wasser bewegen sich die Teilchen schneller als im kalten Wasser. Ähnlich verhalten sich auch die Teilchen von festen Körpern und Gasen.

Wie Stoffe aufgebaut sind, wird im **Teilchenmodell** zusammengefasst:

1. Alle Stoffe bestehen aus Teilchen.
2. Die Teilchen befinden sich in ständiger, unregelmäßiger Bewegung.
3. Zwischen den Teilchen wirken Kräfte.

Das Teilchenmodell ist eine vereinfachte Vorstellung von der Wirklichkeit. In der Physik heißen alle Gegenstände, die dich umgeben, **Körper**. Körper bestehen aus **Stoffen**, etliche sogar aus mehreren Stoffen.
Ein Stoff, z. B. Wasser, kann sich im festen, flüssigen oder gasförmigen **Aggregatzustand** befinden. (↗ S. 67).

Aufgaben

1 _ Nenne je zwei feste, flüssige und gasförmige Körper. Aus welchen Stoffen bestehen sie?

2 _ Erkläre mit dem Teilchenmodell, warum du Luft in einer Flasche zusammendrücken kannst. ↗ S. 31

Übersicht über die Aggregatzustände			
	Feste Körper	Flüssigkeiten	Gase
Beispiel	 Die Schale aus Messing ist ein fester Körper.	 Der Orangensaft ist eine Flüssigkeit.	 Die Luft im Ballon ist ein Gas.
Aufbau	Die Teilchen von festen Körpern liegen sehr eng und regelmäßig beieinander. Sie haben einen festen Platz. 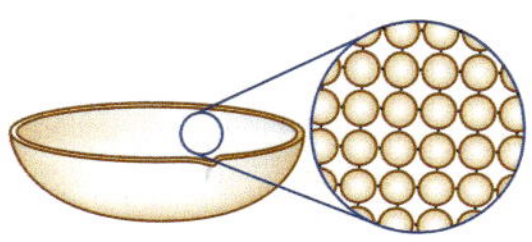 Die Teilchen von festen Körpern schwingen um ihren Platz hin und her. Zwischen ihnen gibt es starke Kohäsionskräfte.	Die Teilchen liegen dicht, haben aber keinen festen Platz. Sie lassen sich verschieben. Ihr Abstand bleibt gleich. 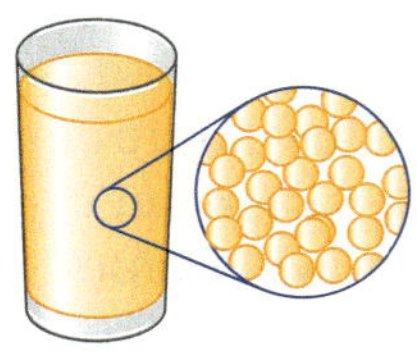 Die Teilchen bewegen sich an dem Platz hin und her, an dem sie sich gerade befinden. Ihre Kohäsionskräfte sind kleiner als bei festen Körpern.	Der Abstand der Teilchen von Gasen ist groß. Sie haben keinen festen Platz. 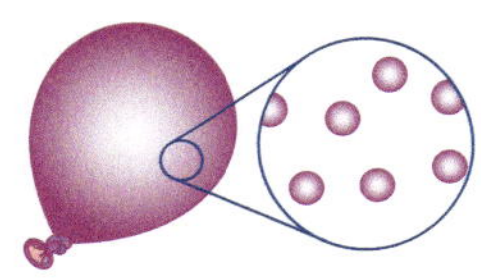 Die Teilchen bewegen sich frei im gesamten Raum, den sie einnehmen. Ihre Kohäsionskräfte sind kleiner als bei Flüssigkeiten.
Form	 Feste Körper haben eine bestimmte Form.	 Flüssigkeiten nehmen die Form des Gefäßes an.	 Gase passen sich der Form des Gefäßes an.
Volumen	 Feste Körper haben ein bestimmtes Volumen. Sie lassen sich nicht zusammendrücken.	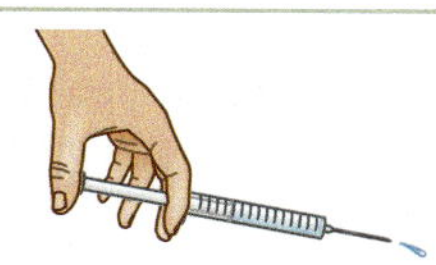 Flüssigkeiten haben ein bestimmtes Volumen. Sie lassen sich nicht zusammendrücken.	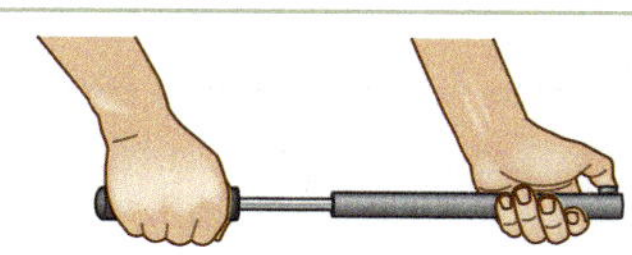 Gase haben kein bestimmtes Volumen. Sie lassen sich zusammendrücken.

Erforsche es

Stoffe und Teilchen

1. Schichte in einem Gefäß Fruchtsirup und Wasser vorsichtig übereinander.

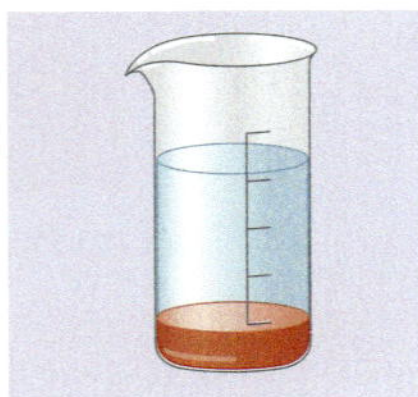

Lass dann das Gefäß bei gleichen äußeren Bedingungen zwölf Stunden lang unberührt stehen.

Beschreibe und deute das Ergebnis des Versuchs nach zwölf Stunden.

2. Gib die gleiche Menge Zucker in zwei gleiche Tassen Tee. Rühre den Tee nur in einer der Tassen um. Warte etwa fünf Minuten. Dann probiere den Tee aus beiden Tassen. Was stellst du fest?

3. Versuche, Pappe, einen Nagel und Holz in immer kleinere Teile zu zerlegen. Vorsicht! Verletze dich nicht. Vergleiche deine Ergebnisse.

4. Verschließe eine leere Kunststoffflasche und drücke sie zusammen. Fülle dann die Flasche randvoll mit Wasser, verschließe sie und versuche, sie zusammenzudrücken.

5. Fülle Erbsen und eine Murmel in eine Pappschachtel. Schüttel die Schachtel auf einem Tisch hin und her. Beschreibe die Bewegung der Erbsen und der Murmel.

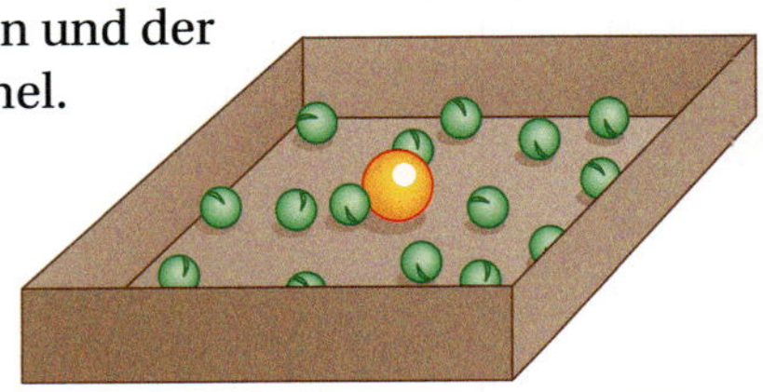

Wusstest du schon …

Die Punkte zeigen die Stellen, an denen sich ein Staubkörnchen nach jeweils 30 s aufhält.

Die brownsche Bewegung

Der schottische Mediziner und Biologe Robert Brown (1773–1858) untersuchte 1827 Blütenstaub unter dem Mikroskop. Dabei fiel ihm eine unruhige Bewegung der Staubkörnchen in einem Tropfen Wasser auf.

Brown nahm zunächst an, dass die Körnchen Lebewesen seien. Aber bei weiteren Versuchen beobachtete er, dass sich „tote“ Staub- und Rußteilchen ebenso verhielten.
Sie bewegten sich unaufhaltsam zickzackförmig, wie links dargestellt.

Erst 1905 fand der Physiker Albert Einstein (1879–1955) eine Erklärung:
Die winzig kleinen, nicht sichtbaren Teilchen einer Flüssigkeit bewegen sich ständig. Sie stoßen dabei an die viel größeren Körnchen, die im Mikroskop sichtbar sind, und schieben sie hin und her.
Durch die ständige Bewegung der Teilchen kommt es auch zur selbstständigen Durchmischung von Stoffen, z. B. Tinte und Wasser.

Diese brownsche Bewegung ist ein Beleg für die Existenz kleinster, aber nicht sichtbarer Teilchen.

So kannst du vorgehen

Arbeiten in Projekten

Beim Bearbeiten von Projekten entwickelt ihr eigene Ideen zum Thema. Stellt euch in der Gruppe solche Aufgaben, die ihr selbstständig bearbeiten könnt. Betrachtet das Thema möglichst von unterschiedlichen Seiten aus.

► Schritt 1

Sammelt Ideen.
Alles, was zum Thema passt, wird „auf den Tisch gepackt“. Wählt aus der Fülle der Ideen Themenbereiche aus und teilt sie der jeweiligen Gruppe zu.

► Schritt 2

Stellt einen Arbeitsplan auf.
Jede Gruppe erstellt einen Arbeitsplan. Er sollte die Punkte enthalten die auf der Tafel unten stehen.

► Schritt 3

Arbeitet am Projekt.
Dazu gehören: Experimentieren, Experten befragen, mit Nachschlagewerken arbeiten, im Internet recherchieren, Ergebnisse diskutieren.

► Schritt 4

Präsentiert die Ergebnisse vor den Mitschülern bzw. in der Schule.
Präsentiert eure Ergebnisse in kurzer und logischer Form. Beachtet, dass sich eure Mitschüler meistens mit anderen Fragen beschäftigt haben. Sie sollen die Versuche verstehen und eure Erkenntnisse nachvollziehen können.
Zum Abschluss des Projekts kann eine Wandzeitung angefertigt werden. Wählt dafür einen Ort in der Schule, an dem sie gut sichtbar für andere Schüler, Eltern und Gäste ist.

Bei Fragen wendet euch an die Lehrkraft.

Welche Fragen sollen in der Gruppe zum Themenbereich beantwortet werden?

Welche Materialien und Medien sollen genutzt werden?

Bis wann müssen die Teilaufgaben bearbeitet sein?
Wann muss das Projekt beendet werden?

Wer ist für welche Frage zuständig?

Welche Experimente möchte die Gruppe durchführen?

Welche Methoden sollen bei der Informationsbeschaffung angewendet werden?

Wie sollen die Ergebnisse dargestellt werden?

Projekt: Und nun zum Wetter ...

Messen von Temperaturen

Flüssigkeitsthermometer selbst gebaut

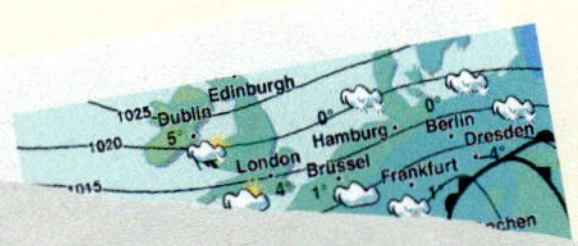

Vorgehen beim Messen

Erforsche es

Und nun zum Wetter …

Kaum ein Thema findet bei allen Menschen so großes Interesse wie das Wetter. Natürlich interessiert dabei auch die Lufttemperatur.

Um Wettervorhersagen zu erstellen, beobachten die „Wetterfrösche" das Wetter mit vielen Geräten in Wetterstationen an der Erdoberfläche. Sie nutzen auch Wettersonden und Wettersatelliten für Vorhersagen. Die Auswertung aller Daten geschieht mit Computern.

1. Messt mit verschiedenen Thermometern die Raumtemperatur. Orientiert euch dabei an den Schritten in der Abbildung unten, wie man zweckmäßigerweise beim Messen von Temperaturen vorgeht. Zeigen alle Thermometer dieselbe Temperatur an? Findet Gründe, wodurch Abweichungen entstanden sein können.

2. Erkundet, wie man in einer Wetterstation in der Nähe eures Wohnorts die Temperatur misst.

3. Überlegt euch eine Folge von Experimenten, in denen ihr die Lufttemperatur bei unterschiedlichen Bedingungen messt, z. B. bei Sonne, Schatten, Wind, Regen. Notiert die Messwerte und wertet sie aus. Fertigt ein Protokoll an. Orientiert euch dabei an „So kannst du vorgehen" auf Seite 142.

Vorgehen beim Messen der Temperatur

1. Schätze die Temperatur des Körpers und wähle ein geeignetes Thermometer aus. Beachte den Messbereich des Thermometers und die Messgenauigkeit.
2. Bringe den Messfühler (z. B. das Thermometergefäß) in guten Kontakt mit dem Körper, dessen Temperatur gemessen werden soll.
3. Warte ab, bis sich die angezeigte Temperatur nicht mehr ändert.
4. Lies die Temperatur ab.

4. Untersucht den Temperaturverlauf der Luft während einer Woche.

Vorbereitung:
Informiert euch, wie ein Minimum-Maximum-Thermometer funktioniert. Nutzt das Internet.

Durchführung:
a) Lest an jedem Wochentag die tiefste und die höchste Tagestemperatur ab.
b) Messt außerdem während dieser Woche an jedem Tag immer um die gleiche Uhrzeit die Außentemperatur.

Auswertung:
a) Tragt die Messwerte unterschiedlich farbig in ein Temperatur-Zeit-Diagramm ein.
b) Was erkennt ihr aus diesem Diagramm?

5. Baut ein Flüssigkeitsthermometer und nutzt es für Messungen der Temperatur. +

Vorbereitung:
Nutzt Anordnungen, wie sie in der Abbildung rechts unten dargestellt sind.

Durchführung:
a) Taucht das jeweilige Thermometergefäß in ein Gemisch aus Wasser und Eis. Markiert als ersten Fixpunkt 0 °C, den Gefrierpunkt von Wasser.
b) Stellt nun das Thermometergefäß in siedendes Wasser. Durch die heiße Heizplatte und das siedende Wasser besteht Verbrennungs- bzw. Verbrühungsgefahr!

c) Markiert als zweiten Fixpunkt 100 °C, den Siedepunkt.
d) Teilt den Abstand zwischen beiden Fixpunkten in zehn gleiche Teile. Die Temperaturskala, die ihr so erhaltet, hat eine Skaleneinteilung von jeweils 10 °C.
e) Messt mit dem Thermometer die Temperatur von lauwarmem Wasser. Wartet einige Zeit, bis sich die Flüssigkeitssäule im Anzeigeröhrchen nicht mehr ändert.
f) Bestimmt die Temperatur auch mit einem „richtigen" Thermometer.

Auswertung:
Vergleicht die gemessenen Temperaturen. Bewertet die Genauigkeit des Thermometers.

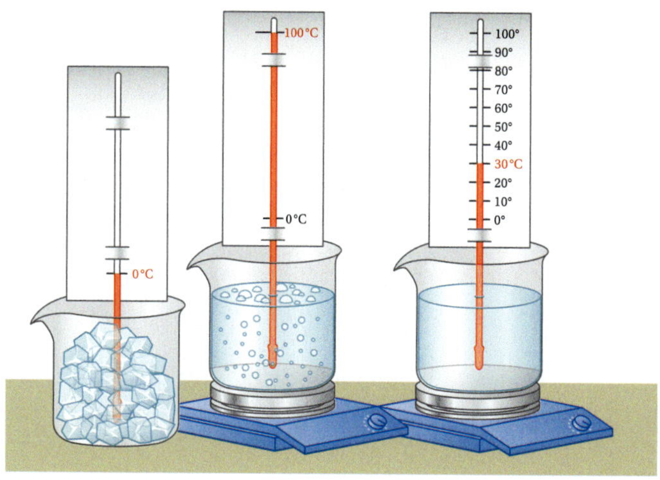

Das hast du gelernt

Was sich mit der Temperatur alles ändert

Unser **Temperaturempfinden** hilft uns, Temperaturen zwischen ca. 15 und 45 °C zu unterscheiden.

Unser Temperaturempfinden signalisiert uns, ob eine Wohlfühltemperatur herrscht.

Unser Temperaturempfinden lässt sich auch leicht täuschen.

Die **Temperatur** gibt an, wie warm oder wie kalt ein Körper ist.

Um die Temperatur eines Körpers genau zu bestimmen, muss sie gemessen werden.

Formelzeichen: ϑ

Einheit der Temperatur: 1 °C

Das Messgerät für die Temperatur ist das **Thermometer.**
Thermometer gibt es in unterschiedlichen Ausführungen.

Wie sich die Temperatur ändert, kannst du in einem **Temperatur-Zeit-Diagramm** darstellen.

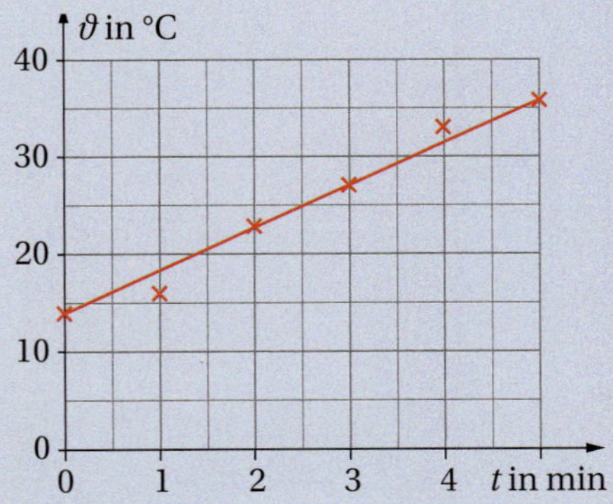

Je höher die Temperatur ist, desto schneller bewegen sich die Teilchen eines Stoffs, aus dem ein Körper besteht.

Löse mit Köpfchen

1. Auf Erkundungstour

Erkunde, was für Thermometer es bei dir zu Hause gibt. Fertige nach dem Muster eine Tabelle an.

Verwendungszweck	Messbereich	Messgenauigkeit
…	…	…

2. Ablesen – aber richtig!

Welche Temperaturen zeigen die Thermometer an? Was musst du beim Ablesen beachten?

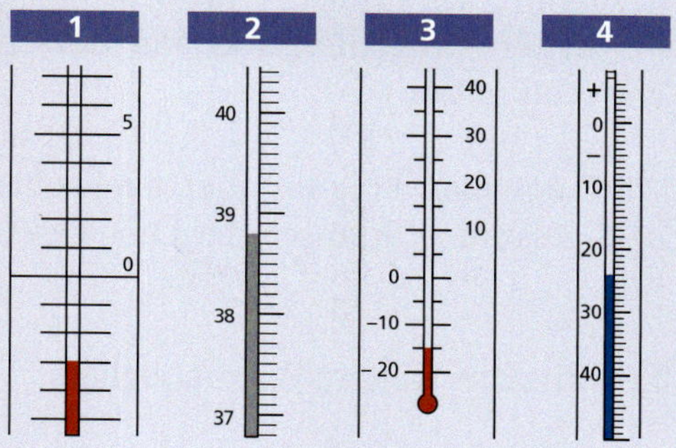

3. Siedendes Wasser für Tee

Wasser aus der Wasserleitung (15 °C) soll für Tee bis zum Sieden erhitzt werden. Berechne, um wie viele Grad die Temperatur erhöht werden muss.

4. Aufgaben selbst erstellen

An einem Wintertag wird um 7 Uhr eine Temperatur von –8 °C gemessen. Mittags zeigt das Thermometer 4 °C an. Wie groß ist der Temperaturunterschied?
Denke dir selbst drei Aufgaben zur Berechnung von Temperaturdifferenzen aus.
Stelle die Aufgaben deinen Mitschülern und wertet sie aus.

5. Mir ist kalt – dir ist warm

Wir empfinden die Temperatur nicht immer gleich. Erläutere an verschiedenen Beispielen, wie diese unterschiedlichen Empfindungen zustande kommen können. +

6. Heißer Kopf

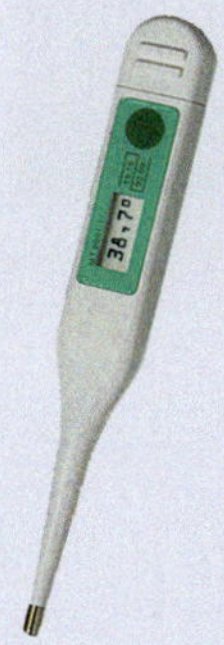

Kilian hat 38,7 °C Fieber.

a) Wie hoch liegt seine Temperatur über der Normaltemperatur?
b) Ab welcher Temperatur wird Fieber lebensbedrohend?
c) Beschreibe, was man bei hohem Fieber tun kann. Lies oder frage nach.

↗ S. 30, 139

7. Abkühlen untersuchen

Fülle ca. 50 °C warmes Wasser in ein Becherglas und lass es abkühlen.
Fertige ein Protokoll an.

a) Miss alle 5 Minuten die Temperatur, bis sie sich nicht mehr ändert. Trage die Werte in eine Tabelle nach folgendem Muster ein:

Zeit t in min	0	5	10	15	…
Temperatur ϑ in °C	52	…			

b) Zeichne ein Temperatur-Zeit-Diagramm und trage die Messwerte in das Diagramm ein.
c) Werte das Diagramm aus.
d) Vergleiche den Temperaturverlauf des Wassers mit den Ergebnissen, die dein Nachbar ermittelt hat. Wodurch können Unterschiede zustande gekommen sein? +

Wärme in Natur und Technik

Wärme und Wärmequellen

Wodurch wird Holz zu einer Wärmequelle?

Wenn du an einem kalten Wintertag in einen beheizten Raum kommst, weißt du die wohlige Wärme besonders zu schätzen. Die Heizung gibt ihre **Wärme** an den Raum ab. Sie ist eine Wärmequelle. Weitere Wärmequellen sind in den Abbildungen dargestellt.

Der Raum soll dagegen möglichst wenig Wärme nach außen abgeben, damit er nicht zu einer Wärmequelle für die Umgebung wird. Körper, die Wärme an ihre kältere Umgebung abgeben, heißen **Wärmequellen.**

Wärmequellen können aber auch eine heiß gelaufene Bremse oder Lebewesen sein.

- Nenne drei weitere Wärmequellen.

Je höher die Temperatur einer Wärmequelle ist, desto heftiger bewegen sich ihre Teilchen. Entsprechend groß ist die Energie der Teilchen. Diese Energie, die ein Körper aufgrund seiner Temperatur hat, heißt **thermische Energie.**

Thermische Energie ist die Fähigkeit eines Körpers, Wärme an seine kältere Umgebung abzugeben.

Je höher die Temperatur eines Körpers ist, desto größer ist seine thermische Energie.
Temperatur, Wärme und thermische Energie hängen zusammen, sind aber nicht dasselbe.

Möglichkeiten der Wärmeübertragung		
	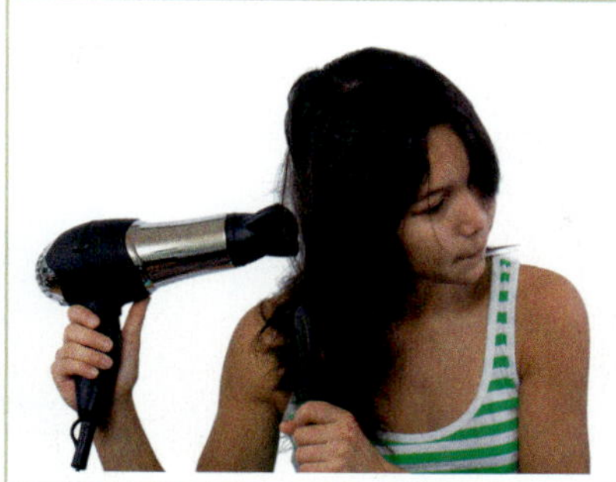	
Wärme gelangt durch Wärmeleitung von der heißen Suppe bis zum Ende des Löffels.	Wärme wird durch die strömende Luft vom Föhn zu den Haaren transportiert.	Wärme gelangt durch Strahlung von der Sonne zur Erde.

Damit die thermische Energie eines Körpers genutzt werden kann, muss ein Temperaturunterschied zur Umgebung bestehen. Dieser Unterschied bestimmt, wie viel Energie in Form von Wärme auf einen anderen Körper übertragen wird.

> Die Wärme gibt an, wie viel thermische Energie von einem Körper auf einen anderen Körper übertragen wird.

Gibt ein Körper Wärme ab, dann verringert sich seine Temperatur. Die Temperatur des Körpers, auf den die Wärme übertragen wird, steigt.

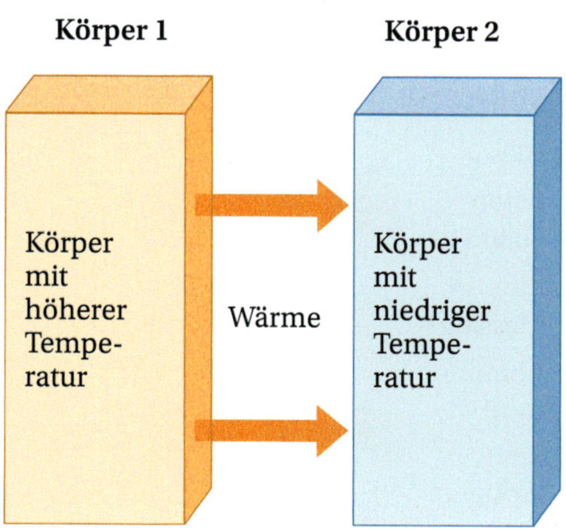

Wärme gelangt auf sehr unterschiedliche Weise von einem warmen zu einem kälteren Körper. Das ist nicht nur bei einem Haus so, sondern auch bei den Beispielen in der Tabelle oben.
Während die Wärmeübertragung durch den Föhn und die Sonne erwünscht ist, stört sie uns, wenn die Suppe zu schnell abkühlt.
Besonders unerwünscht ist die Wärmeübertragung von geheizten Räumen nach außen. Diese Art von Wärmeübertragung muss durch Maßnahmen der **Wärmedämmung** möglichst gering gehalten werden.

Wie das möglich ist, kannst du mit den Untersuchungen auf der Seite 85 herausfinden.

Aufgaben

1 Begründe an Beispielen, warum Lebewesen Wärmequellen sind. ↗ S. 78

2 Beschreibe mithilfe der Abbildung links, warum die thermische Energie des Körpers 2 größer wird.

3 Erläutere je drei Beispiele, wo die Wärmeübertragung erwünscht bzw. unerwünscht ist.

Wärme in Natur und Technik

Wärmeleitung

Nicht immer kannst du sicher sein, dass du eine Pfanne direkt am Stiel anfassen kannst. Wovon hängt das ab?

Auch Heizkörper, Lötkolben und Bügeleisen leiten die Wärme. Diese Wärmeübertragung ist erwünscht.

Moderne Pfannen und Kochtöpfe leiten über einen besonderen Boden die Wärme der Heizplatte rasch weiter. Die Griffe bleiben jedoch kalt. Sie sind meist aus einem anderen Material.
Die Wärme wird durch einen Körper von einem Ort höherer Temperatur zu einem Ort niedrigerer Temperatur geleitet. Das geschieht so lange, bis überall die gleiche Temperatur herrscht. Diese Art der Wärmeübertragung heißt **Wärmeleitung.**

Innerhalb eines Körpers wird Wärme durch Wärmeleitung von einer Stelle höherer Temperatur zu einer Stelle niedrigerer Temperatur übertragen.

Wasser ist ein schlechter Wärmeleiter: Wenn es oben im Reagenzglas siedet, kann man unten noch anfassen.

Wie viel Wärme übertragen wird, hängt von dem Temperaturunterschied innerhalb des Körpers ab, aber auch von dem Stoff, aus dem er besteht.

Eine **Wärmeleitfähigkeit** von 5 (Papier) bedeutet: Papier leitet die Wärme fünfmal besser als Luft.

Wärmeleitfähigkeit von Stoffen im Vergleich zur Wärmeleitfähigkeit von Luft

Stoff	Wärmeleitfähigkeit
Luft	1
Glaswolle	1,2
Styropor	1,8
Papier	5
Holz (Eiche)	8
Wasser	24
Ziegelstein	24
Glas	32
Beton	44
Stahl	2 000
Zinn	2 500
Messing	4 000
Aluminium	9 400
Gold	12 000
Kupfer	16 000
Silber	18 000

Gute Wärmeleiter sind Körper aus Metallen, vor allem aus Kupfer, Aluminium, Gold und Silber.
Ein **schlechter Wärmeleiter** ist ruhende Luft. Sie eignet sich deshalb zur **Wärmedämmung**. Dämmstoffe wie Glaswolle oder Styropor enthalten in Poren und Zwischenräumen viel Luft. Sie verringern so die Wärmeleitung durch Häuserwände und Dächer.

Die eingeschlossene Luft in Fenstern mit Doppel- oder Dreifachverglasung sorgt dafür, dass möglichst wenig Wärme nach außen gelangt.

Aufgaben

1 Nenne drei gute und drei schlechte Wärmeleiter.

2 Begründe, warum sich ein metallischer Löffel in heißer Suppe in kürzerer Zeit erwärmt als ein Holzlöffel. ↗ S. 78

3 Was bedeutet die Angabe in der Tabelle auf Seite 76: Kupfer hat eine Wärmeleitfähigkeit von 16 000.

4 Luft ist ein schlechter Wärmeleiter. Erkläre, warum es Sinn macht, im Winter mehrere Kleidungsstücke übereinanderzuziehen. ↗ S. 31

5 Wickle drei Eiswürfel in einen Wollschal, drei in Alufolie. Lass drei offen liegen. Was stellst du nach einiger Zeit fest? Erkläre deine Beobachtung. ↗ S. 31

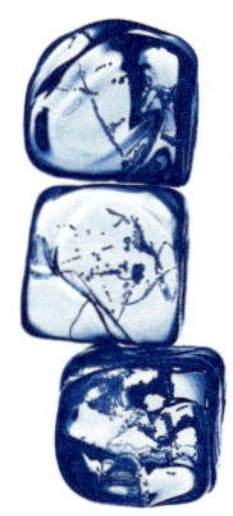

Erforsche es

Untersuche, wie Metalldrähte aus verschiedenen Stoffen die Wärme leiten.

Vorbereitung:

a) Du benötigst Metalldrähte aus verschiedenen Stoffen, z. B. Eisen, Aluminium, Kupfer; Halterungen, Teelicht, Paraffinkugel, Uhr.
b) Stelle Vermutungen auf, welcher Metalldraht die Wärme am schnellsten überträgt.

Durchführung:

a) Baue den Versuch wie in der Abbildung rechts auf.
b) Miss die Zeit, die jeweils bis zum Abschmelzen der Paraffinkugel benötigt wird.

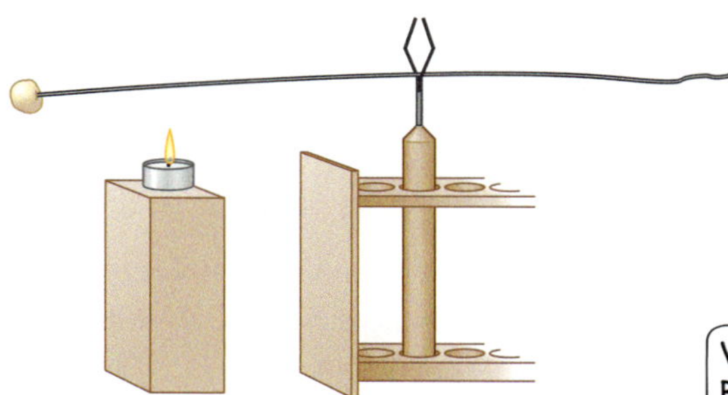

Auswertung:

a) Beschreibe deine Beobachtungen.
b) Konntest du deine Vermutungen bestätigen?
c) Vergleiche die Versuchsergebnisse mit den Werten in der Tabelle auf Seite 76.

So kannst du vorgehen

Begründen

Beim Begründen werden **Argumente** angeführt, die zeigen, dass eine Aussage richtig bzw. falsch oder zweckmäßig bzw. unzweckmäßig ist.
Solche Argumente können sein:
Beobachtungen, Fakten, Zusammenhänge, Gesetze, Beispiele bzw. Gegenbeispiele, aber auch Eigenschaften von Körpern, Stoffen oder Lebewesen.
Stützt sich eine Begründung auf Meinungen oder Ansichten von Personen, dann wird sie subjektiv.

Die Aufforderung zum Begründen ist oft mit den Fragewörtern **Warum? Weshalb? Weswegen?** verknüpft.

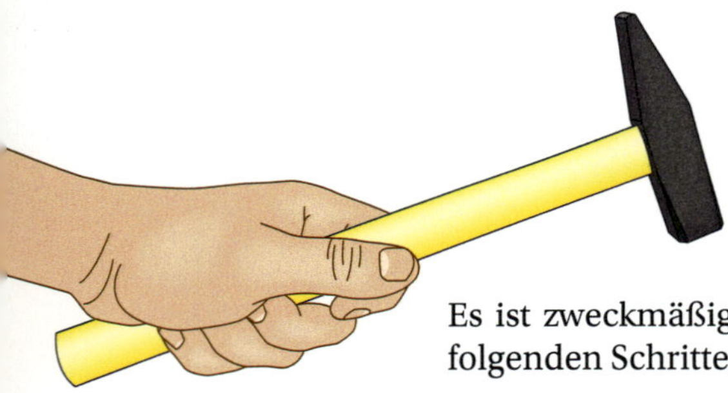

Begründe, warum sich der Stahlkopf eines Hammers kälter anfühlt als sein Holzstiel.

Es ist zweckmäßig, beim Begründen in folgenden Schritten vorzugehen:

▶ Schritt 1

Nenne die Aussage, die begründet werden soll.

Stahl fühlt sich kälter an als Holz.

▶ Schritt 2

Sammle naturwissenschaftliche Argumente.

Diese Argumente können sowohl für eine Aussage sprechen als auch gegen eine Aussage.

Aus der Tabelle auf Seite 76 kannst du die Wärmeleitfähigkeit von Stahl und Holz im Vergleich zur Wärmeleitfähigkeit von Luft entnehmen.
Stahl: 2 000
Holz: 8
Das Verhältnis der Wärmeleitfähigkeit beider Stoffe beträgt:
2 000 : 8 = 250
Das bedeutet: Stahl leitet die Wärme 250-mal so gut wie Holz.
Wenn unsere Körperwärme schnell abgeführt wird, dann spüren wir eine Verringerung der Hauttemperatur.

▶ Schritt 3

Formuliere die Begründung.

Stelle die Begründung zusammenhängend und geordnet dar.

Beim Berühren von Stahl fühlen wir eine größere Verringerung der Hauttemperatur als bei Holz, weil Stahl unsere Körperwärme besser ableitet. Unser Körper kann nicht schnell genug Wärme nachliefern.

Die Begründung der Beispiele auf der Seite 78 hilft dir auch bei der Beantwortung anderer Probleme aus dem Alltag.

Bewerte die Argumente der beiden Personen in der folgenden Geschichte. Denke dir selber eine Geschichte aus.

Wärme in Natur und Technik

Wärmeströmung

Pyramiden gehören zum Weihnachtsfest. Wodurch geraten sie in Bewegung?

Erforsche es

Strömende Luft

Wenn die Kerzen einer Weihnachtspyramide angezündet werden, dreht sich die Pyramide wie von selbst. Untersuche diese Bewegung mithilfe einer Papierspirale.

Vorbereitung:
Du benötigst festes Papier, Schere, Faden und Teelicht.

Durchführung:
a) Schneide aus Papier einen Kreis mit ca. 15 cm Durchmesser aus.
b) Schneide den Kreis von außen schräg ca. 1 cm tief ein und schneide immer etwa 1 cm am Rand entlang, bis du in der Mitte angekommen bist.
c) Hänge die Spirale auf und entzünde darunter ein Teelicht. **Vorsicht:** Brandgefahr!

Auswertung:
a) Beschreibe deine Beobachtung.
b) Kannst du erreichen, dass sich die Spirale in eine andere Richtung dreht?
c) Vergleiche die Spirale mit einer Weihnachtspyramide.

Warme Luft steigt nach oben. Das lässt sich mit der Papierspirale zeigen. Die strömende Luft überträgt Wärme. Diese Art der Wärmeübertragung, bei der Wärme mit dem Stoff transportiert wird, heißt **Wärmeströmung**.

In einem Raum wird die Luft durch einen Heizkörper erwärmt. Sie steigt nach oben. Kalte Luft strömt nach, wird erwärmt usw. Es entsteht ein Kreislauf.
Da die Luft über dem Heizkörper nach oben steigt, hängt die Richtung der Wärmeströmung von der Lage des Heizkörpers im Raum ab.

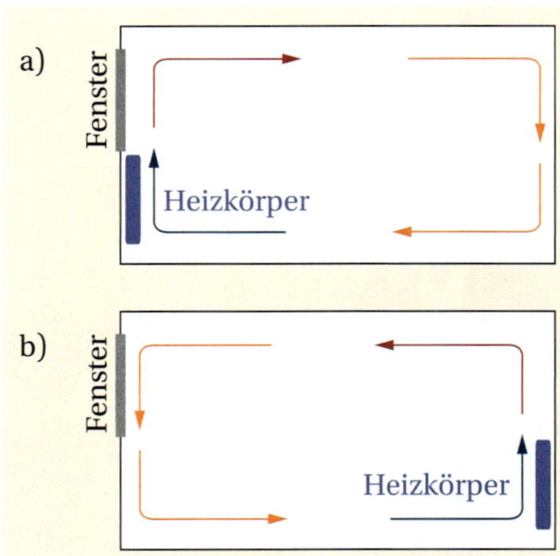

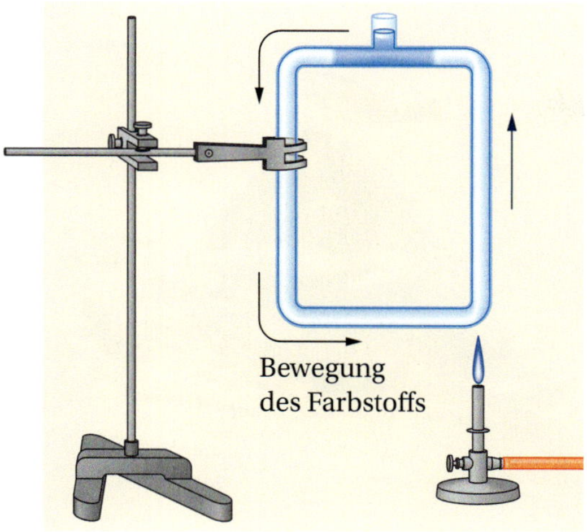

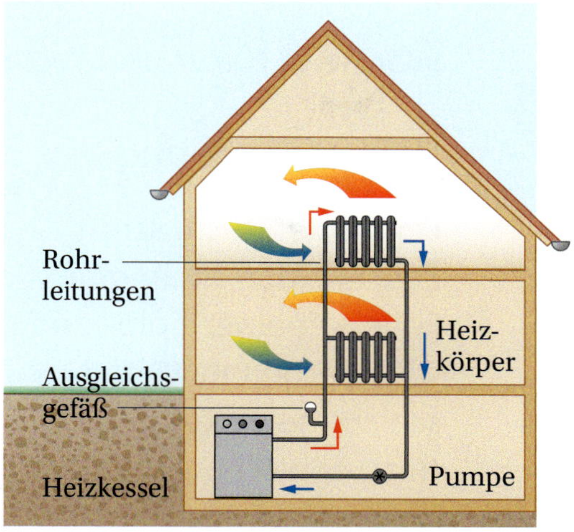

In der Heizung eines Hauses wird Wärme durch strömendes Wasser übertragen.

Das Experiment oben zeigt: Wasser beginnt aufwärtszuströmen, wenn es an einer Stelle erwärmt wird. Das macht der Farbstoff sichtbar. Kaltes Wasser strömt nach, wird erwärmt usw. Dieser Kreislauf ist vergleichbar mit dem der strömenden Luft in einem Zimmer.

Im Unterschied zur Wärmeleitung wird die Wärme mit dem Wasser bzw. der Luft transportiert.
Bei der Wärmeleitung dagegen wird die Wärme nur innerhalb eines Körpers transportiert.

In der **Warmwasserheizung** eines Hauses strömt erhitztes Wasser durch Rohre bis in die einzelnen Heizkörper. Durch das strömende Wasser wird Wärme übertragen.

Durch Wärmeleitung innerhalb der Metallwände der Rohre und der Heizkörper gelangt die Wärme bis an die Oberfläche. Die Rohre und Heizkörper geben die Wärme an die Raumluft ab.
Die erwärmte Luft beginnt ebenfalls zu strömen und verteilt die Wärme, wie bereits in der Abbildung links beschrieben, im gesamten Raum.

Aufgaben

1 _ Begründe, warum die Rohrleitungen bei einer Warmwasserheizung gut gedämmt werden müssen.

2 _ Im Fall a) in der Abbildung auf der Seite 80 ist die Luft, die zum Heizkörper zurückströmt, wärmer als im Fall b). Finde eine Erklärung. Welcher Raum ist „fußwärmer“?

3 _ Untersuche mit einem Luftpendel die Luftströmungen in einem Zimmer. ↗ S. 19, 30
   a) Stelle ein Luftpendel aus einem Nähfaden und einer kleinen Vogelfeder her.
   b) Halte das Luftpendel an verschiedene Stellen des Raums und protokolliere deine Beobachtungen.
   c) Beschreibe die Unterschiede innerhalb des Raums. Versuche, sie zu erklären.

4 _ Wie könnte man erreichen, dass sich eine Weihnachtspyramide in eine andere Richtung dreht?

Wärme in Natur und Technik

Wärmestrahlung

Um Verletzte zu schützen, werden sie in eine Folie mit einer gold- und silberfarbenen Metallschicht gewickelt. Finde heraus, warum.

Erforsche es

Unser Körper – ein Wärmestrahler?

Unser Körper strahlt Wärme ab. Bestätige diese Aussage in einem Experiment. Kannst du die Wärme spüren, die deine Hand und dein Gesicht abstrahlen?

Vorbereitung:
Du benötigst ein Stück Pappe und Aluminiumfolie.

Durchführung:
a) Beklebe ein Stück Pappe mit Aluminiumfolie.
b) Lege die Pappe auf den Tisch und halte deine Hand kurze Zeit dicht darüber. Halte dann die Pappe dicht vor die Wange.

Auswertung:
a) Beschreibe deine Beobachtungen.
b) Welche Schlüsse kannst du aus den Beobachtungen ziehen? Wende sie auf die Nutzung von Rettungsdecken an.

Rettungsdecken sind in jedem Verbandskasten von Kraftfahrzeugen vorgeschrieben.

Du kennst die angenehme Wärme der Sonnenstrahlung. Sie gelangt durch den leeren Weltraum, also ohne Stoff, zur Erde. Diese Art der Wärmeübertragung heißt **Wärmestrahlung**.

Die Wärmestrahlung selbst ist weder warm noch kalt. Erst wenn sie von Körpern absorbiert wird, werden diese erwärmt.
Etwa 38 % der Sonnenstrahlung ist Wärmestrahlung. Sie wird auch **infrarotes Licht** oder kurz **IR-Licht** genannt. Das infrarote Licht ist für uns unsichtbar.

Die Sonne strahlt Wärme ab. Finde weitere Beispiele für Wärmestrahlung.

Wusstest du schon …

Reflexion und Absorption von Wärmestrahlung

Wenn Wärmestrahlung auf einen Körper trifft, so wird sie zum Teil **hindurchgelassen,** zum Teil **absorbiert** (verschluckt) und zum Teil **reflektiert** (zurückgeworfen). Die absorbierte Strahlung erwärmt den Körper.
Körper mit dunklen, rauen oder matten Oberflächen absorbieren viel Wärmestrahlung, reflektieren aber wenig.

Körper mit hellen, glatten oder glänzenden Oberflächen nehmen wenig Wärmestrahlung auf. Den größten Teil reflektieren sie.
Bei einem Tankwagen sorgt die weiße Lackierung für eine gute Reflexion.

Nur sehr heiße Körper wie die Sonne oder ein glühender Metalldraht senden zusätzlich zur Wärmestrahlung auch sichtbares Licht aus.

> Heiße Körper senden Wärmestrahlung aus. Dabei wird Wärme übertragen, ohne Stoff zu transportieren.

Auch Rotlichtlampen, Öfen und heiße Speisen strahlen Wärme ab. Jeder Körper sendet aber nicht nur Wärmestrahlung aus, sondern nimmt sie auch auf.
Ein gekühltes Getränk nimmt mehr Strahlung auf, als es aussendet.

Die Sonne strahlt nicht nur infrarotes und sichtbares Licht ab, sondern auch **ultraviolettes Licht,** kurz **UV-Licht.**

Ultraviolettes Licht steigert unsere Abwehrkräfte und bräunt unsere Haut.
Aber **Vorsicht vor Sonnenbränden!** Sie vergrößern die Wahrscheinlichkeit, später Hautkrebs zu bekommen.
Bleibe deshalb nie unnötig lange in der Sonne! Trage Sonnenschutzmittel mit hohem Lichtschutzfaktor auf!

Aufgaben

1 Begründe, warum der Tankwagen im Bild oben weiß lackiert ist.

2 Dunkle Kleidung nimmt wesentlich mehr Wärmestrahlung auf als helle Kleidung. Begründe, warum im Sommer und in warmen Regionen helle Kleidung bevorzugt wird.
↗ S. 92

3 Begründe, warum Rotlichtlampen bei Erkältungen helfen.

Erforsche es

Gut gedämmt hilft sparen

Wie bleibt es im Haus „schön warm“? Die Wärme aus gut geheizten Räumen soll natürlich nicht nach außen gelangen. Das lässt sich aber nicht völlig vermeiden.
Vor allem durch Wände, Fenster und das Dach gelangt Wärme aus dem Inneren des Hauses in die Umgebung.
Genauer zeigt eine spezielle Fotoaufnahme, ein **Wärmebild,** an welchen Stellen Wärme aus dem Innern nach außen gelangt.
Da Stellen, die mehr Wärme abgeben, auch eine höhere Temperatur haben, kann aus solchen Aufnahmen die Temperaturverteilung bei einem Haus abgelesen werden.

Infrarotes Licht (IR-Licht) kann man mit speziellen Kameras sichtbar machen.

Die Temperatur kann mit einer Temperaturskala wie in der Abbildung oben ermittelt werden.

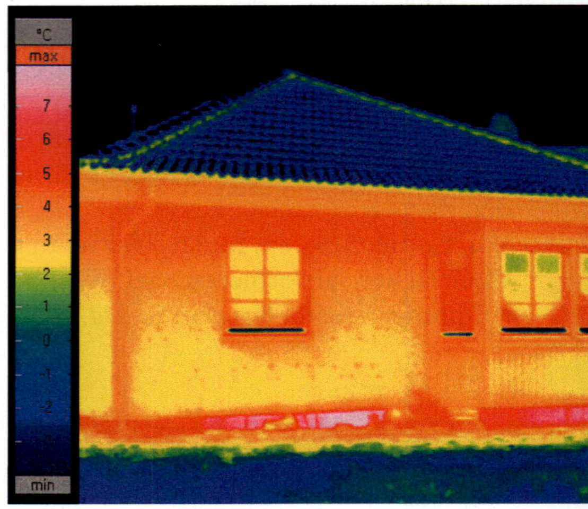

Ein gut isoliertes Haus verhindert die schnelle Wärmeübertragung an die Umgebung. Die Brennstoffe, die dadurch eingespart werden, verringern die Heizkosten und die Belastung der Umwelt.

1. Betrachtet die Wärmebilder in den beiden Abbildungen auf dieser Seite. Diskutiert, ob die Häuser an allen Stellen gut isoliert sind.
   a) An welchen Stellen der Häuser gelangt besonders viel Wärme nach außen?
   b) Entwickelt Ideen, wie man Abhilfe schaffen könnte.

2. Welche Temperaturen werden für die unterschiedlichen Räume in einem Haus empfohlen und warum? Vergleicht diese Temperaturen mit denen, bei denen ihr euch wohlfühlt.

3. Erkundet, welchen Anteil die Heizkosten an den Betriebskosten eines Hauses bzw. einer Wohnung haben.

4. Untersucht an einem Modellhaus, welche Materialien die Wärme besonders gut dämmen. +
   a) Baut dieses Modellhaus aus Pappe. Das Dach soll abzunehmen sein.

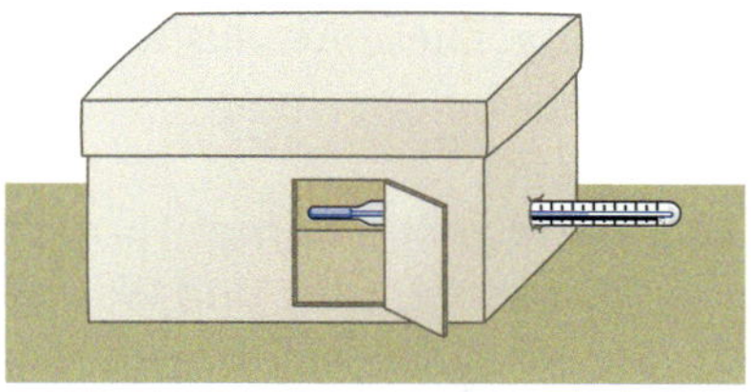

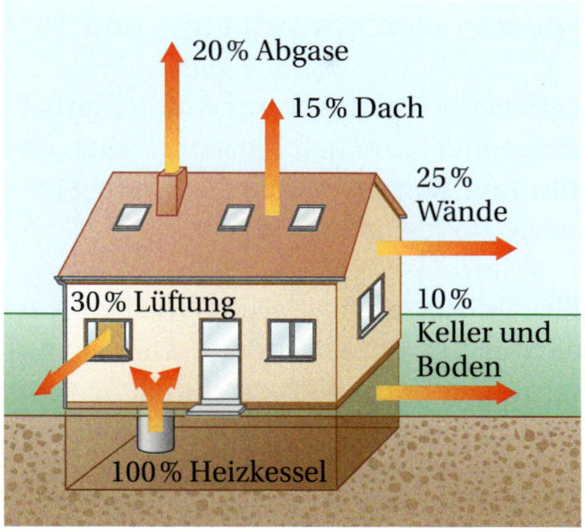

   b) Wählt die Größe des Modellhauses so, dass ein Becherglas mit Wasser gut hineinpasst.
   c) Stellt ein Becherglas mit heißem Wasser in das Modellhaus und messt in Abständen von fünf Minuten die Lufttemperatur im Haus.
   d) Kleidet das Modellhaus mit unterschiedlichen Dämmstoffen aus. Ihr könnt auch Fenster und Türen in unterschiedlicher Weise abschirmen. Wiederholt jeweils die Messungen.
   e) Welche Folgerungen ergeben sich aus diesen Untersuchungen für die Verwendung von Materialien beim Hausbau?

5. Diskutiert, welche Arten der Wärmeübertragung bei einem Haus eine Rolle spielen. Nutzt dazu die Abbildung rechts oben.
   Tragt Argumente zusammen, wie durch Wärmedämmung eines Hauses Kosten bei der Heizung gespart werden können.

6. Es gibt aber noch andere Maßnahmen, durch die ihr jeden Tag verhindern könnt, dass zu viel Wärme nach außen abgegeben wird. Formuliert Energiespartipps für den Umgang mit der Heizung. Stellt sie auf einem Lernplakat (↗ S. 163) dar. Bewertet, wie bei euch zu Hause diese Tipps umgesetzt werden.

7. Die Eigentümerin des Hauses auf dem Foto klagt über hohe Heizkosten. Was würdet ihr der Besitzerin raten? Begründet eure Vorschläge.

Wusstest du schon …

Spatzen plustern sich auf – und wir?

Lebewesen brauchen zur Aufrechterhaltung aller Lebensfunktionen eine bestimmte Körpertemperatur. Beim Menschen beträgt sie 37 °C.

Ein Teil unserer Nahrung wird in Körperwärme umgewandelt. Diese wird ständig über die Körperoberfläche nach außen abgegeben, da die Umgebungsluft normalerweise kälter als unser Körper ist. Die Wärmeabgabe an die Umgebung geschieht vorrangig in Form von Wärmestrahlung, aber auch Wärmeströmung spielt eine Rolle, vor allem bei Wind.

Wir Menschen schützen uns daher bei niedrigen Temperaturen und Wind durch eine dem Wetter angemessene Bekleidung. Besonders gut wärmt Kleidung, die viel Luft enthält, z. B. Thermokleidung.

Einen guten Wärmeschutz erreichen wir, wenn wir mehrere Kleidungsstücke übereinanderziehen. Die eingeschlossene Luft zwischen den Kleidungsstücken sorgt dann für eine gute Wärmedämmung. Diese Art des Kleidens heißt „Zwiebelschalenprinzip“.

Auch Tiere geben Körperwärme in Form von Wärmestrahlung und Wärmeleitung ab. Sie schützen sich in unterschiedlicher Weise vor Kälte.

Viele Tiere wie Polarfüchse, Robben, Wildschweine und Bären haben ein dichtes Fell.

Eine Reihe von Tieren hat als Schutz vor der Kälte eine dicke Speckschicht. Dazu gehören Wale, Robben und andere Wassertiere. Speck ist ein schlechter Wärmeleiter.

Kleidung, die viel Luft enthält, wärmt besonders gut.

Spatzen plustern sich bei Kälte auf.

Vögel schützen sich mit ihrem Gefieder und der dort eingelagerten Luft vor Kälte.
Wenn uns kalt ist, bekommen wir eine „Gänsehaut". Dies hat aber bei uns Menschen keine Funktion mehr.
Viele Vögel bilden zusätzlich Flaumfedern (Daunen), die im Frühling wieder ausfallen.
Eisbären sind so gut isoliert, dass sie nicht mit einer Wärmebildkamera aufgenommen werden können.

Ebenso wichtig wie der Schutz vor Kälte ist der Schutz vor Wärme. Die meisten Säugetiere haben keine Schweißdrüsen, nutzen aber die Verdampfungswärme zur Kühlung. Hunde hecheln. Dabei verdunstet Flüssigkeit auf den Riechschleimhäuten.

Bienen verteilen Wassertröpfchen auf den Bienenwaben. Durch das Verdunsten des Wassers erreichen sie, dass die Temperatur im Bienenstock 36 °C nicht überschreitet, und sichern so die Aufzucht ihrer Larven.

Bei hohen Temperaturen wählen wir leichte und luftige Kleidung. Trotzdem bildet sich dann leicht Schweiß. Das ist eine natürliche Reaktion unseres Körpers, die ihn vor Überhitzung schützt. Durch das Verdunsten von Schweiß wird dem Körper zusätzlich Wärme entzogen, er wird gekühlt.

Wenn vom Körper nicht genügend Wärme abgegeben werden kann, so kommt es zu einem **Wärmestau.** Werden dabei mehr als 40 °C erreicht, leiden wir unter Schwindel und Kopfschmerzen. Dann kommt es auf schnelles Handeln an.

Betroffene sind schnell ins Kühle zu bringen. Ihre Körpertemperatur muss durch kaltes Wasser oder Eiswürfel vorsichtig wieder abgesenkt werden. Ohne schnelle Gegenmaßnahmen kann der Wärmestau zu einem lebensgefährlichen **Hitzschlag** führen.

Wir passen uns durch entsprechende Kleidung hohen Temperaturen an.

Wärme in Natur und Technik

Volumen- und Längenänderung von festen Körpern

Ein Thermometer wie dieses findest du in Kühlschränken. Es hat eine Spirale aus zwei verschiedenen Metallen. Finde heraus, wie es funktioniert.

Jeder Körper nimmt bei einer bestimmten Temperatur einen bestimmten Raum ein. Er besitzt ein bestimmtes Volumen. Erwärmungen oder Abkühlungen führen zu **Änderungen des Volumens** eines Körpers.

Das gilt nur, wenn sich ein Körper ausdehnen kann.

> Wenn sich die Temperatur eines Körpers ändert, dann ändert sich auch sein Volumen.

Das lässt sich mit einer Eisenkugel nachweisen. Bei Zimmertemperatur passt sie gerade noch durch die Öffnung. Wird sie erhitzt, passt sie nicht mehr hindurch.

Die Teilchen der Eisenkugel bewegen sich mit steigender Temperatur heftiger um ihre Ruhelage. Ihr Abstand wird größer. Die Eisenkugel nimmt ein größeres Volumen ein.

- Wiederhole, was das Teilchenmodell aussagt.

Auch lange feste Körper, wie Brücken, Eisenbahnschienen oder Hochspannungsleitungen, vergrößern bei Erwärmung ihr Volumen. Bei diesen Körpern ist aber nur die **Längenänderung** von praktischer Bedeutung.

> Die Längenänderung fester Körper ist umso größer,
> - je länger der Körper ist und
> - je größer die Temperaturänderung ist.

Die Längenänderung hängt außerdem vom Stoff ab, aus dem der Körper besteht. Das kannst du in der Tabelle auf der Seite 89 ablesen:
Ein 10 m langer Kupferdraht wird um 1,6 mm länger, wenn sich die Temperatur um 10 K erhöht.

Längenänderung eines Körpers von 10 m Länge, wenn sich seine Temperatur um 10 °C ändert	
Stoff	Längenänderung
Aluminium	2,4 mm
Beton	1,2 mm
Eisen	1,2 mm
Glas	1,0 mm
Gold	1,4 mm
Holz	0,8 mm
Kupfer	1,6 mm
Messing	1,8 mm
Stahl	1,2 mm
Zink	2,7 mm

Aufgaben

1 Um wie viel Millimeter ändert sich die Länge eines 20 m langen Drahts aus Kupfer (Stahl) bei einer Temperaturänderung von 10 °C?

2 Ordne die Stoffe in der Tabelle links nach der Größe ihrer Längenänderung. Beginne mit dem kleinsten Wert.

3 Erkläre mit dem Teilchenmodell, warum die Eisenkugel im Experiment auf Seite 88 nicht mehr durch die Öffnung passt. ↗ S. 31

Erforsche es

Unterschungen an Modellen

1. Baue das Modell einer Brücke auf Rollen.
   a) Befestige das eine Ende einer Stricknadel fest auf einem Holzklotz. Das andere Ende der Nadel liegt beweglich auf einer Stopfnadel mit Zeiger.

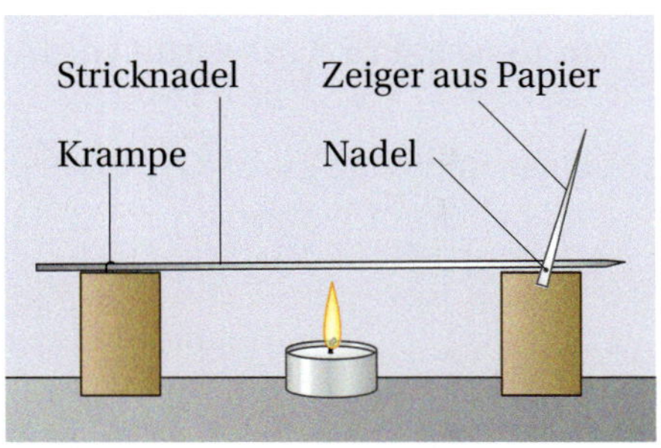

   b) Erwärme die Stricknadel vorsichtig mit einer Kerzenflamme.

   Auswertung:
   Erkläre deine Beobachtungen mithilfe des Teilchenmodells.

2. Baue ein Modell eines Bimetallthermometers.
   a) Schneide einen 1 cm breiten Streifen von dem Kaugummipapier und klemme ihn in ein Streichholz.
   b) Wickle das Kaugummipapier mit dem Aluminium nach außen zu einer Spirale. Halte es vorsichtig über das Teelicht.
   c) Wiederhole den Versuch, aber wickle die Spirale nun mit dem Papier nach außen.
   d) Trenne von einem weiteren Streifen vorsichtig Papier und Aluminium. Wiederhole den Versuch jeweils nur mit einer der beiden Schichten.

   Auswertung:
   a) Beschreibe deine Beobachtungen.
   b) Begründe, welcher der Teilversuche dem Verhalten eines Bimetallthermometers entspricht.

Du benötigst: Streichhölzer, Kaugummipapier, Teelicht und Schere.

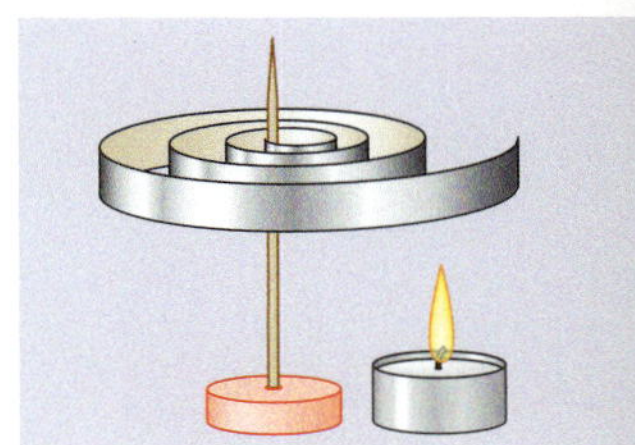

Wärme in Natur und Technik

Volumenänderung von Flüssigkeiten

Zum Schutz vor Bränden sind in Hotels und Kaufhäusern Sprinkleranlagen installiert. Erkunde, wie solche Anlagen funktionieren.

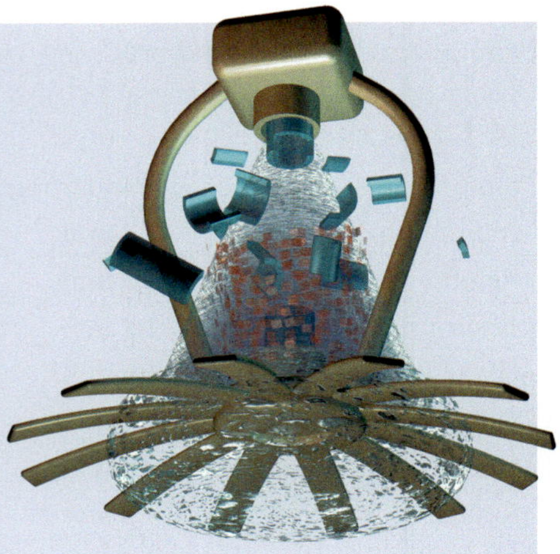

Sprinkleranlagen sind direkt mit Wasserleitungen verbunden. Bei hohen Temperaturen wie bei einem Brand „sprengt" eine Flüssigkeit im Sprühkopf der Anlage den Verschluss.
Ursache dafür ist die starke Ausdehnung der Flüssigkeit. Das Löschwasser hat freien Lauf.

Die meisten Flüssigkeiten dehnen sich bei Erhöhung der Temperatur aus und ziehen sich bei Verringerung der Temperatur zusammen.

Ähnlich wie bei festen Körpern unterscheiden sich Flüssigkeiten darin, wie stark sich ihr Volumen ändert. Das kannst du zeigen, wenn du verschiedene Flüssigkeiten in ein Gefäß mit warmem Wasser stellst.

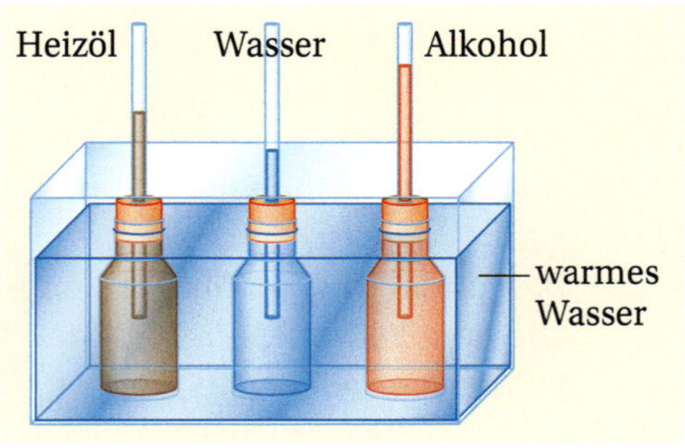

Bei Zimmertemperatur standen die Flüssigkeiten in den Steigrohren gleich hoch.

Alkohol hat sich von den drei Flüssigkeiten im warmen Wasser am meisten ausgedehnt, Wasser am wenigsten.

- Bestätige diese Aussage mit den Angaben in der Tabelle.

Die Volumenänderung hängt außer vom Stoff auch vom ursprünglichen Volumen der Flüssigkeit ab sowie von der Temperaturänderung. Beispiele findest du in der Tabelle unten.

- Um wie viel Milliliter vergrößert sich das Volumen von 10 l Wasser, wenn es von 15 °C auf 25 °C erwärmt wird?

Volumenänderung von 10 l Flüssigkeit, wenn sich deren Temperatur um 10 °C ändert

Stoff	Volumenänderung
Alkohol	110 ml
Benzin	100 ml
Glyzerin	50 ml
Heizöl	90 ml
Petroleum	90 ml
Quecksilber	18 ml
Wasser	20 ml

Die Anomalie des Wassers

Bei Temperaturen über 4 °C verhält sich Wasser wie andere Flüssigkeiten. Es dehnt sich aus. Beim Abkühlen bis 4 °C wird sein Volumen kleiner.
Wenn das Wasser aber unter 4 °C abkühlt, so wird sein Volumen bis 0 °C wieder größer. Es nimmt um etwa 10 % zu. Wasser hat also bei 4 °C sein kleinstes Volumen.

Dieses „nicht normale" Verhalten nennen Physiker **Anomalie des Wassers**.

Im Sommer wird das Wasser von der Sonne erwärmt. Das leichtere, wärmere Wasser bleibt an der Oberfläche. Tiefer liegende Schichten sind kühler.
Das kannst du auch beim Baden feststellen: Tiefer liegendes Wasser ist kälter als das Wasser an der Oberfläche.

Im Herbst und Winter kühlt sich das Wasser an der Oberfläche ab. Das kältere Wasser sinkt nach unten. Bei Temperaturen um 4 °C bleibt dann das kühlere Wasser an der Oberfläche. Bei weiterer Abkühlung bildet sich dort Eis. Eis ist leichter als Wasser und bleibt an der Oberfläche. Tiefer liegende Schichten behalten eine Temperatur von 4 °C. Dadurch können Tiere und Pflanzen im Winter im Wasser überleben.

Aufgaben

1 Um wie viel Milliliter vergrößert sich das Volumen von 10 l Heizöl bei einer Temperaturerhöhung um 10 °C, um wie viel bei 20 °C? Nutze die Tabelle auf der Seite 90.

2 Gartenteiche sollten bei uns etwa 60 cm tief angelegt sein, damit die Fische darin überleben können.
Wie kommt man zu dieser Empfehlung?
Erkundige dich im Tiergeschäft oder nutze das Internet. ↗ S. 139

3 Erläutere, wie sich Wasser anders als andere Flüssigkeiten verhält.
↗ S. 78

4 Werte das Experiment in der Abbildung aus.

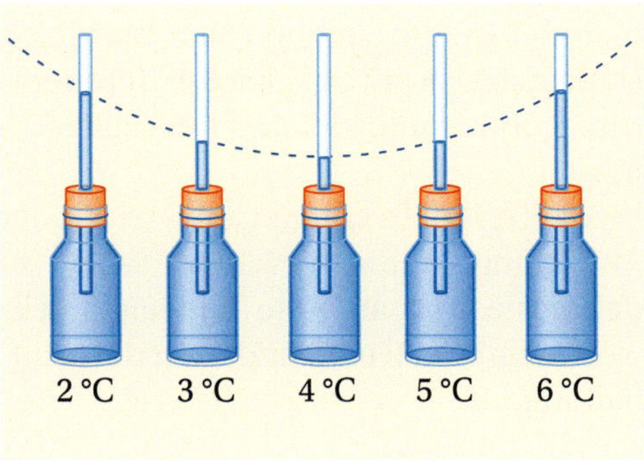

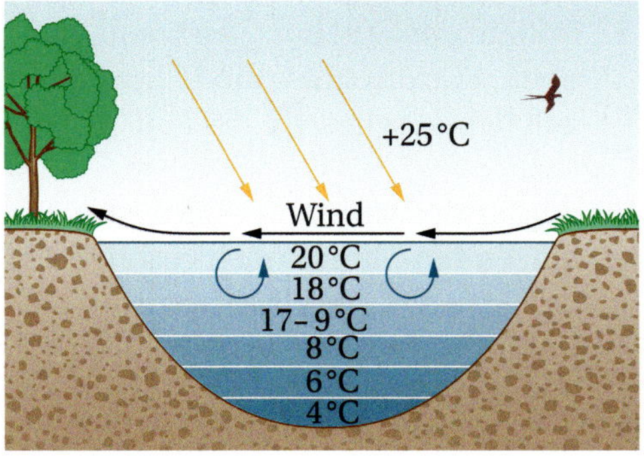

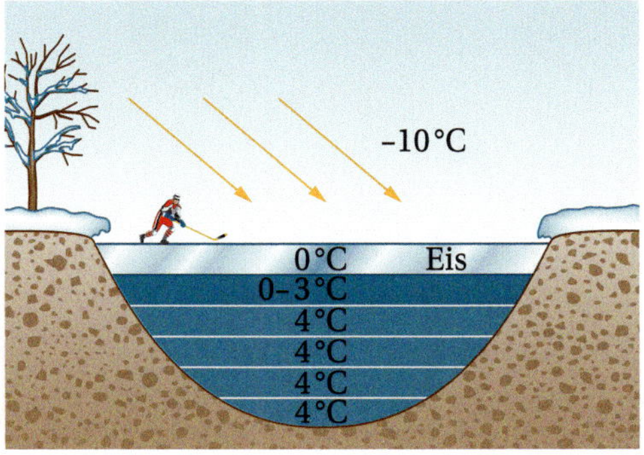

Beim Gefrieren von Wasser vergrößert sich das Volumen. Eis von 0 °C hat ein größeres Volumen als Wasser von 0 °C und ist leichter.

Wärme in Natur und Technik

Volumenänderung von Gasen

Befeuchte eine Münze und verschließe damit eine Flasche. Lass die Münze auf der Flasche tanzen.

Ebenso wie feste Körper und die meisten Flüssigkeiten dehnen sich auch Gase beim Erwärmen aus. Beim Abkühlen ziehen sie sich zusammen.

Aber es gibt einen Unterschied:
Bei Gasen hängt die Volumenänderung nicht vom Stoff ab. Gase wie Luft, Butan oder Helium dehnen sich fast gleich stark aus. Das gilt bei gleicher Temperaturerhöhung und gleichem Ausgangsvolumen.
Wenn die Luft in einem Gefäß wie in der Abbildung unten erwärmt wird, so dehnt sie sich aus. Sie entweicht teilweise aus dem Gefäß und bläst den Luftballon auf.

Die Luftteilchen bewegen sich bei steigenden Temperaturen immer heftiger. Sie nehmen den ganzen Raum ein, der ihnen zur Verfügung steht. Wenn das Gefäß offen ist, dann entweichen die Teilchen in die Umgebungsluft.

Alle Gase dehnen sich gleich aus.

Das Volumen eines Gases von 10 l vergrößert sich bei einer Erwärmung um 10 °C um 366 ml.
Zum Vergleich: Das Volumen von 10 l Wasser vergrößert sich bei gleicher Temperaturänderung nur um 20 ml. Gase dehnen sich also stärker aus als Flüssigkeiten.

Aufgaben

1 Erkläre das Ergebnis des Versuchs oben. Warum muss die Münze angefeuchtet sein? ↗ S. 130

2 Begründe, warum der Effekt mit der tanzenden Münze noch verblüffender ist, wenn die Flasche vorher im Kühlschrank gelegen hat. ↗ S. 78

Erforsche es

Gase ändern ihr Volumen

1. Blase einen Luftballon auf, verschließe ihn und lege ihn anschließend in den Kühlschrank.
   a) Stelle vorher eine Vermutung auf, was passieren wird.
   b) Hat sich deine Vermutung bestätigt?
   c) Erkläre deine Beobachtung.

2. Vergleiche die Anzahl der Luftblasen, die aus einem Reagenzglas und aus einem größeren Gefäß entweichen.
   a) Umschließe beide Gefäße nacheinander mit den Händen.
   b) Zähle die Luftblasen, die in einer Minute nach oben steigen.
   c) Deute dein Ergebnis.

3. Fülle in eine durchsichtige Plastikflasche etwas Wasser.
   a) Durchbohre einen Korken und stecke ein Trinkröhrchen hinein. Verschließe damit die Plastikflasche.
   b) Umfasse die Flasche mit beiden Händen.
   c) Beschreibe deine Beobachtung und erkläre sie.

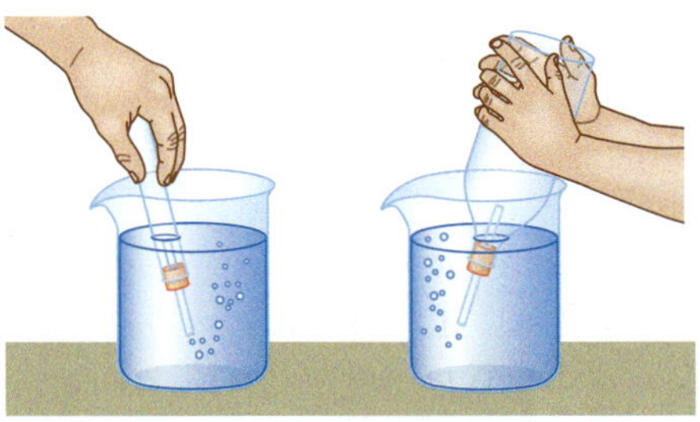

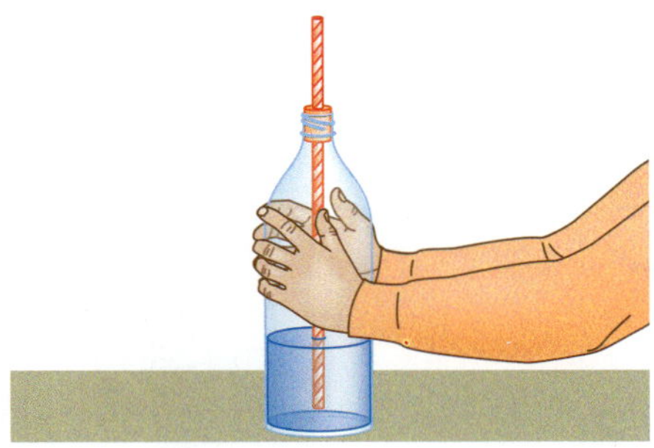

Hast du eine Idee, wie du den Ball ausbeulen könntest?

Das hast du gelernt

Wärme in Natur und Technik

Wärmequellen sind Körper, die Wärme an ihre kältere Umgebung abgeben.

Wenn ein Körper Wärme abgibt, verringert sich seine Temperatur. Wenn er Wärme aufnimmt, vergrößert sich seine Temperatur.

Wir Menschen passen uns durch entsprechende Kleidung den jeweiligen Temperaturen an.

Wärmeübertragung		
Wärmeleitung	Wärmestrahlung	Wärmeströmung

Wärmeausdehnung		
Die meisten Körper dehnen sich aus, wenn sie erwärmt werden. Sie ziehen sich zusammen, wenn sie abgekühlt werden.		
Bei **langen festen Körpern** wie Brücken, Eisenbahnschienen oder Hochspannungsleitungen ist die Änderung ihrer **Länge** von praktischer Bedeutung	Die meisten **Flüssigkeiten** ändern bei Temperaturänderung ihr Volumen. Wasser macht eine Ausnahme (**Anomalie des Wassers**). Es hat bei 4 °C sein kleinstes Volumen. Beim Gefrieren dehnt es sich aus.	

Löse mit Köpfchen

1. Zieh deine warme Jacke an!
Beurteile diesen gut gemeinten Ratschlag aus physikalischer Sicht.

2. Tief gekühlt
Erkläre, warum du Tiefkühlkost ohne Probleme in Isoliertaschen vom Einkauf nach Hause transportieren kannst. ↗ S. 31

3. Ein süßes Experiment
Lege fünf Stücke Schokolade auf den Tisch. Wickle eines in Alufolie, eines in schwarzes Papier und eines in weißes Papier. Stülpe über das vierte ein Becherglas. Das fünfte Stück bleibt wie es ist. Welches Schokoladenstück wird am weichsten, wenn du alle Stücke gleichmäßig etwa fünf Minuten lang mit einer Glühlampe beleuchtest? Stelle eine Vermutung auf und prüfe sie. ↗ S. 19

4. Kühl bleiben
Die Wände eines Kühlschranks sind oft mit Styropor ausgefüllt. Erkläre, warum hier eine Wärmedämmung notwendig ist. Fertige dazu eine Skizze an.

5. Und was meinst du?
Arzu und Baran diskutieren verschiedene Bodenbeläge für den neuen Flur ihrer Wohnung. „Ich mag Fliesen, die glänzen so schön“, sagt Baran.
„Dafür sind sie aber kalt. Ich möchte lieber Teppichboden“, entgegnet Arzu.
„Unsinn“, sagt Baran, „der Teppich ist genauso kalt wie die Fliesen.“
Wer hat recht? Begründe deine Meinung. ↗ S. 78

6. Tiere sind Überlebenskünstler
Eichhörnchen und Fledermäuse schützen sich im Winter vor Wärmeverlust. Beschreibe, wie es ihnen gelingt, sich zu schützen. ↗ S. 30
Recherchiere, ob deine Lösung richtig ist.
Sammle andere Überwinterungstricks von Tieren.
↗ S. 139

7. Gefühlte Wärme
Wickle eine Hand in Aluminiumfolie und beschreibe, was du fühlst. Findest du eine Erklärung? Diskutiert eure Ergebnisse. ↗ S. 19

8. Baustoffe kombinieren
Auf Baustellen sieht man, dass in Betonmauern oder -bögen Stahlmatten gelegt werden. Sie stabilisieren den Beton.
Dies ist nur möglich, weil sich Beton und Stahl gleich ausdehnen. Sage voraus, was sonst geschehen könnte.

9. Niemals voll
Getränkeflaschen werden nie bis zum Deckel gefüllt. Finde eine Erklärung, warum das so ist. ↗ S. 31

10. Wasser ist anders
Fülle zwei Aluminiumbecher von Teelichtern randvoll mit Wasser bzw. flüssigem Wachs. Stelle die Becher ins Gefrierfach.
Vergleiche das Verhalten von Wasser und Kerzenwachs beim Gefrieren und begründe Unterschiede.
↗ S. 39

Energie von der Sonne

Schmelzen und Erstarren

Eis und Schnee gehören zum Winter. Leider sind sie oft nur von kurzer Dauer.
Unter welchen Bedingungen ändert ein Körper seinen Aggregatzustand?

Wasser kann zu Eis erstarren, Stahl kann schmelzen und Luft kann verflüssigt werden.
Bei Zimmertemperatur haben alle Körper unserer Umgebung einen bestimmten **Aggregatzustand**: fest, flüssig oder gasförmig.

Schmelzen: Auf einen festen Körper, z. B. Eis, muss zunächst so viel thermische Energie übertragen werden, bis die **Schmelztemperatur** ϑ_S erreicht wird. Bei dieser Temperatur bleibt Eis noch fest. Bei weiterer Erwärmung schmilzt das Eis. Solange das Eis schmilzt, sind sowohl feste als auch flüssige Teile vorhanden.

Eis schmilzt bei 0 °C. Bei ebenfalls 0 °C erstarrt Wasser.

Schmelztemperatur ϑ_S einiger Stoffe	
Stoff	ϑ_S in °C
Aluminium	660
Blei	327
Eis	0
Eisen	1 540
Platin	1 739
Quecksilber	–39
Zinn	232
Wachs	50

Während des Schmelzens ändert sich die Temperatur nicht.
Die zugeführte Wärme ist erforderlich, um das Eis vom festen in den flüssigen Aggregatzustand umzuwandeln.

Erst wenn das gesamte Eis geschmolzen ist, steigt die Temperatur wieder an. Die Wärme, die zum Schmelzen erforderlich ist, heißt **Schmelzwärme.**
Die Schmelzwärme und die Schmelztemperatur hängen vom Stoff ab, aus dem der Körper besteht.

Schnee und Eis können auch direkt vom festen in den gasförmigen Aggregatzustand übergehen.

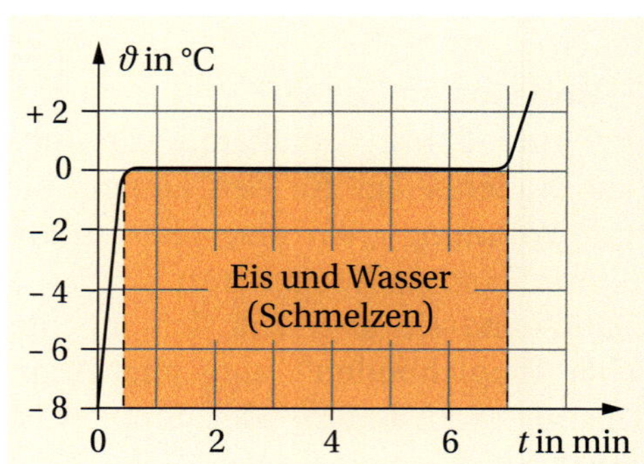

■ Interpretiere das Temperatur-Zeit-Diagramm für das Schmelzen von Eis.

Deutung im Teilchenmodell: Bei Zufuhr von Wärme bewegen sich die Teilchen des festen Körpers heftiger. Ihr mittlerer Abstand vergrößert sich. Sie können ihren festen Platz verlassen.

Erstarren: Wenn einem flüssigen Körper Wärme entzogen wird, so geht er bei seiner **Erstarrungstemperatur** in den festen Aggregatzustand über. Die Erstarrungstemperatur ist genauso groß wie die Schmelztemperatur.

Die Wärme, die beim **Erstarren** der entstandenen Flüssigkeit wieder frei wird, ist genauso groß wie die Wärme, die zum Schmelzen eines festen Körpers benötigt wird.

Während des Schmelzens und Erstarrens ändert sich auch das **Volumen** des Körpers. Bei flüssigen Körpern ist es größer als bei festen. Wasser macht eine Ausnahme.

Aufgaben

1 Ordne die Stoffe in der Tabelle auf der Seite 96 nach steigender Schmelztemperatur.

2 Bei welcher Temperatur erstarrt flüssiges Zinn, bei welcher Temperatur erstarrt flüssiges Wachs?

3 Beantworte mithilfe des Temperatur-Zeit-Diagramms auf der Seite 96 folgende Fragen:
a) Was passiert in den ersten 30 s?
b) Was passiert nach 7 min?
c) Warum bleibt die Temperatur während des Schmelzens gleich?

4 Kerzenwachs hat im flüssigen Zustand ein größeres Volumen als im festen. Erläutere.
Wiederhole, worin die Ausnahme besteht, die Wasser macht.

Erforsche es

Temperaturverlauf beim Schmelzen

Untersuche, wie sich die Temperatur beim Schmelzen von Eis ändert. Zeichne ein Temperatur-Zeit-Diagramm. Fertige ein Protokoll an.

Vorbereitung:
Geräte und Materialien: Becherglas, Heizplatte, Thermometer, Rührer, Eis, Uhr, kaltes Wasser
Welcher Zusammenhang besteht zwischen der zugeführten Wärme und der Temperaturänderung von Wasser?

Durchführung:
a) Stelle aus zerstoßenem Eis und abgekühltem Wasser ein Wasser-Eis-Gemisch her.
b) Erwärme das Gemisch gleichmäßig. Schalte die Heizplatte deshalb vorher schon einige Minuten an. **Vorsicht!** Achte darauf, dass außer dem Gefäß keine Gegenstände auf die heiße Platte gelangen!
a) Rühre immer gut um und miss alle 30 s die Temperatur.
b) Führe die Messungen so lange durch, bis sämtliches Eis geschmolzen ist und die Temperatur des Wassers 20 °C erreicht hat.

Auswertung:
a) Zeichne das Temperatur-Zeit-Diagramm und werte dieses Diagramm aus.
b) Wie groß ist ϑ_S?

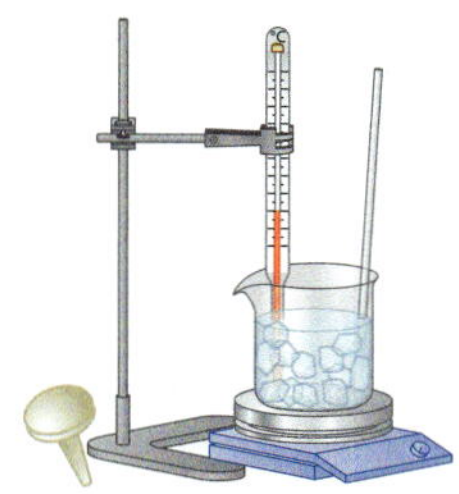

Orientiere dich beim Protokollieren an „So kannst du vorgehen“ auf der Seite 19.

Energie von der Sonne

Sieden und Kondensieren

Manchmal beschlagen Brillen. Wie kommt es dazu?

Wenn einem flüssigen Körper wie Wasser, Wärme zugeführt wird, so steigt die Temperatur bis zur **Siedetemperatur** ϑ_S an. Bei dieser Temperatur ist Wasser noch im flüssigen Zustand.

Brillen beschlagen, wenn Wasser verdunstet. Es geht dann weit unter der Siedetemperatur in den gasförmigen Zustand über (↗ S. 101).

Solange das Wasser siedet, sind sowohl flüssige als auch gasförmige Teile vorhanden. Die Temperatur bleibt gleich. Die gesamte zugeführte Wärme heißt **Verdampfungswärme**.

Erst wenn das gesamte Wasser verdampft ist, steigt die Temperatur des Wasserdampfs wieder an.

Wenn einem gasförmigen Körper Wärme entzogen wird, so geht er bei seiner **Kondensationstemperatur** vom gasförmigen in den flüssigen Aggregatzustand über. Kondensationstemperatur und Siedetemperatur eines Stoffs sind immer gleich groß.

Die Wärme, die beim Kondensieren abgegeben wird, ist genauso groß wie die Wärme, die beim Verdampfen aufgenommen wird.

Temperatur-Zeit-Diagramm beim Sieden von Wasser

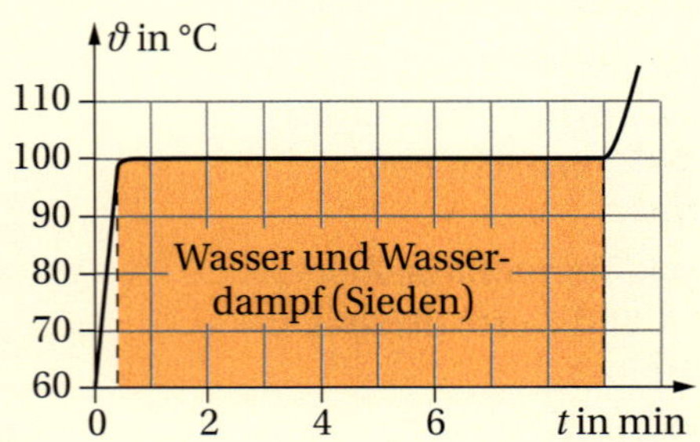

Siedetemperatur ϑ_V einiger Stoffe	
Stoff	ϑ_V in °C
Alkohol (Ethanol)	78
Blei	1751
Eisen	3070
Gold	2707
Quecksilber	357
Speiseöl	200
Sauerstoff	–183
Stickstoff	–196
Wasser	100
Zink	907

Während sich beim Schmelzen das Volumen eines Körpers nur geringfügig vergrößert, ändert sich das Volumen beim Verdampfen erheblich:
Aus einem Liter Wasser entstehen beim Verdampfen unter normalen Bedingungen etwa 1 600 l Wasserdampf.

Beim Sieden wird der Abstand zwischen den Teilchen also wesentlich größer als beim Schmelzen.

Aufgaben

1 Ordne die Stoffe in der Tabelle nach sinkender Siedetemperatur.

2 Bei welcher Temperatur siedet Speiseöl, bei welcher Temperatur kondensiert Wasser?

3 Begründe, warum Verdampfungswärme und Kondensationswärme eines Stoffs gleich groß sind.

4 Was passiert in dem Diagramm auf der Seite 98 nach 9 Minuten?

5 Felix behauptet: „Wenn einem Körper Wärme zugeführt wird, so erhöht sich dessen Temperatur immer."
Julia meint: „Wenn einem Körper Wärme zugeführt wird, so erhöht sich dessen Temperatur nicht immer." Begründe deine Entscheidung.
↗ S. 78

Erforsche es

Temperaturverlauf beim Sieden

Untersuche, wie sich die Temperatur von Wasser während des Verdampfens ändert. Führe ein Protokoll.

Vorbereitung:
Geräte: Becherglas, Heizplatte, Thermometer, Uhr
a) Wovon hängt die Siedetemperatur des Wassers ab?
b) Bereite eine Messwertetabelle vor.

Achtung! Arbeite sehr vorsichtig, denn du kannst dich oder andere bei diesem Versuch leicht verbrühen.

Durchführung:
a) Stelle das Becherglas auf eine Heizplatte, die vorher schon einige Minuten eingeschaltet war.
b) Miss in Abständen von einer Minute die Temperatur. Führe die Messungen so lange durch, bis ein Teil des Wassers verdampft ist.

Auswertung:
a) Zeichne das Temperatur-Zeit-Diagramm und werte es aus.
b) Bestimme aus dem Diagramm die Siedetemperatur und vergleiche diese mit dem erwarteten Wert. Diskutiere Messfehler.

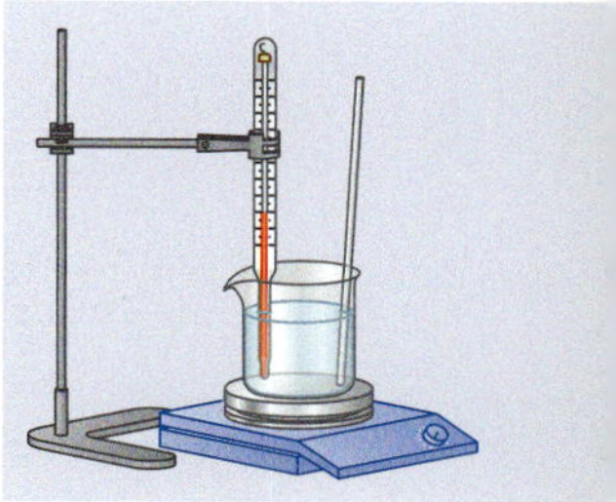

So kannst du vorgehen

Arbeiten mit Modellen

Mit Modellen kannst du Sachverhalte veranschaulichen, erklären oder voraussagen. Das wird am Beispiel des Teilchenmodells erläutert.

▸ **Schritt 1**

Lies die Aufgabenstellung gründlich.

Erkläre mithilfe des Teilchenmodells, warum Wasser bei Wärmezufuhr und bei Wärmeabgabe seinen Aggregatzustand ändert.

▸ **Schritt 2**

Stelle den Sachverhalt dar.

Was willst du mithilfe des Modells veranschaulichen, erklären bzw. voraussagen?

*Bei **Wärmezufuhr** wird Eis bei 0 °C flüssig. Bei 100 °C wird Wasser gasförmig. Bei **Wärmeabgabe** wird Wasserdampf bei 100 °C flüssig. Wasser erstarrt bei 0 °C.*

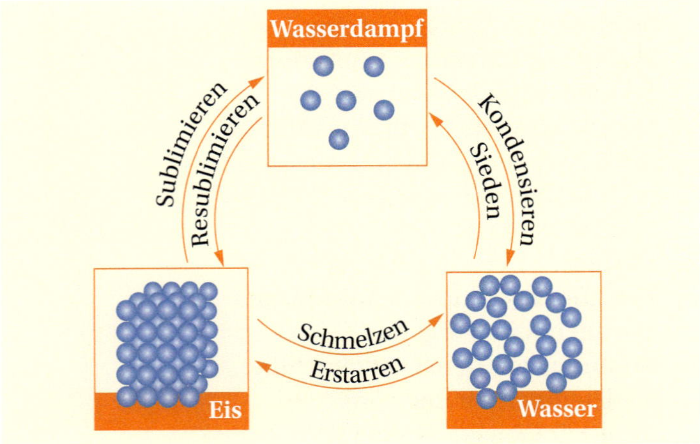

Wasser kann in Abhängigkeit von den Bedingungen fest (Eis), flüssig oder gasförmig (Wasserdampf) sein.

▸ **Schritt 3**

Wähle das Modell aus und wende es auf den Sachverhalt an.

Konkretisiere die Aussagen des Modells. Beziehe sie auf den Sachverhalt.

Nach dem Teilchenmodell sind die Teilchen eines festen Körpers regelmäßig angeordnet. Sie schwingen um ihren Platz, verlassen ihn aber nicht.
Bei Flüssigkeiten haben die Teilchen keinen festen Platz. Sie bewegen sich an dem Platz hin und her, an dem sie sich gerade befinden.
Gasteilchen haben einen großen Abstand. Sie bewegen sich ungeordnet.

▸ **Schritt 4**

Wende das Modell an.

Beim Erwärmen schwingen die Teilchen ab 0 °C so stark, dass sie ihre Plätze verlassen. Eis wird flüssig. Bei weiterer Wärmezufuhr bewegen sich die Teilchen noch schneller. Ihre Abstände vergrößern sich. Schließlich bewegen sie sich so heftig, dass einige die Wasseroberfläche verlassen. Diese Teilchen bilden den gasförmigen Wasserdampf.

Umgekehrtes gilt beim Abkühlen: Die Teilchen des Wasserdampfs bewegen sich langsamer. Der Wasserdampf wird flüssig. Bei weiterer Abkühlung bewegen sich die Teilchen immer langsamer und nehmen schließlich feste Plätze ein. Das Wasser erstarrt.

Verdunsten von Flüssigkeiten

An heißen Sommertagen gerätst du leicht ins Schwitzen. Dann hilft nur noch ein kühles Bad. Wenn du jedoch aus dem Wasser kommst, ist dir kalt, obwohl die Lufttemperatur höher als die Wassertemperatur ist. Wie kommt das?

Bei hoher Lufttemperatur **verdunstet** das Wasser auf deiner Haut sehr schnell. Es wird weit unterhalb der Siedetemperatur gasförmig. Zum Verdunsten ist Wärme erforderlich. Sie wird deiner Haut entzogen. Weil dein Körper die Wärme nicht so schnell „nachliefern" kann, ist dir kalt.
Bei hohen Temperaturen regelt die „Verdunstungskälte" unsere Körpertemperatur. Schweiß, der beim Schwitzen aus unseren Poren tritt, verdunstet.
Das Verdunsten entzieht unserem Körper Wärme und kühlt ihn.

Die kühlende Wirkung beim Verdunsten mildert Sportverletzungen. Auf die schmerzende Stelle wird eine Flüssigkeit gesprüht, die sehr schnell verdunstet. Die Haut kühlt dadurch stark ab. Ihre Durchblutung und Schmerzempfindlichkeit sinken.

Beim Verdunsten sinkt die Temperatur der Flüssigkeit und ihrer Umgebung.

Wie schnell eine Flüssigkeit verdunstet, hängt ab
- von der Größe ihrer Oberfläche,
- von der Temperatur und
- davon, wie schnell der verdunstete Anteil abgeführt wird.

Das deckt sich mit deinen Erfahrungen: Kleine Pfützen trocknen schneller als große und bei höheren Temperaturen und Wind geht das Verdunsten noch schneller vor sich.

Erforsche es

Abkühlen durch Verdunsten

1. Verreibe je einen Tropfen Wasser und Parfüm auf deiner Hand. Vergleiche deine Beobachtungen. Finde Erklärungen.

2. Lass eine flache Schale mit Wasser längere Zeit stehen. Miss die Temperatur des Wassers und der Raumluft. Vergleiche beide Temperaturen. Was stellst du fest?

3. Schon im Altertum nutzten die Menschen poröse Tongefäße, die mit Wasser gefüllt waren, als „Kühlgeräte". Wodurch wird das Kühlen erreicht?

4. Erkläre mithilfe des Teilchenmodells, warum Flüssigkeiten weit unter der Siedetemperatur in den gasförmigen Zustand übergehen können.
   Wende die Schritte unter „So kannst du vorgehen" auf der gegenüberliegenden Seite an. ⊕

5. Untersuche, wie Spiritus verdunstet. Wickle Watte um das Thermometergefäß eines Flüssigkeitsthermometers. Feuchte die Watte mit Spiritus an.
   Wiederhole den Versuch und blase ständig gegen die feuchte Watte. Vergleiche und deute deine Beobachtungen.

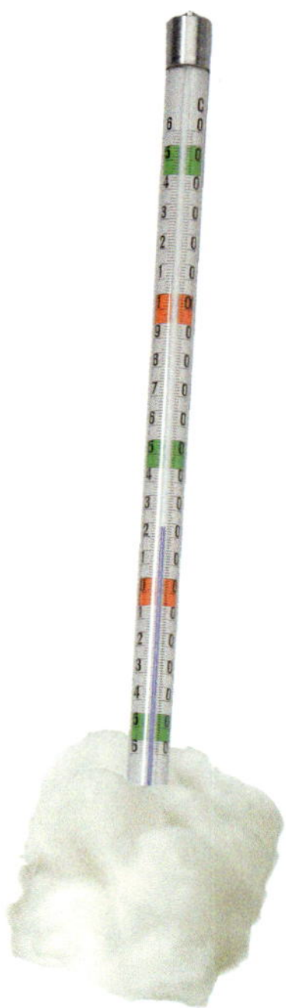

Energie von der Sonne

Wetterphänomene

Ein Blick auf „das Wetter von morgen" und du entscheidest dich für Regenkleidung. Was kannst du aus Wetterkarten ablesen? Stelle Vergleiche an.

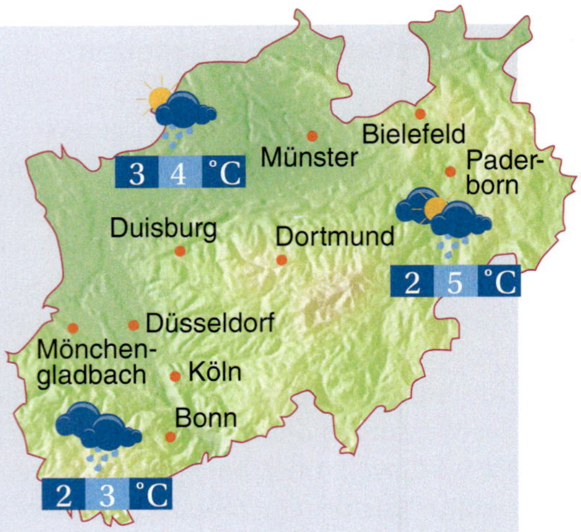

Wettererscheinungen wie Wind oder Sturm, Regen oder Nebel beeinflussen nicht nur unser Wohlbefinden. Sie wirken sich auch auf Natur, Landwirtschaft und Tourismus aus.

Wolken und Niederschläge entstehen durch den Wasserdampf in der Luft. Wir können ihn aber nicht sehen.
Wenn Wasser verdunstet, gelangt Wasserdampf in die Atmosphäre. Das Verdunsten geschieht vor allem über Wasserflächen und großen Waldgebieten.
Der Anteil an Wasserdampf, der sich in der Atmosphäre befindet, heißt **Luftfeuchtigkeit** und wird in Gramm pro Kubikmeter Luft $\left(\frac{g}{m^3}\right)$ angegeben.

Wenn ein Kubikmeter Luft bei einer bestimmten Temperatur 4,7 Gramm Wasserdampf aufgenommen hat, beträgt die Luftfeuchtigkeit 4,7 $\frac{g}{cm^3}$.

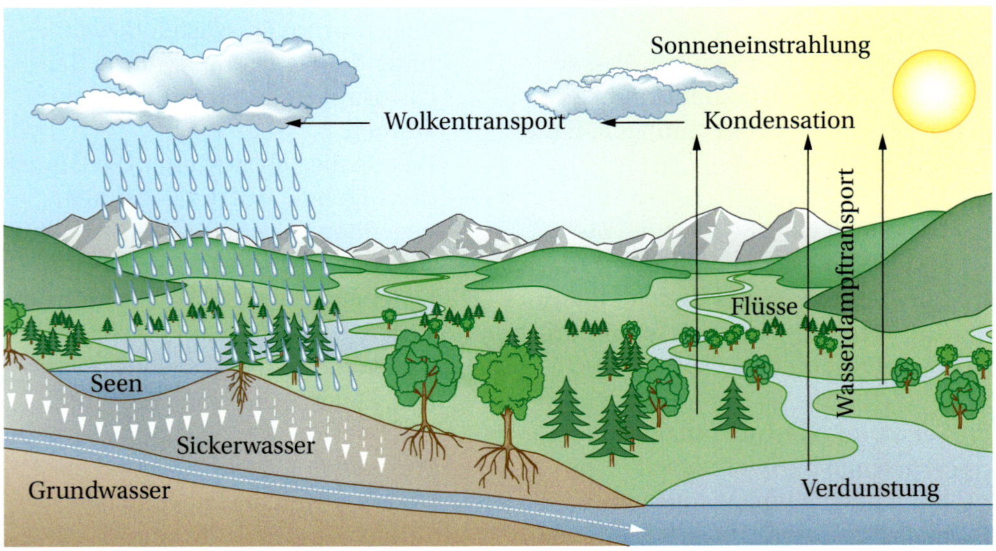

Die Sonne ist der Motor des Wasserkreislaufs auf der Erde. In diesem natürlichen Kreislauf ändert das Wasser seinen Aggregatzustand. Erläutere den natürlichen Wasserkreislauf.

Erforsche es

1. Die relative Luftfeuchtigkeit wird mit einem Hygrometer gemessen. Bestimme mit einem Hygrometer die Luftfeuchtigkeit
   a) an verschiedenen Tagen zu einer bestimmten Zeit,
   b) in verschiedenen Räumen der Wohnung.

2. Enthält Luft Wasserdampf?
   a) Fülle ein Glas etwa zur Hälfte mit Wasser, das Zimmertemperatur hat. Beachte, dass die Außenseite des Glases völlig trocken bleibt.
   b) Rühre mit dem Thermometer vorsichtig um und kontrolliere die Temperatur.
   c) Gib Eisstücke in das Wasser und beobachte die Außenwand.
   d) Beschreibe deine Beobachtung und erkläre sie.

Mit zunehmender Temperatur kann die Luft mehr Wasserdampf aufnehmen. Die Tabelle rechts gibt an, wie viel Wasserdampf ein Kubikmeter Luft maximal aufnehmen kann. Der Dampf ist dann **gesättigt.**

Der Wasserdampfgehalt in der Luft wird in Prozent angegeben. Dieser Prozentsatz heißt **relative Luftfeuchtigkeit.**
100 % Luftfeuchtigkeit entsprechen dem gesättigten Dampf bei einer bestimmten Temperatur.
50 % bedeuten: In der Luft ist nur halb so viel Wasserdampf, wie maximal möglich wäre. Oder: Wenn Luft von 10 °C 4,7 Gramm Wasserdampf pro Kubikzentimeter aufgenommen hat, beträgt ihre relative Luftfeuchtigkeit 50 %.

Die relative Luftfeuchtigkeit ist stark von den Wetterbedingungen abhängig. Bei uns liegt sie meist zwischen 30 und 70 %.

Wird Luft mit einem bestimmten Wasserdampfgehalt abgekühlt, so steigt die relative Luftfeuchtigkeit. Sie kann 100 % überschreiten. Der überschüssige Wasserdampf kondensiert an winzigen Staubteilchen, die sich in der Luft befinden. Es entstehen Wassertröpfchen. Vor allem in klaren Nächten strahlt die Erde viel Wärme in den Weltraum ab. Der Boden und die darüberliegende Luftschicht kühlen sich stark ab. Es bildet sich Nebel.

Temperatur ϑ in °C	Wassermenge m in g
-10	2,2
-5	3,3
0	4,8
5	6,8
10	9,4
15	12,8
20	17,3

m ist die größtmögliche Wassermenge, die 1 m^3 Luft aufnehmen kann.

Energie von der Sonne

Wolken und Niederschläge

Wodurch entstehen Wolken?
Wann beginnt es zu regnen?
Wieso fällt Niederschlag als Schnee?
Wettererscheinungen hängen unter anderem von der Temperatur ab.

Alle Wettererscheinungen gehen in der Troposphäre vor sich. So heißt der Teil der Atmosphäre, der bis in eine Höhe von etwa 10 km reicht.
In dieser Höhe beträgt die Temperatur etwa −50 °C. In kleineren Höhen ist die Temperatur größer. Unter normalen Verhältnissen nimmt sie mit zunehmender Entfernung von der Erdoberfläche ab.

- Wie groß ist die Temperatur in 5 km Höhe? Lies aus dem Diagramm ab.

Abweichungen in der Temperaturschichtung kommen durch Unterschiede in der Sonneneinstrahlung und in der Bodenbeschaffenheit der Erdoberfläche zustande.
Dadurch erwärmt sich die Luft nicht überall gleichmäßig. Wenn sie aufsteigt, kühlt sie ab. Der Wasserdampf in der Luft kondensiert an winzigen Staubkörnchen und es bilden sich Wolken.
Aus den unterschiedlichen Wolkenformen lässt sich das Wettergeschehen vorhersagen.

Unter normalen Verhältnissen nimmt die Temperatur mit der Höhe um ca. 1 °C je 100 m ab.

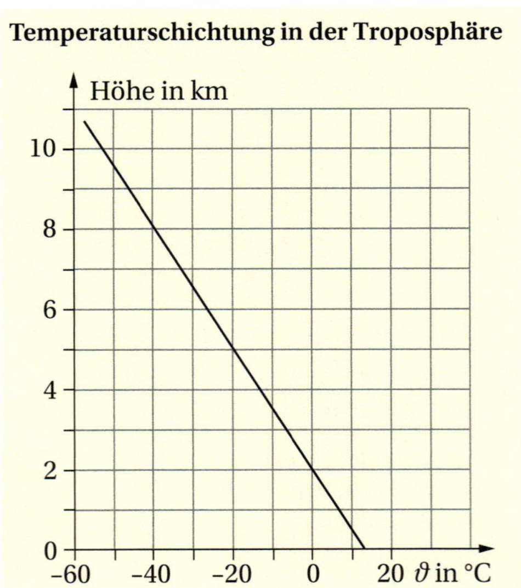

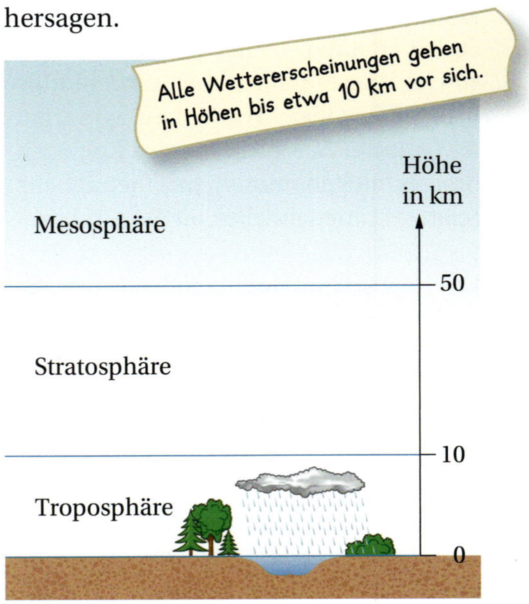

Kleine Regentropfen: Sie entstehen, wenn Wassertröpfchen zusammenstoßen und sich zu immer größeren Tropfen vereinigen. Das passiert in tief liegenden Wolken und dauert relativ lange. Ab einer bestimmten Größe kann der Luftstrom die Tropfen nicht mehr tragen, sie fallen nach unten. Niesel- oder Sprühregen sind die Folge.

Große Regentropfen: Sie entstehen sehr schnell in hoch reichenden Wolken. In den oberen Schichten solcher Wolken bilden sich zunächst Eiskristalle. Größere Eiskristalle fallen herab und wachsen durch anfrierende Wassertröpfchen immer weiter an.

Ob der Niederschlag die Erde als Regen, Schnee oder Hagel erreicht, hängt von der Temperatur unterhalb der Wolke ab. Ist die Luft warm und trocken, so schmelzen die Eiskristalle schnell oder verdunsten sogar. Du erkennst das an den sogenannten **Fallstreifen** unterhalb der Wolke in der Abbildung oben rechts.

Schmelzen die Eiskristalle, ohne zu verdunsten, so kommen am Boden **Regentropfen** an. Ihr Durchmesser ist etwa 30-mal so groß wie der von Wassertröpfchen. Bei durchgehend kalter Frostluft bis zum Boden fallen die Eiskristalle als **Schnee.** Große Regentropfen und Schnee haben also denselben Ursprung.

Im Sommer können mächtige Quellwolken entstehen. Sie reichen bis in 12 km Höhe. Orkanartige Aufwinde reißen Eiskristalle mit nach oben, die zu Eisklumpen von mehr als 10 cm Durchmesser anwachsen können.

Diese Eisklumpen fallen dann als **Hagel** mit einer solch großen Geschwindigkeit auf die Erdoberfläche, dass die Zeit in der warmen Luft nicht zum völligen Schmelzen ausreicht.

Aufgaben

1 „Bauernregeln" beruhen auf Beobachtungen des Wettergeschehens und sind oft schon jahrhundertealt. Suche Beispiele für solche „Bauernregeln". Wie sicher sind derartige Wettervorhersagen?

2 Erkläre einem Mitschüler, wie Hagelkörner dieser Größe zustande kommen. ↗ S. 31

„Der Januar muss krachen, soll der Frühling lachen."

Energie von der Sonne

Wind und Wetter

Wann wird Wind zum Orkan?

Orkan Kyrill fällt 25 Millionen Bäume in NRW
Größter Waldschaden, der jemals im Land verzeichnet wurde

Luft, die du normalerweise kaum spürst, wird bei einem Orkan so mächtig, dass sie Bäume entwurzeln kann.

Was treibt die Luft an? Wind kommt durch Druckunterschiede in der Luft zustande. Die Luftsäule über der Erdoberfläche ist viele Kilometer hoch. Sie erzeugt den **Luftdruck.**

Direkt über der Meeresoberfläche ist der Luftdruck am größten.

Auf einem hohen Berg ist der Luftdruck wesentlich kleiner als im Tal, weil die Luftsäule kürzer ist.

> Der Druck, den die Luftsäule auf eine Fläche erzeugt, heißt Luftdruck. Er nimmt mit der Höhe über der Erdoberfläche ab.

Da die Luft nach oben immer dünner wird, nimmt der Luftdruck immer langsamer ab.
Der eigentliche **Antrieb für den Wind** ist die Sonne. Dort, wo die Luft stärker erwärmt wird, steigt sie auf. Der Luftdruck über dem Boden nimmt ab. Es entsteht ein **Tiefdruckgebiet.** Dort, wo die Luft weniger erwärmt wird, sinkt sie herab. Der Luftdruck über dem Boden nimmt zu. Es entsteht ein **Hochdruckgebiet.**

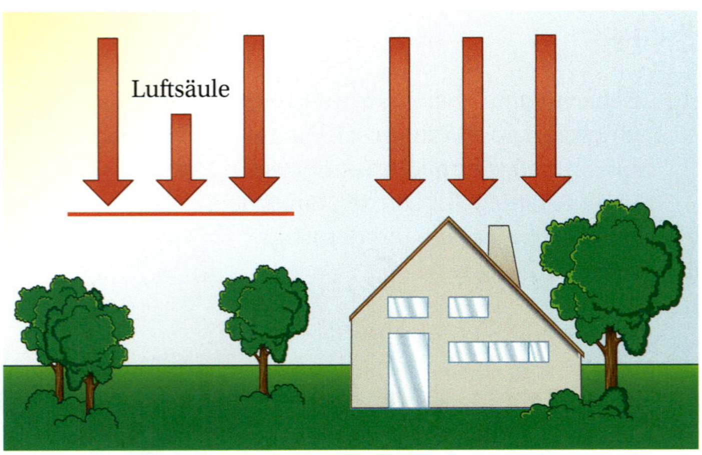

Erforsche es

Windmesser selbst gebaut

Baue einen Windmesser, mit dem du die Windgeschwindigkeiten selbst abschätzen kannst.

Vorbereitung:

a) Woran erkennst du ohne Hilfsmittel, ob ein schwacher oder starker Wind weht?

b) Materielien: 2 m langer Stab, Gewindebolzen mit Mutter, Leder oder Blech, Sperrholz, wasserfester Stift

Durchführung:

a) Befestige den Gewindebolzen am Stab und hänge ein Stück Leder an.

b) Zeichne auf das Sperrholz eine Skala und bringe es im rechten Winkel zum Bolzen an.

c) Lies täglich zur selben Zeit ab, um wie viele Teilstriche auf der Skala das Leder nach oben schwingt.

Auswertung:

Trage die Messergebnisse in eine Tabelle nach folgendem Muster ein:

Datum	Anzahl der Teilstriche	Windstärke nach Wettervorhersage
...	...	...

Werte die Tabelle aus.

Seewind entsteht, wenn die Luft über dem Land stärker erwärmt wird als über dem Wasser. Sie steigt auf. Über dem Land bildet sich am Boden ein Tiefdruckgebiet, in der Höhe ein Hochdruckgebiet. Über dem Wasser ist es umgekehrt. Luftströmungen verringern den Druckunterschied zwischen beiden Gebieten. Du spürst sie als **Wind**.

- Beschreibe mithilfe der Abbildung wie Seewind entsteht.

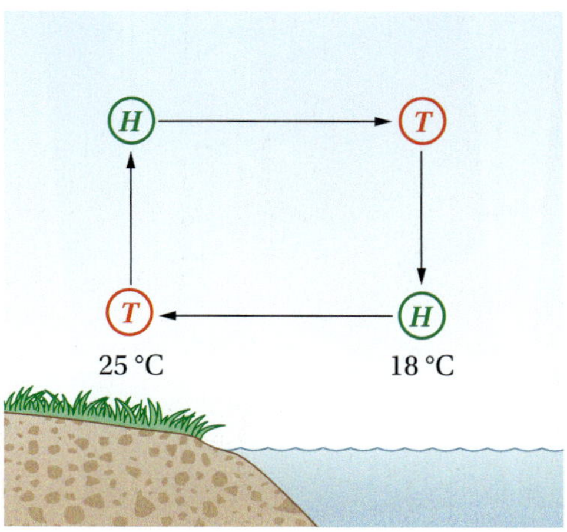

In Wetterkarten sind Orte mit gleichem Luftdruck durch Linien miteinander verbunden und umschließen ein Hochdruckgebiet bzw. ein Tiefdruckgebiet.

Vögel und Segelflieger nutzen Aufwinde, die an Berghängen entstehen. Wird die Luft an einem Berghang von der Sonne erwärmt, steigt sie nach oben.

- Fertige eine Skizze an, wie Aufwind entsteht.

Windstärken nach BEAUFORT		
Windstärke	Geschwindigkeit in $\frac{m}{s}$	Bezeichnung und Auswirkungen
0	0,0 ... 0,2	still, Rauch steigt gerade empor
2	1,6 ... 3,3	leichte Brise, im Gesicht zu spüren
4	5,5 ... 7,9	mäßige Brise bewegt Zweige
6	10,8 ... 13,8	starker Wind bewegt starke Äste
8	17,2 ... 20,7	stürmischer Wind
10	24,4 ... 28,4	schwerer Sturm entwurzelt Bäume, Schäden an Häusern
12	> 32,6	Verwüstungen durch Orkan

Wusstest du schon …

Der Treibhauseffekt

Überschwemmungen und Stürme treten immer häufiger auf. Gletscher wie in den Abbildungen unten schmelzen weltweit schneller ab. Ändert sich unser Klima?

Die Sonne strahlt Licht und Wärme in den Weltraum ab. Aber nur ein Teil davon gelangt bis zur Eroberfläche. Ursache dafür ist die Lufthülle der Erde. Sie wirft einen Teil der Sonnenstrahlung zurück, einen anderen Teil nimmt sie auf.

Ohne die schützende Lufthülle wäre es bitterkalt auf der Erde. Die mittlere Temperatur würde nur −18 °C betragen. Tatsächlich beträgt die mittlere Temperatur nicht −18 °C, sondern +15 °C.

Bei −18 °C hätte sich kein Leben entwickeln können.

Die Vorgänge in der Atmosphäre kannst du mit Vorgängen in einem Treibhaus mit Glasdach vergleichen. Daher kommt auch die Bezeichnung **Treibhauseffekt.**

In einem Treibhaus wie auf der Seite 109 nehmen alle Objekte die Sonnenstrahlung auf und erwärmen sich. Einen Teil geben sie als Wärmestrahlung wieder ab. Davon gelangt nur wenig durch das Glasdach nach außen. Die Wärme ist „gefangen“ und erwärmt den Innenraum weiter.

Das geschieht so lange, bis die Sonnenstrahlung und die Wärmestrahlung im Gleichgewicht sind. Bei der Erde übernimmt die Lufthülle die Rolle des Daches. Gase, besonders Wasserdampf, Kohlenstoffdioxid und Methan, lassen sichtbares Licht durch, aber kaum Wärmestrahlung. Diese Gase heißen **Treibhausgase**.
Sie nehmen den größten Teil der Wärmestrahlung der Erde auf und geben ihn dann zu gleichen Teilen wieder nach oben und unten ab. Das erwärmt die Erdoberfläche zusätzlich.

Der Trift-Gletscher, Gadmental, im Berner Oberland, in der Schweiz, 2002 und vier Jahre später.

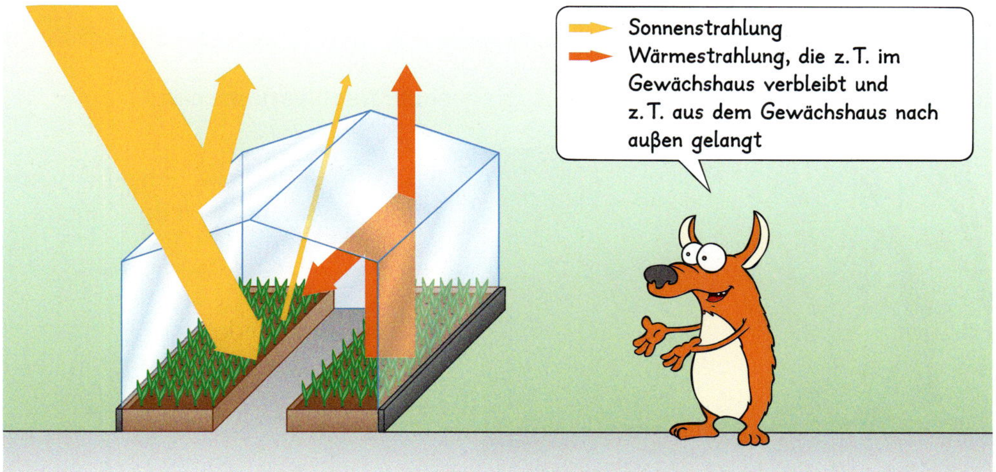

Die Wärmestrahlung, die vom Boden ausgeht, wird vom Glasdach zurückgeworfen. Nur ein geringer Teil gelangt sofort nach außen.

Bei +15 °C hat sich ein **Temperaturgleichgewicht** eingestellt. So ist das schon seit Millionen von Jahren und dies ist einer der Gründe dafür, dass sich auf unserem Planeten Leben entwickeln konnte.

In den letzten Jahrzehnten ist der Anteil der Treibhausgase in der Atmosphäre angestiegen. Mit Beginn der Industrialisierung vor 200 Jahren nahm der CO_2-Gehalt in der Luft deutlich zu und steigt immer noch an. Man spricht von einer **Verstärkung des Treibhauseffekts** durch uns Menschen.

- Welchen Beitrag kannst du leisten, um den Ausstoß an CO_2 zu verringern?

Die Verstärkung des Treibhauseffekts führt zu einer weiteren Erwärmung der Erdoberfläche. Das hat Auswirkungen auf das Klima.
Die mittlere Temperatur auf der Erde ist in den letzten 100 Jahren um etwa 0,5 °C gestiegen.

Die Lufthülle verhindert, dass die Wärmestrahlung die Erde verlässt.

Ein weiterer Temperaturanstieg könnte dramatische Veränderungen in der Natur und in den Lebensbedingungen der Menschen auf der ganzen Erde zur Folge haben. Mögliche Folgen sind:
- Klimazonen verschieben sich und in bisher fruchtbaren Gebieten entstehen Steppen oder gar Wüsten.
- Das Eis an den Polkappen schmilzt. Küstenstädte und Inseln werden überschwemmt.
- Meeresströmungen wie der Golfstrom verändern sich und führen zu Klimaänderungen.

Das hast du gelernt

Energie von der Sonne

Körper aus einem Stoff können in verschiedenen Aggregatzuständen vorkommen.

Bei Aufnahme bzw. Abgabe von Wärme können Körper ihren Aggregatzustand ändern.

Wolken und Niederschläge entstehen durch den Wasserdampf in der Luft.

Wind entsteht durch den Luftdruckausgleich zwischen Hochdruckgebieten und Tiefdruckgebieten.

Zum **Schmelzen** und zum **Verdampfen** ist Wärme erforderlich. Beim **Erstarren** und beim **Kondensieren** wird Wärme frei.

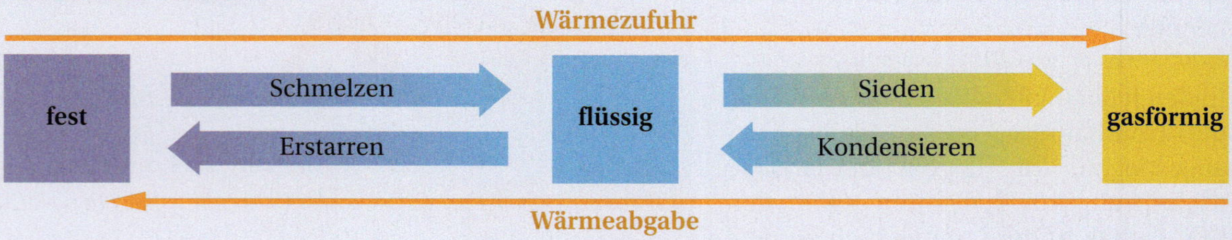

Beim **Verdunsten** wird eine Flüssigkeit unterhalb der Siedetemperatur gasförmig. Dafür wird der Umgebung Wärme entzogen. Die Temperatur sinkt.

Löse mit Köpfchen

1. Dreimal Wasser?
Lara zweifelt an, dass Regentropfen, Eiszapfen und Wasserdampf alle etwas gemeinsam haben.
Mit welchen Erläuterungen kannst du ihr helfen?

2. Heiß oder kühl?
Solange deine Haare feucht sind, spürst du beim Föhnen kaum den heißen Luftstrom. Mitunter erscheint er sogar kühl. Erst bei trockenen Haaren merkst du, dass der Luftstrom tatsächlich heiß ist. Wie sind diese Unterschiede zu erklären? ↗ S. 31

3. Frostige Schönheit
Um die Blüten von Obstbäumen vor Nachtfrösten zu schützen, werden sie mit Wasser besprengt. Begründe, dass dadurch die Blüten geschützt werden.

4. Übersicht bewahren
Erfasse in einer Tabelle, mit welchen Messgeräten wichtige Größen für das Wetter wie Temperatur, Luftdruck, Luftfeuchtigkeit, Niederschlagsmenge und Windgeschwindigkeit gemessen werden können. ↗ S. 141

5. Nachts wechselt die Windrichtung
An Berghängen unterscheiden sich die Luftströmungen, die am Tag und in der Nacht zustande kommen.

Ähnliche Erscheinungen kannst du im Sommer beobachten. Am Tag weht der Wind meist aus Richtung Meer, nach Sonnenuntergang in entgegengesetzter Richtung.
Begründe die Unterschiede.

6. Kochen mit Köpfchen
Beim Kochen von Kartoffeln wurde folgendes Diagramm aufgenommen:

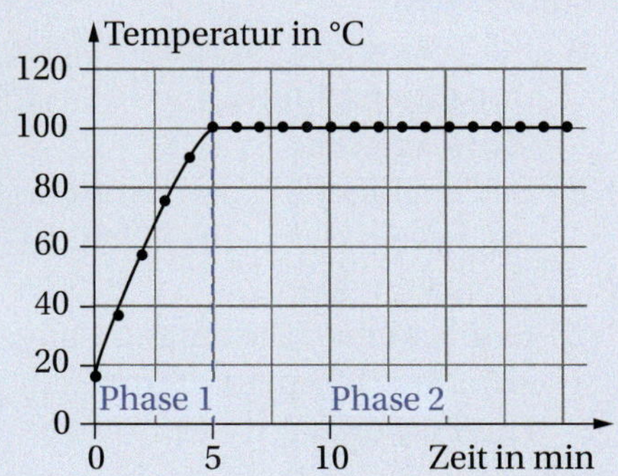

Werte das Diagramm aus. Begründe, wozu die zugeführte Energie in den Phasen 1 und 2 benötigt wird.

Teste dich selbst

Wähle aus.

1 Im Laufe eines Tags beobachtest du:
- A Die Sonne geht im Westen auf und im Süden unter.
- B Die Sonne geht im Osten auf und im Westen unter.
- C Die Sonne steht mittags im Süden.
- D Die Sonne geht im Westen auf und im Osten unter.

2 Das abgebildete Thermometer zeigt eine negative Temperatur an. Sie beträgt

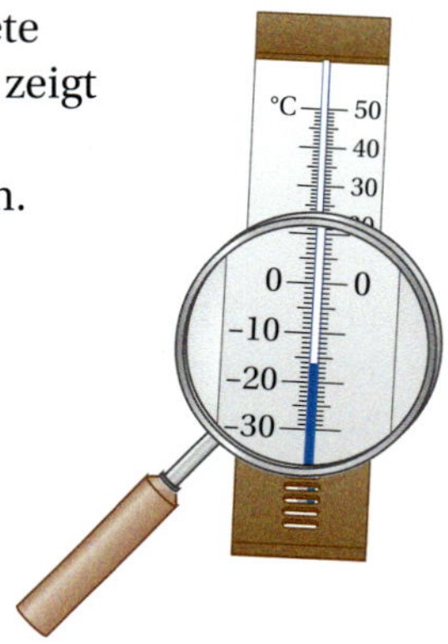

- A - 24 °C,
- B - 16 °C,
- C - 15 °C,
- D - 25 °C,
- E - 26 °C.

3 Mit dem Teilchenmodell kannst du die Temperatur eines Körpers anschaulich deuten. Dabei gilt für Luftteilchen:
- A Bei Temperaturerhöhung steigt ihre durchschnittliche Geschwindigkeit.
- B Bei Verringerung der Temperatur bewegen sich die Teilchen weniger heftig.
- C Es gibt keinen Zusammenhang zwischen Temperatur und Teilchenbewegung.

4 Wärme wird wie in der Abbildung rechts oben von einem Körper auf einen anderen Körper übertragen.

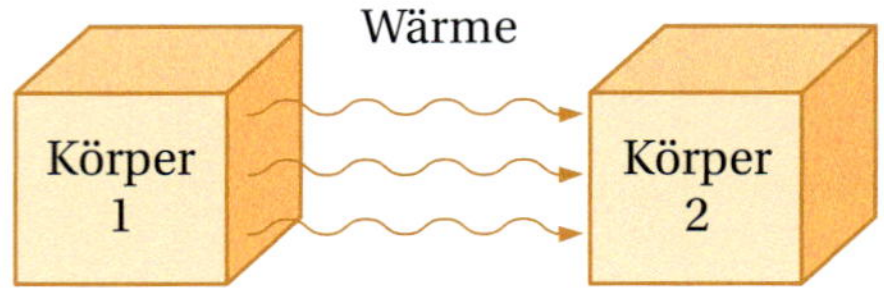

Dabei gilt:
- A Die Temperatur von Körper 2 wird größer und die von Körper 1 wird kleiner.
- B Die Temperatur von Körper 1 wird größer und die von Körper 2 wird kleiner.
- C Die Temperatur der beiden Körper bleibt gleich.
- D Die Temperatur von Körper 2 wird größer und die von Körper 1 bleibt gleich.

5 Hartschaumplatten aus Styropor verwendet man zur Wärmedämmung, weil

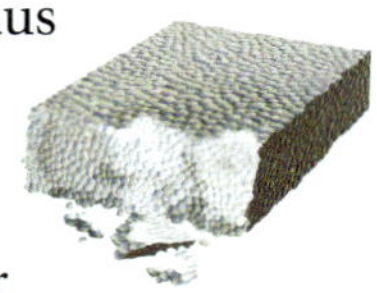

- A Styropor ein guter Wärmeleiter ist,
- B Styropor sich gut verarbeiten lässt,
- C Styropor in Poren und Zwischenräumen viel Luft enthält und Luft ein schlechter Wärmeleiter ist.

6 Als Verdunsten versteht man
- A den Übergang einer Flüssigkeit aus dem flüssigen in den gasförmigen Zustand,
- B den Übergang einer Flüssigkeit aus dem flüssigen in den festen Zustand,
- C den Übergang einer Flüssigkeit aus dem flüssigen in den gasförmigen Zustand weit unter ihrer Siedetemperatur.

Beantworte ausführlich.

1 Begründe, warum sich ein Getränk in sehr kalter Umgebung schnell abkühlt.

2 Im Dortmunder Abendblatt vom 30. 08. 2010 stand folgende Notiz:

> „Heute erlitten wieder Kinder einen Hitzschlag und mussten wegen Schwindel und Kopfschmerzen behandelt werden.
> Zu einem Hitzschlag kommt es, wenn der Körper die überschüssige Wärme nicht mehr durch Schwitzen ausgleichen kann."

Erklärt und bewertet diese Aussage aus physikalischer Sicht. Diskutiert Maßnahmen zur Rettung.

3 Erkunde, wie sich Elefanten vor Überhitzung schützen.

4 Schreibe eine Geschichte darüber, was mit der Wärmestrahlung von der Sonne alles passieren kann. Tragt euch eure Geschichten anschließend vor. Bewertet sie nach selbst gewählten Kriterien.

5 Wetten, dass du eine 1-€-Münze loslässt, bevor das Streichholz abgebrannt ist?

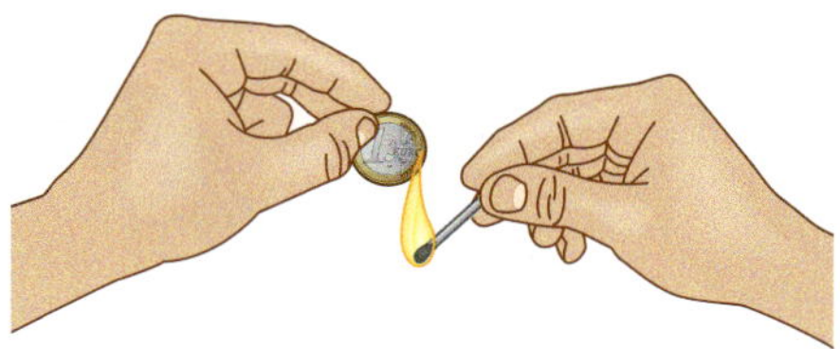

Achtung! Verbrennt euch nicht!

Diskutiert die Ursache des Ergebnisses dieses Experiments.

6 Wie kann es sein, dass du unmittelbar nach dem Baden leicht frierst, obwohl die Lufttemperatur wesentlich höher als die Wassertemperatur ist?

7 Was solltest du beachten, wenn Wäsche schnell Trocknen soll?

3 Licht und Schall

1 **Macht Lärm krank?**
Musik, Straßenverkehr, Schulhof – überall ist Lärm um uns. Wann wird Musik zum Lärm? Wie kannst du dich vor Lärm schützen?

2 **Der Mond „verfinstert“ sich**
Erkunde, wann an deinem Heimatort die nächste Mondfinsternis zu beobachten sein wird.
Nutze dazu z. B. das Internet.
Wie kommt eine Mondfinsternis zustande?

3 **Illusion oder Wirklichkeit?**
Wenn du das Haus einer Muschelschnecke so wie in der Abbildung ans Ohr hältst, hörst du ein Rauschen.
Wurde das Meeresrauschen etwa in der Muschel gespeichert?

4 **Experte gesucht**
Sehfehler lassen sich beheben.
Interviewt einen Optiker.
Wozu braucht er Physik?

Licht und Schatten

Lichtquellen und beleuchtete Körper

Nur Passanten, die euch im Dunkeln entgegenkommen, sehen das Licht einer Taschenlampe. Diejenigen hinter euch sehen es nicht. Zieht Schlüsse für euer Verhalten im Straßenverkehr.

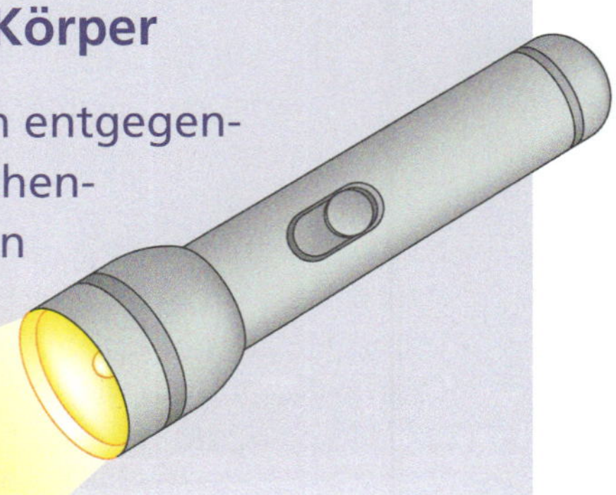

Verkehrsteilnehmer kannst du nur sehen, wenn von ihnen Licht in deine Augen fällt. Scheinwerfer senden selbst Licht aus, Rückstrahler nicht. Körper, die selbst Licht aussenden, heißen **Lichtquellen.**

Die meisten Lichtquellen wie die Sonne oder eine Kerzenflamme sind glühende Körper. Sie haben eine hohe Temperatur. Es gibt aber auch Körper, die bei normaler Temperatur Licht aussenden, z. B. einige Tiefseefische oder der Bildschirm eines Computers.

Die meisten Körper, die du siehst, senden selbst kein Licht aus. Sie werfen nur das Licht zurück, das auf sie auftrifft. Physiker sagen: Sie reflektieren bzw. streuen Licht.

Körper, die auftreffendes Licht zurückwerfen, heißen **beleuchtete Körper.**

Das Licht breitet sich nach allen Seiten **geradlinig** aus. Den Lichtweg kannst du durch **Lichtstrahlen** veranschaulichen. Lichtstrahlen sind ein **Modell,** eine Vereinfachung der Wirklichkeit.

Erforsche es

Welchen Weg nimmt das Licht?

Beobachte das Licht einer Taschenlampe in einem verdunkelten Raum durch einen Schlauch, den du unterschiedlich biegst.

a) Was beobachtest du?
b) Deute deine Beobachtungen. Bei welcher Schlauchform siehst du das Licht der Taschenlampe?
c) Finde eine Erklärung.

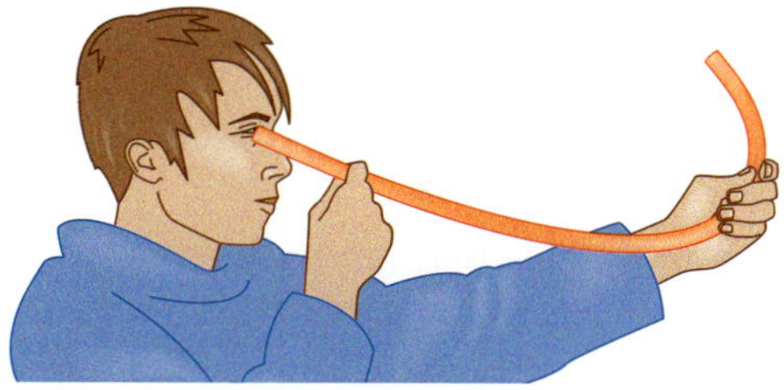

d) Nun kannst du erklären, warum Passanten, die hinter dir gehen, das Taschenlampenlicht nicht sehen können.

Licht breitet sich geradlinig aus. Der Weg des Lichts kann mit Lichtstrahlen veranschaulicht werden. Lichtstrahlen sind ein Modell.

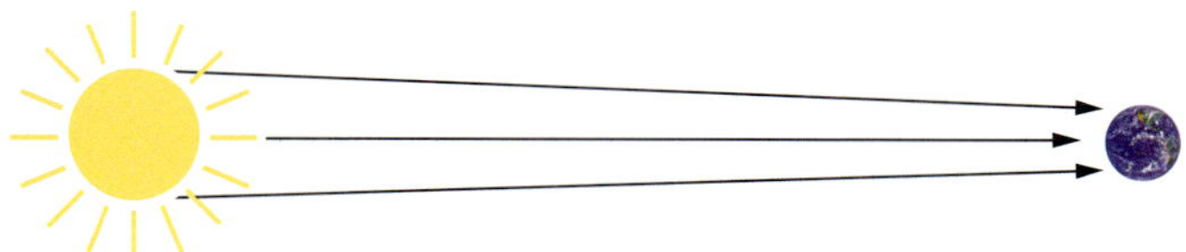

Maßstabsgerecht wäre die Erde viel weiter rechts und viel kleiner zu zeichnen.

Das Licht breitet sich mit sehr großer **Geschwindigkeit** aus. Es legt in einer Sekunde einen Weg von etwa 300 000 Kilometern zurück. Von der Sonne bis zur Erde benötigt es acht Minuten.
Wie kommt aber das Sonnenlicht auf der Erde an?
Viele Kinder zeichnen Sonnenstrahlen so wie in der Abbildung oder ähnlich: Die Sonnenstrahlen gehen nach allen Seiten weg.

Obwohl die Sonne Licht in alle Richtungen abstrahlt, trifft es näherungsweise aus einer Richtung auf die Erde.

Das liegt an der großen Entfernung zwischen Sonne und Erde. Sie beträgt etwa 149 600 000 km.
Der Abstand der Sonne von der Erde ist sehr viel größer als die Durchmesser von Sonne und Erde.

Das bedeutet: Das Sonnenlicht, das auf die Erde fällt, kannst du für viele Zwecke durch Lichtstrahlen darstellen, die **parallel** verlaufen.

Aufgaben

1 In einem Zimmer ist es am Tag auch dann hell, wenn keine Lampe angeschaltet ist und die Sonne nicht direkt in das Zimmer scheint. Wie ist das zu erklären? ↗ S. 31

2 Schüttle in einem abgedunkelten Raum einen staubigen Lappen vor einer eingeschalteten Lampe. Beschreibe deine Beobachtung.

So kannst du vorgehen

Lesen und Auswerten von Texten

Wenn du ein spannendes Buch liest, im Internet surfst oder die Gebrauchsanleitung für dein Handy verstehen willst, musst du Texte lesen und verstehen.
Bei Texten in Lehrbüchern oder in Nachschlagewerken geht es ebenfalls darum, wichtige Inhalte zu erfassen.

Damit du diese Inhalte besser verstehst und längere Zeit im Gedächtnis behältst, gehe beim Lesen und Auswerten von Texten schrittweise vor.

► Schritt 1

Erfasse die Aufgabe.
Lies die Aufgabe genau durch. Wenn du sie nicht richtig verstanden hast, frage noch einmal nach.

Erarbeite mithilfe des Textes einen historischen Überblick über Lichtquellen in Natur und Technik.

► Schritt 2

Erfasse den Hauptinhalt des Textes.
Lies den ganzen Text durch, damit du einen Überblick erhältst. Unterstreiche alle Wörter, die du nicht kennst.
Kläre die unbekannten Wörter mithilfe des Registers im Lehrbuch oder mithilfe anderer Quellen.
Hinweis: Gehört das Lehrbuch nicht dir, arbeite mit einer Kopie.

► Schritt 3

Arbeite den Text gründlich durch.
Lies den Text jetzt gründlich durch. Kennzeichne Wörter, die dir wichtig erscheinen, mit einem Marker.

Vom Holzfeuer zur Leuchtdiode

In Natur und Technik gibt es sehr unterschiedliche Lichtquellen. Die wichtigste Lichtquelle ist unsere Sonne. Sie ist nicht nur Lichtquelle, sondern auch eine Wärmequelle. Ohne Sonnenstrahlung hätte kein Leben auf der Erde entstehen können. Die Entwicklung von Pflanzen, Tieren und Menschen ist untrennbar mit dem Vorhandensein von Sonnenstrahlung verbunden.

Auch die Sterne, die wir nachts am Himmel sehen, sind Lichtquellen. Der Mond und alle Planeten dagegen sind beleuchtete Körper. Sie reflektieren das Licht, das von der Sonne kommt.
Schon von alters her nutzen Menschen verschiedene Lichtquellen. Holzfeuer (Abb. 1a) sind wahrscheinlich die ersten Lichtquellen, die von Menschen verwendet wurden.

Bereits in der Steinzeit wurden auch Fackeln und Kienspäne genutzt. Kienspäne sind Holzscheite aus harzdurchtränktem Kiefernholz.
Schon im Altertum waren Öllampen (Abb. 1b) bekannt. Viele Jahrhunderte lang waren Wachskerzen eine wichtige Lichtquelle.

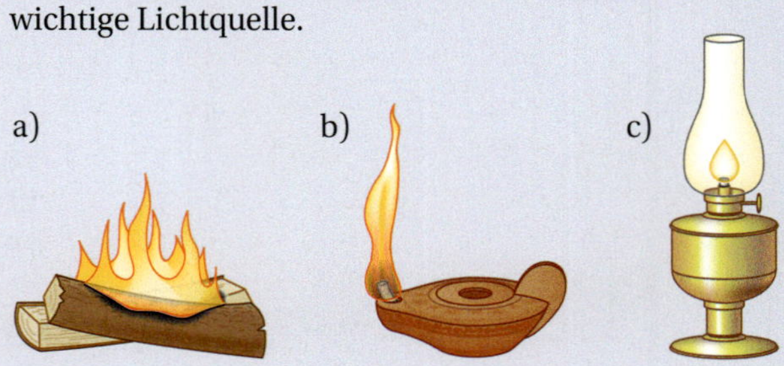

1 Historische Lichtquellen, die die Menschen im Verlauf der Geschichte nutzten

▶ **Schritt 4**

Erkenne die inhaltliche Gliederung.

Formuliere für jeden Abschnitt des Textes eine inhaltliche Überschrift und schreibe sie auf.
Schau dir die Abbildungen zum Text an. Welche Beziehungen zwischen Text und Abbildung gibt es? Stelle Fragen an den Text und versuche, sie zu beantworten.

▶ **Schritt 5**

Fasse Wesentliches zusammen.

Lies den Text erneut gründlich durch. Formuliere wichtige Inhalte des Textes in einer Zusammenfassung, besonders wenn es ein längerer Text ist.
Bearbeite die Aufgabe. Vergleiche deine Zusammenfassung mit der Aufgabe. Hast du alles berücksichtigt? Präge dir das Wichtigste ein.

Fragen, die mithilfe des Textes beantwortet werden können

- Welche Lichtquellen werden genannt?
- Mit welcher Erfindung begann der Siegeszug der elektrischen Beleuchtung?
- Warum entwickeln Techniker immer neue Lichtquellen?

Fragen, die noch offen sind und nachgeschlagen werden müssen

- Welche geschichtliche Etappe heißt Steinzeit, welche Altertum?
- Wichtige Lebensdaten und Erfindungen von EDISON
- Welche Eigenschaften haben Energiesparlampen, Leuchtstofflampen, Leuchtdioden und Halogenlampen?

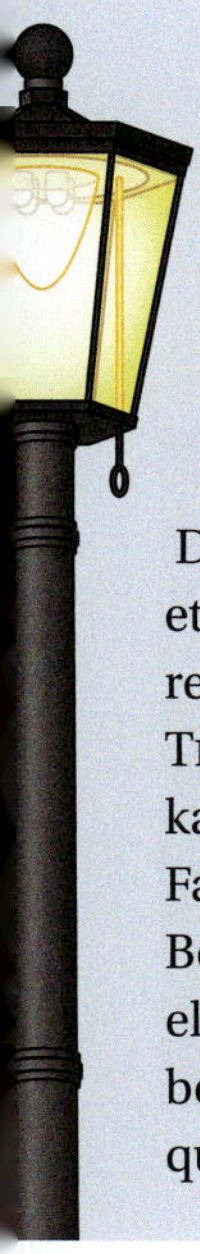

Ein entscheidender Fortschritt war im 19. Jahrhundert die Entwicklung von Gaslampen, die vor allem der Straßenbeleuchtung dienten.
In vielen Haushalten war bis zu Beginn des 20. Jahrhunderts die Petroleumlampe (Abb. 1c) die wichtigste Lichtquelle.

Der Siegeszug der elektrischen Beleuchtung begann etwa 1880 mit der Entwicklung der ersten brauchbaren **Glühlampen** durch den amerikanischen Erfinder Thomas Alva Edison (1847–1931). Die Glühlampen kamen zunächst in Hotels und bei wohlhabenden Familien zur Anwendung.
Bei einer Glühlampe wird aber nur ein kleiner Teil der elektrischen Energie in Licht umgewandelt. Deshalb bemühten und bemühen sich viele Techniker, Lichtquellen zu entwickeln, die bei gleicher Lichtausbeute weniger Energie benötigen. Ergebnis dieser Entwicklung sind Energiesparlampen, Leuchtstofflampen, Leuchtdioden (Abb. 2) und Halogenlampen. Weitere Hinweise zu Lichtquellen sind im Internet unter Suchwörtern wie Lichtquelle, Glühlampe, Energiesparlampe oder LED zu finden.

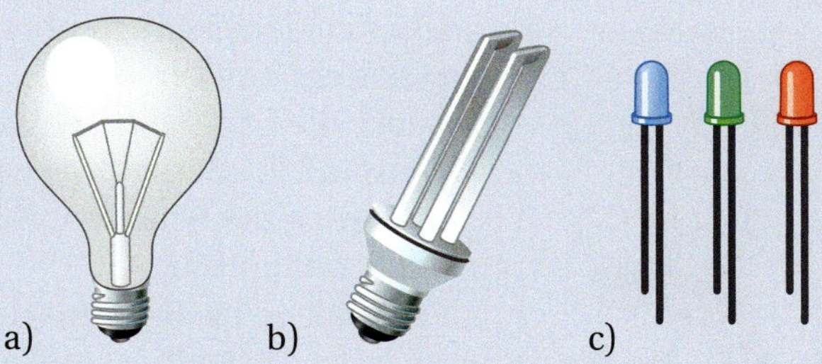

a) b) c)

2 Energiesparlampen (b) und Leuchtdioden (c) benötigen weniger Energie als Glühlampen (a).

Licht und Schatten

Schattenbilder

Zeichnet Schattenbilder von euch, nummeriert sie und hängt sie aus. Wer wird von den meisten erkannt?

Erforsche es

Untersuchungen zum Schatten

Wie ändert sich der Schatten eines kleinen Gegenstands, wenn du die Versuchsbedingungen änderst?

a) Ordne eine Lichtquelle, einen undurchsichtigen Körper, z. B. einen Holzbauklotz, und einen Schirm wie in der Abbildung an.

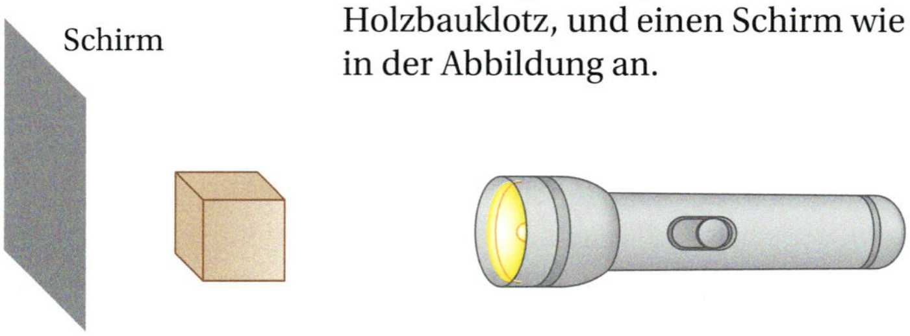

b) Rücke die Lampe näher an den Gegenstand heran. Beschreibe, wie sich dabei Schattenbreite und Schattenhöhe verändern.

c) Rücke die Lampe weiter vom Gegenstand ab. Beschreibe wieder die Änderung der Schattenbreite und der Schattenhöhe.
Formuliere das Ergebnis des Versuchs so: „Je kleiner (größer) der Abstand zwischen der Lampe und dem Gegenstand ist, desto …"

Wenn Licht auf undurchsichtige Körper trifft, dann gibt es hinter diesen Körpern Bereiche, in die kein Licht gelangt. Diese dunklen Bereiche heißen **Schatten.**

Bei einer fast punktförmigen Lichtquelle wie in der Abbildung unten ist dieser Schatten scharf begrenzt.

Hinter undurchsichtigen Körpern, die beleuchtet werden, bilden sich Schatten.

Um die Begrenzung von Schatten zu zeichnen, reichen die Lichtstrahlen, die gerade noch am Hindernis vorbeigehen. Sie heißen **Randstrahlen.**

Bei einer fast punktförmigen Lichtquelle entsteht ein scharfer Schatten.

Darstellung optischer Erscheinungen		
	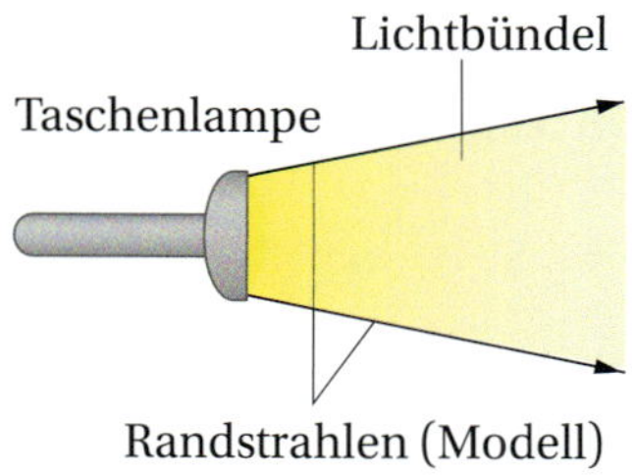	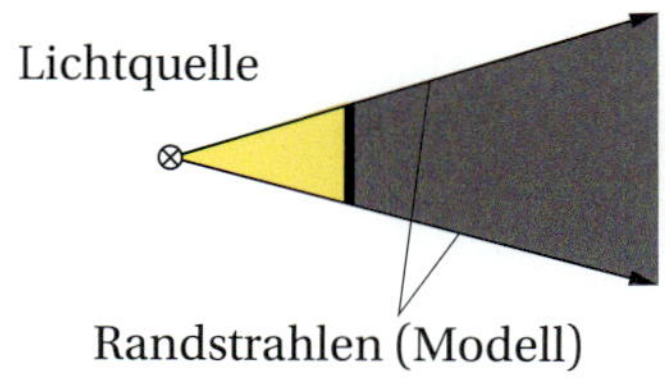
Zum Verstehen von Sehvorgängen sind nur die Strahlen wichtig, die vom Körper in unsere Augen fallen.	Zum Verstehen der Ausbreitung von Licht sind nur die Strahlen wichtig, die ein Lichtbündel begrenzen.	Zum Verstehen der Schattenbildung sind nur die Strahlen wichtig, die direkt am Hindernis vorbeigehen.

Um Schatten oder andere optische Erscheinungen darzustellen, reichen also einige Lichtstrahlen aus (Übersicht oben).

Bereits zwei Lichtquellen erzeugen Schatten mit unterschiedlichen Helligkeiten. Sie werden **Kernschatten** und **Halbschatten** genannt.

Bei mehr als zwei Lichtquellen oder bei ausgedehnten Lichtquellen entstehen unterschiedliche Halbschatten.

Meistens sind Schatten aber nicht scharf begrenzt, weil die Lichtquellen nicht punktförmig sind.

Aufgaben

1 _ Erkläre die Schattenbildung hinter einem undurchsichtigen Körper mit der geradlinigen Ausbreitung des Lichts. Wiederhole, was geradlinige Lichtausbreitung bedeutet.

2 _ Vergleiche die Schatten der Blumenvase in den beiden Abbildungen auf dieser Doppelseite. Wodurch kommen Unterschiede zustande?

3 _ Worin unterscheiden sich Kernschatten und Halbschatten? Nutze die Abbildung unten.

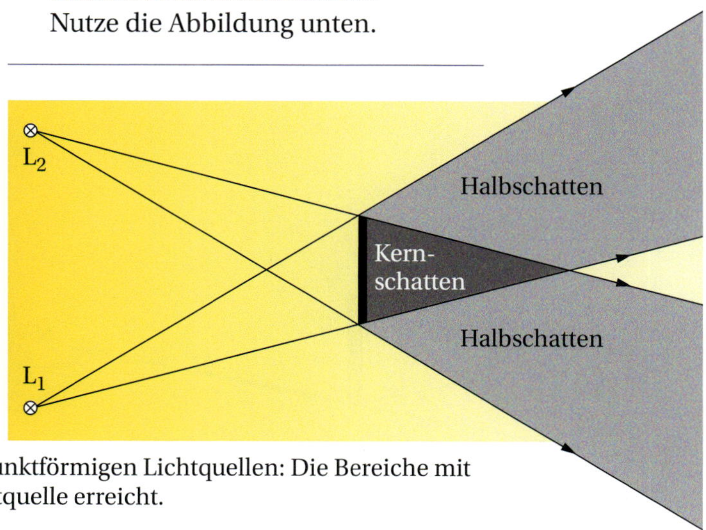

Kernschatten und Halbschatten bei zwei fast punktförmigen Lichtquellen: Die Bereiche mit Halbschatten werden nur vom Licht einer Lichtquelle erreicht.

Licht und Schatten

Schattenstab und Sonnenuhr

Nicht immer sind Sonnenuhren so groß wie auf der Halde Hoheward bei Recklinghausen.
Wie kannst du an einer Sonnenuhr die Zeit ablesen?

An einer Sonnenuhr kannst du nur dann die Zeit ablesen, wenn die Sonne scheint. Dann weist der Schatten eines Stabs in eine bestimmte Richtung und hat eine bestimmte Länge.
Ein solcher Stab heißt **Schattenstab.** Dieses einfache Instrument nutzten die Menschen schon im Altertum.

Bei Sonnenschein zeigt der Schatten bei uns mittags immer nach Norden und ist am kürzesten.

Damit kannst du mit einem Schattenstab den Zeitpunkt des wahren Mittags ermitteln. Das ist der Zeitpunkt, an dem die Sonne am höchsten steht.

Die Nordrichtung kannst du mithilfe von Kreisen bestimmen, die um den Stab gezeichnet werden. Markiere die Stellen mit Kreuzen, an denen die Spitze des Schattens einen der Kreise einmal am Vormittag und einmal Nachmittag schneidet. Die Verbindungslinie vom Stab zur Mitte zwischen den Kreuzen zeigt nach Norden.
Wenn der 8,50 m hohe Obelisk auf der Halde Hoheward seinen Schatten wirft, kannst du auf einer Skala im Pflaster die wahre Ortszeit ablesen. Bei anderen Sonnenuhren ist der Stab wie auf der Seite 123 geneigt.

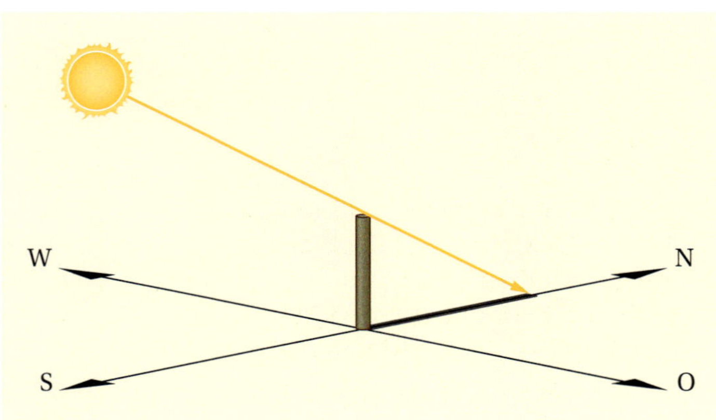

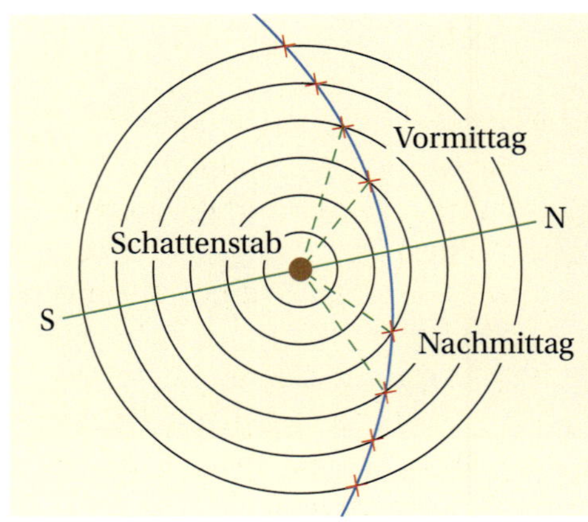

Erforsche es

Mach es wie die Sonnenuhr ...

1. Baue einen Schattenstab. Bei einer Stabhöhe von 15 cm können Schattenlängen von ca. 50 cm auftreten. Du benötigst eine Grundplatte, z. B. aus Holz, einen dicken Draht, eine Schraube und ein Blatt Papier.
   a) Zeichne auf das Blatt Papier Kreise und lege es so auf die Grundplatte, dass sich der Stab im Mittelpunkt befindet.

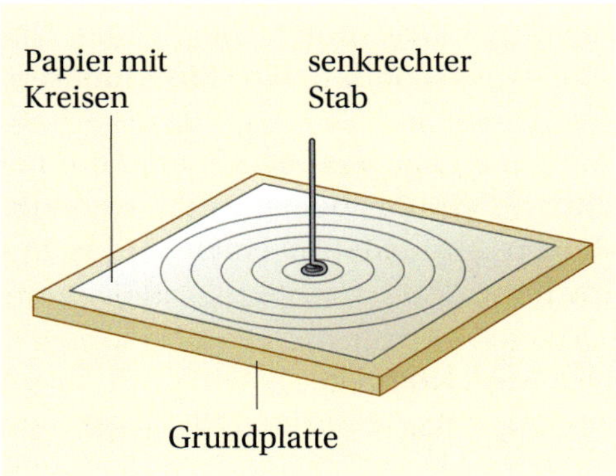

   b) Forme an einer Seite des Drahts eine kleine Öse und schraube diese auf dem Brett fest, sodass der Stab senkrecht auf dem Brett steht.

2. Bestimme mit dem Schattenstab
   - die Nord-Süd-Richtung und
   - für deinen Wohnort die genaue Mittagszeit.
   a) Beschreibe, wie du vorgegangen bist.
   b) Die genaue Zeit für den Mittag stimmt zumeist nicht mit der Uhrzeit 12 Uhr überein. Woran könnte das liegen?

3. Baut eine einfache Sonnenuhr.
   Vorbereitung:
   Erkunde die geografische Breite deines Wohnorts.
   Durchführung:
   a) Nutze die Anordnung, die du bereits als Schattenstab aufgebaut hast. Berücksichtige beim Aufbau vor allem den Winkel α zwischen dem Draht und der Grundplatte. Verbiege den Draht dementsprechend.

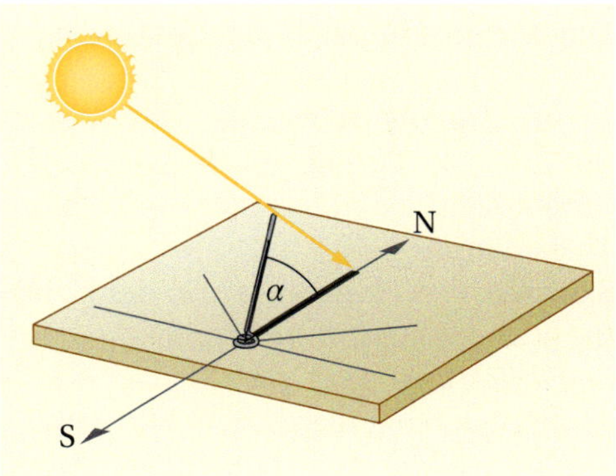

   b) Richte die Anordnung in Nord-Süd-Richtung aus.
   c) Zeichne an einem sonnigen Tag zu jeder vollen Stunde den Schatten nach und schreibe die Zeit daran.
   d) Lies an einem anderen Tag die Zeit an der Sonnenuhr ab.

4. Ägypter verwendeten bereits um 5 000 v. Chr. Sonnenuhren als Messinstrument für die Zeit. Recherchiere im Internet, wie andere Kulturen Sonnenuhren als die ersten Zeitmessinstrumente einsetzten. Fertige einen Zeitstrahl an.

Licht und Schatten

Mondphasen

Vollmond ist nur alle 29,5 Tage. Wie kommt es, dass du an den anderen Tagen den Mond in wechselnden Gestalten siehst?

Erforsche es

Der Mond ändert seine Gestalt

Beobachte die Bewegung des Monds um die Erde. Fertige ein Beobachtungsprotokoll an.

Vorbereitung:

Skizziere den Horizont wie in der Abbildung unten in Mondrichtung.

Gib markante Objekte wie hohe Bäume oder Gebäude an.

Durchführung:

a) Beobachte und skizziere Form und Ort des Monds zu einer bestimmten Zeit. Mache das Gleiche etwa eine Stunde später.

b) Wiederhole das an sieben aufeinanderfolgenden Tagen.

Beobachtung und Auswertung:

Deute deine Beobachtungen.

Anregungen, wie du die Mondformen darstellen kannst, findest du auf der Seite 125.

Manchmal siehst du den Mond als Sichel, manchmal als Halbmond oder als Vollmond. Die unterschiedlichen Gestalten des Monds heißen **Mondphasen.**

Auch die Lage des Monds am Himmel ändert sich. Das bemerkst du, wenn du ihn im Abstand von einer Stunde betrachtest.

Der Mond bewegt sich in 29,5 Tagen einmal um die Erde und zusammen mit der Erde um die Sonne. Erde, Mond und Sonne ändern dabei ständig ihre Stellung zueinander. Da die Ebenen der Erdbahn und der Mondbahn gegeneinander geneigt sind, befinden sich Sonne, Erde und Mond nur selten auf einer Linie.

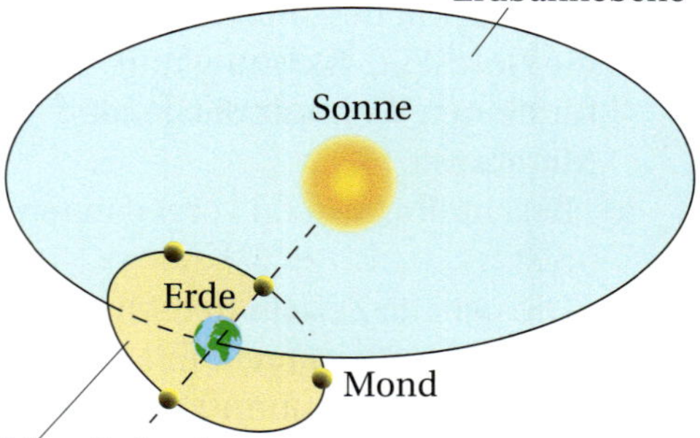

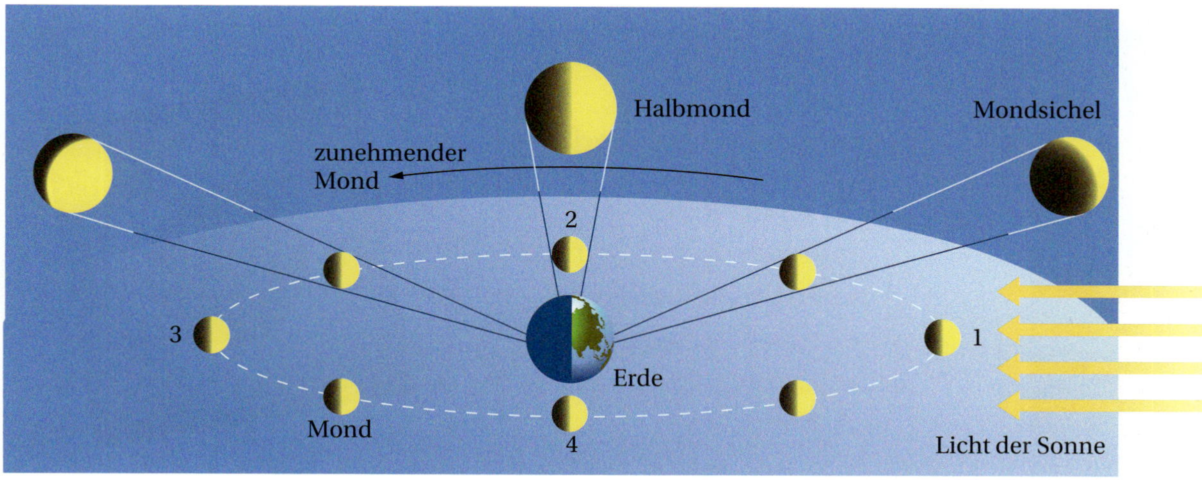

Der Mond wird wie die Erde von der Sonne beleuchtet und reflektiert einen Teil des Lichts. Ein Raumfahrer sieht Erde und Mond aus großer Entfernung: Eine Hälfte des Monds ist immer hell, die andere dunkel.
Die Stellungen 1 bis 4 zeigen, wie du den Mond von der Erde aus siehst.

Stellung 1: Bei **Neumond** siehst du den Mond nicht. Er geht in etwa zusammen mit der Sonne am Morgen auf und am Abend unter.

Stellung 2: Es ist zunehmender Halbmond. Er geht gegen Mittag auf und gegen Mitternacht unter.

Stellung 3: Du siehst die beleuchtete Halbkugel. Es ist **Vollmond**. Die Erde steht auf einer Linie zwischen Sonne und Mond. Der Mond geht in der Abenddämmerung auf und in der Morgendämmerung unter.

Stellung 4: Es ist abnehmender Halbmond, der gegen Mitternacht aufgeht und gegen Mittag untergeht.

Neumond und zunehmender Mond

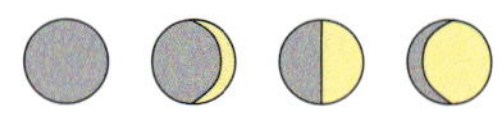

Vollmond und abnehmender Mond

> Die Mondphasen kommen durch die unterschiedliche Stellung von Sonne, Erde und Mond zustande. Die Zeit zwischen zwei gleichen Mondphasen beträgt 29,5 Tage.

Aufgaben

1 Oft ist der Mond wie auf dem Foto rechts auch tagsüber zu sehen. Bei welchen Mondphasen kann das sein? ↗ S. 118

2 Tobias erzählt in der 5. Unterrichtsstunde, dass er in der letzten Pause einen wunderschönen Vollmond gesehen hätte. Ist das möglich?

Licht und Schatten

Sonnen- und Mondfinsternis

Bei einer Sonnenfinsternis ist anstelle der Sonne nur die unbeleuchtete Seite des Monds als dunkler Kreis zu sehen. Wie kann die Sonne am Tag „verschwinden"?

Zu den Himmelskörpern gehören Planeten, Monde, Planetoiden, Kometen und Meteoride.

Das Licht der Sonne trifft auf alle Himmelskörper in unserem Sonnensystem. Eine **Finsternis** tritt ein, wenn der Schatten eines Himmelskörpers auf die Oberfläche eines anderen Himmelskörpers trifft.
Weil die Sonne sehr groß ist, erzeugt sie hinter der Erde und hinter dem Mond Kernschatten und Halbschatten.

Bei einer **Sonnenfinsternis** gelangt der Mond durch seine Bewegung um die Erde manchmal zwischen Sonne und Erde.

Für einen Beobachter auf der Erde, der sich im Kernschatten des Monds befindet, wird damit die Sonne völlig verdeckt. Es tritt eine Sonnenfinsternis auf. Sie ist nur bei Neumond zu beobachten.

- Was bedeutet Neumond?

> Bei einer Sonnenfinsternis berührt der Schatten des Monds Teile der Erdoberfläche. Der Mond hält sich dabei zwischen Erde und Sonne auf. Es ist Neumond.

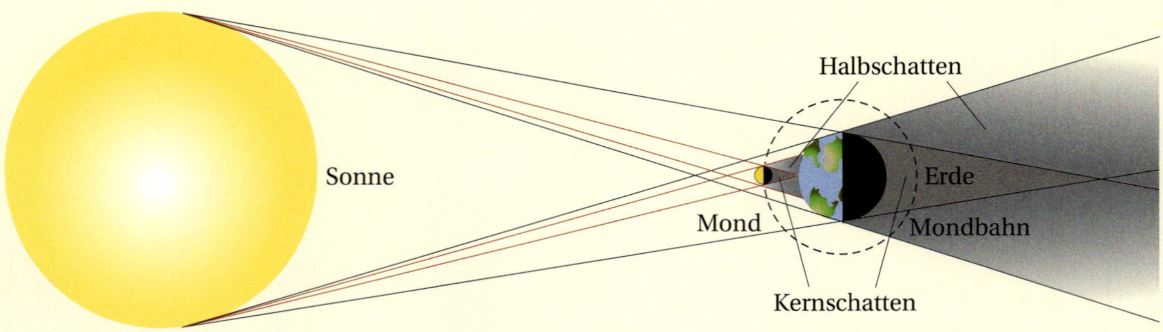

Totale Sonnenfinsternis: Der Schatten des Monds fällt auf die Erde. Wo müssen sich die Beobachter befinden?

Die Leuchterscheinung um den dunklen Kreis links sind glühende Gase der Sonne, die nicht im Mondschatten liegen. Die Ursache für eine **Mondfinsternis** ist die Bewegung des Monds um die Erde. Auf der Seite der Erde, die der Sonne abgewandt ist, entstehen Kern- und Halbschatten. Sie reichen weit in den Weltraum. Für einen Beobachter auf dieser Seite der Erde ist Nacht.
Meist verläuft die Mondbahn oberhalb oder unterhalb von Kern- und Halbschatten der Erde. Nur wenn der Mond in den Kernschatten der Erde gerät, ist eine Finsternis zu beobachten. Sie ist nur bei Vollmond möglich.

▮ Was bedeutet Vollmond?

Solange sich der Mond im Kernschatten der Erde befindet, herrscht eine totale Mondfinsternis.

> Bei einer Mondfinsternis befindet sich der Mond im Erdschatten. Die Erde hält sich dann genau zwischen Sonne und Mond auf. Es ist Vollmond.

Aufgaben

1 _ Ein Globus ist ein Modell für unsere Erde. Zeige mit einem Partner in einem verdunkelten Raum, was Tag- und Nachtseite der Erde bedeuten. Ihr könnt auch einen Ball als Globus benutzen oder aus Styropor einen Globus basteln. ⊕

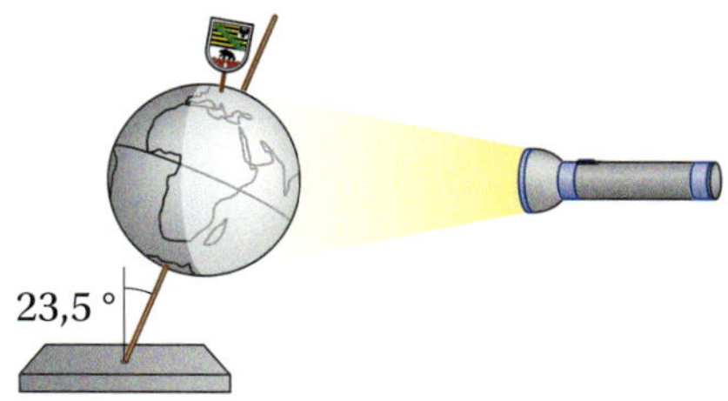

2 _ Lies den Text auf dieser Doppelseite und beantworte folgende Fragen:
a) Warum ist nicht bei jedem Umlauf des Monds um die Erde eine Mondfinsternis zu sehen?
b) Gib an, zu welchen Tageszeiten man eine Sonnenfinsternis bzw. eine Mondfinsternis beobachten kann.
Diskutiert eure Antworten.

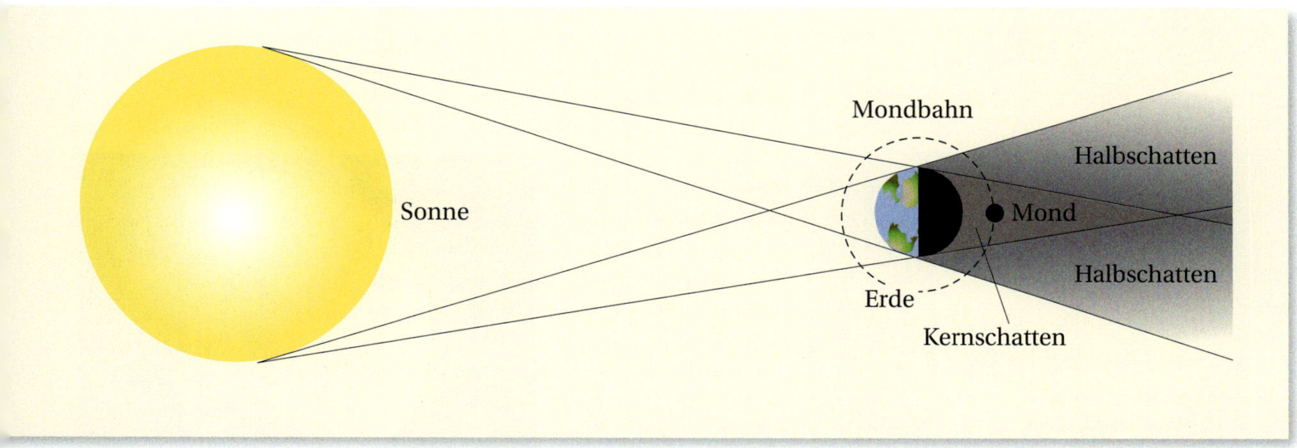

▮ Totale Mondfinsternis: Der Mond befindet sich im Kernschatten der Erde.
Wo müssen sich Beobachter aufhalten?

Das hast du gelernt

Licht und Schatten

Das Licht einer Lichtquelle breitet sich **geradlinig nach allen Seiten** aus.

Der Weg des Lichts kann mit dem **Modell Lichtstrahl** dargestellt werden.

Hinter beleuchteten undurchsichtigen Körpern bilden sich **Schatten.** Schatten entstehen auch im Weltraum.

Nur wenn Licht in unsere Augen fällt, können wir sehen. Das Auge ist ein Lichtempfänger. Lichtquellen und beleuchtete Körper sind sichtbar.

Mondphasen: Sie kommen dadurch zustande, dass wir immer nur den Teil des Monds sehen, der jeweils von der Sonne beleuchtet wird.

Mondfinsternis: Der Mond befindet sich im Erdschatten. Die Erde steht dann zwischen Sonne und Mond.

Sonnenfinsternis: Der Mondschatten fällt auf die Erdoberfläche. Der Mond steht dann zwischen Erde und Sonne.

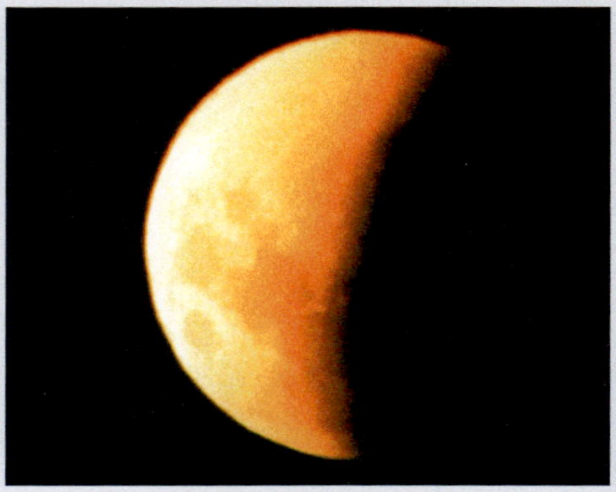

Löse mit Köpfchen

1. Auftrag korrekt ausgeführt?

Ein Fotograf hatte die Aufgabe, Lichtquellen zu fotografieren. Er hat einige Fotos vorgelegt.

Entscheide, ob er in allen Fällen wirklich Lichtquellen fotografiert hat. Begründe deine Entscheidungen. ↗ S. 78

2. Licht in Sprichwörtern

Was ist mit folgenden Sprichwörtern gemeint?

„Nachts sind alle Katzen grau."

„Mir geht ein Licht auf."

Suche nach weiteren Sprichwörtern, bei denen es um Licht geht. Diskutiere sie mit deinen Mitschülern.

3. Randstrahlen

Beschreibe, wie sich der Verlauf der Randstrahlen ändert, wenn die Lichtquelle näher als in der Abbildung an die Blende gerückt wird.

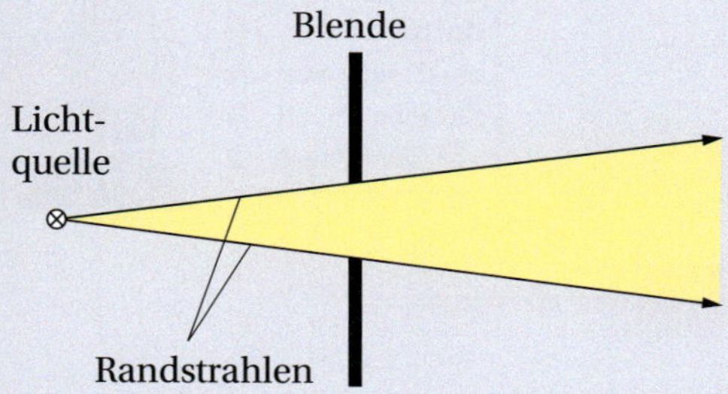

4. Lange und kurze Schatten

Untersuche, wie sich der Schatten eines Gegenstands, z. B. eines Holzbausteins, ändert, wenn er an einer brennenden Kerze vorbeigeführt wird. ↗ S. 19

Baue den Versuch wie in der Abbildung auf.

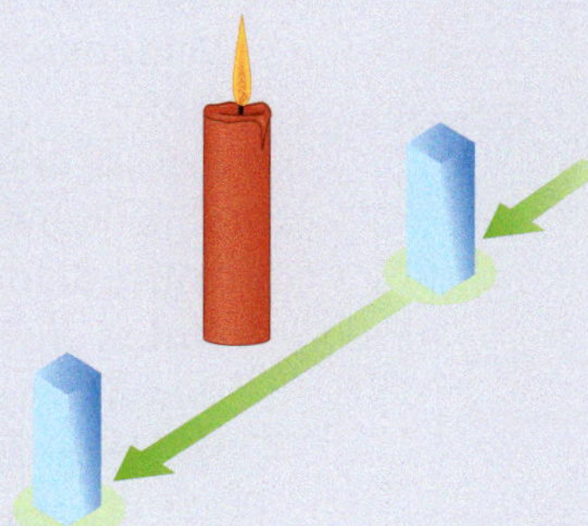

a) Schiebe den Gegenstand langsam in Richtung Kerze, dicht an dieser vorbei und immer weiter weg.

b) Beschreibe deine Beobachtungen.

c) Vergleiche deine Beobachtungen mit deinen Erfahrungen, wenn du dich im Dunkeln einer Straßenlampe näherst und dich wieder von ihr entfernst.

5. Finsternisse im Vergleich

Vergleiche Mond- und Sonnenfinsternis. Finde Gemeinsamkeiten und Unterschiede. ↗ S. 39

Sicherheit im Straßenverkehr

Vom Sehen

Und welche Meinung hast du?

Erforsche es

Lichtdurchlässigkeit von Stoffen

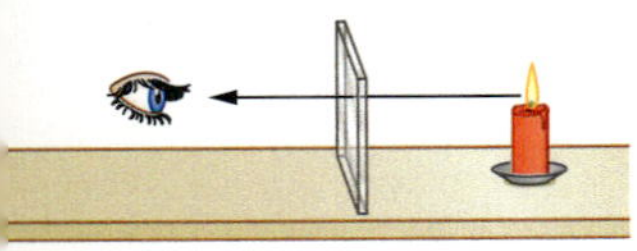

Untersuche die Lichtdurchlässigkeit von verschiedenen Stoffen, z. B. Luft, Glas, Papier, Plastikfolie, Wasser.

a) Baue die Anordnung wie in der Abbildung links auf.
b) Halte verschiedene Stoffe zwischen Lichtquelle und Auge.
Verändere auch die Schichtdicke der Stoffe.
c) Erfasse deine Beobachtungen in einer Tabelle.
d) Werte deine Beobachtungen aus. Ordne die Stoffe nach ihrer Lichtdurchlässigkeit von sehr gut bis nicht durchlässig.

Stoff	Sichtbarkeit der Lichtquelle
Luft	sehr gut
Papier (1 Blatt)	...
Glas (5 mm)	
...	

Schon lange haben sich Menschen darüber Gedanken gemacht, warum wir ohne Licht nichts sehen. In einem sehr dunklen Raum erkennen wir nur Grautöne. Und bei Licht sehen wir verschiedenfarbige Gegenstände.

Heute wissen wir, dass wir einen Gegenstand nur dann sehen, wenn Licht von ihm in unsere Augen gelangt. Sie nehmen die Lichtreize auf.

Die meisten Materialien werfen das Licht, das auf sie fällt, in verschiedene Richtungen zurück. Sie **streuen** das Licht. Glatt polierte Oberflächen werfen das Licht in eine bestimmte Richtung zurück, sie **reflektieren** es.
Einige Materialien werfen einen Teil des Lichts zurück, den Rest nehmen sie auf. Sie **absorbieren** das Licht.
Auch die **Lichtdurchlässigkeit** hängt vom Material ab, besonders aber von der Schichtdicke. Nur wenige Körper lassen Licht durch, z. B. Fensterglas.

- Licht kann von Körpern absorbiert, gestreut, reflektiert oder durchgelassen werden.

<table>
<tr><th colspan="2">Lichtausbreitung</th></tr>
<tr><th colspan="2">Licht wird absorbiert.</th></tr>
<tr><td>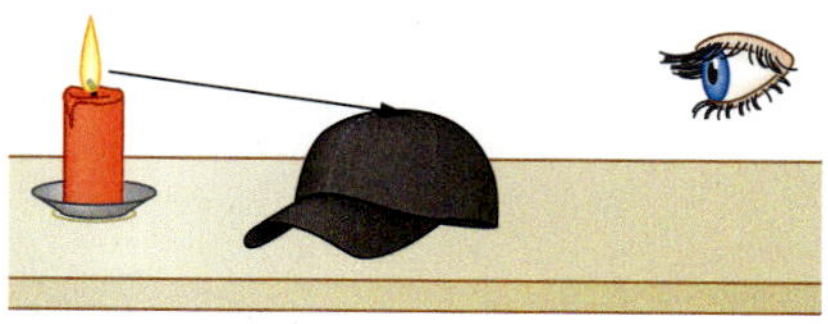</td><td>Dunkle und raue Körper absorbieren besonders viel Licht. Deshalb erwärmen sie sich im Sonnenlicht schneller als helle Körper. Das absorbierte Licht kann nicht mehr in deine Augen gelangen. Sehr dunkle Körper siehst du nur, weil sie sich von der helleren Umgebung abheben.</td></tr>
<tr><th colspan="2">Licht wird gestreut.</th></tr>
<tr><td>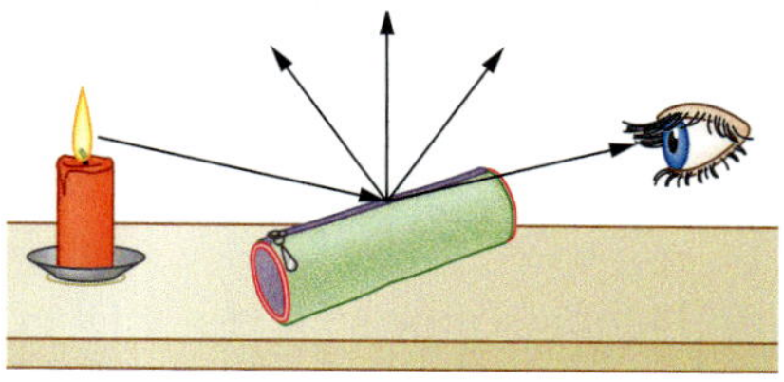</td><td>Die meisten Körper siehst du, weil sie das Licht in verschiedene Richtungen streuen. Die Körper haben meist raue Oberflächen, auch wenn sie glatt aussehen.
Deshalb siehst du die meisten Körper aus verschiedenen Richtungen. Beispiele sind das Etui, Wände oder die Blätter eines Baums.</td></tr>
<tr><th colspan="2">Licht wird reflektiert.</th></tr>
<tr><td>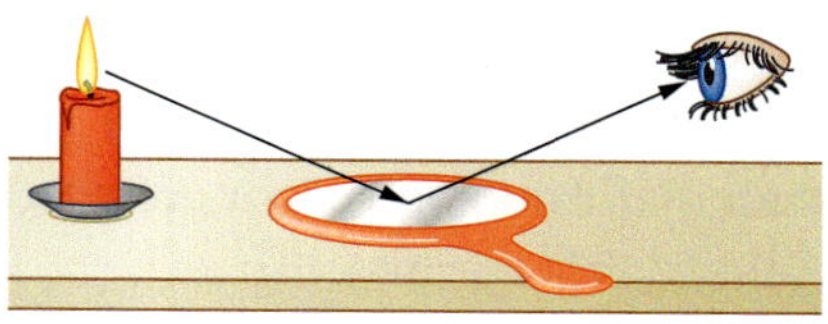</td><td>Wenn die Oberfläche eines Körpers genügend glatt ist, dann wirft er das Licht in eine bestimmte Richtung zurück. Eine Glasscheibe ist so glatt, dass durch Aufdampfen von Metall ein ebener Spiegel entsteht.
Wenn die spiegelnde Fläche nicht zu groß ist, kannst du die Lichtquelle nur aus einer bestimmten Richtung sehen.</td></tr>
<tr><th colspan="2">Licht wird durchgelassen.</th></tr>
<tr><td>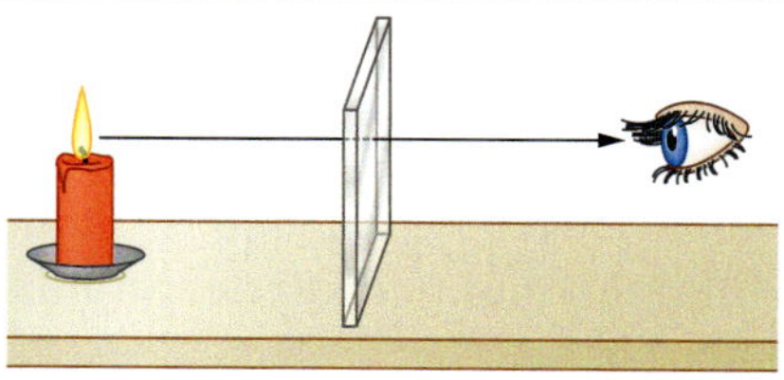</td><td>Wie viel Licht von einem Körper durchgelassen wird, hängt von seinem Material und seiner Schichtdicke ab:
So kannst du eine Lichtquelle durch ein Blatt Papier sehen, aber nicht durch ein ganzes Buch. Selbst Metalle kann man so dünn auswalzen, dass Licht durchgelassen wird. Sehr dicke Wasserschichten lassen dagegen kaum Licht durch.</td></tr>
</table>

Aufgaben

1 _ Welchen Weg müsste das Sonnenlicht nehmen, damit die Kinder das Kätzchen sehen könnten?

2 _ Unsere Augen sind unsere Lichtsinnesorgane. Welche Bedeutung hat das für die Sicherheit im Straßenverkehr?

3 _ Ordne Gegenstände (Körper, Flächen) aus deiner Umgebung folgenden Gruppen zu:
- Sie streuen das Licht.
- Sie reflektieren das Licht.
- Sie lassen das Licht durch.
- Sie absorbieren das Licht.

Diskutiert eure Ergebnisse.

Sicherheit im Straßenverkehr

Reflexion von Licht

Wie musst du einen Spiegel halten, um Sonnenlicht in eine bestimmte Richtung zu lenken?

Erforsche es

Untersucht in Partnerarbeit, welchen Weg das Licht nimmt, wenn es auf einen Taschenspiegel trifft.

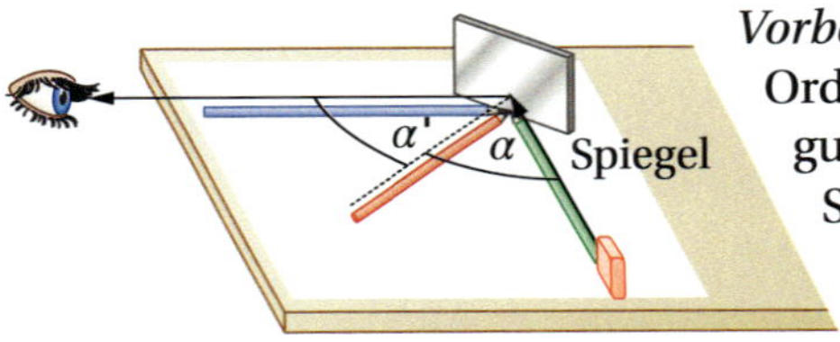

Vorbereitung:
Ordnet einen Radiergummi und einen Spiegel wie in der Abbildung auf einem Blatt Papier an.

Durchführung:
a) Einer von euch schließt ein Auge und bewegt den Kopf, bis er den Radiergummi im Taschenspiegel sehen kann. Während er stillhält, legt sein Partner einen Bleistift vom Radiergummi zum Spiegel und einen zweiten vom Spiegel zum Auge.
b) Messt beide Winkel. Wiederholt das Experiment für verschiedene Positionen des Radiergummis.
c) Fertigt eine Messwertetabelle mit den Winkeln α und α' an.

Auswertung:
Wie hängen die beiden Winkel α und α' zusammen?

Wenn Licht auf eine sehr glatte Oberfläche wie einen Taschenspiegel trifft, wird es reflektiert.
Der Einfallswinkel α und der Reflexionswinkel α', die der einfallende Strahl und der reflektierte Strahl mit dem Einfallslot bilden, sind dabei annähernd gleich. Für die Reflexion von Licht gilt das **Reflexionsgesetz.**

Wird Licht an einer Fläche reflektiert, so ist der Einfallswinkel α gleich dem Reflexionswinkel α'.

$$\alpha = \alpha'$$

Dabei liegen einfallender Strahl, Einfallslot und reflektierter Strahl in einer Ebene.

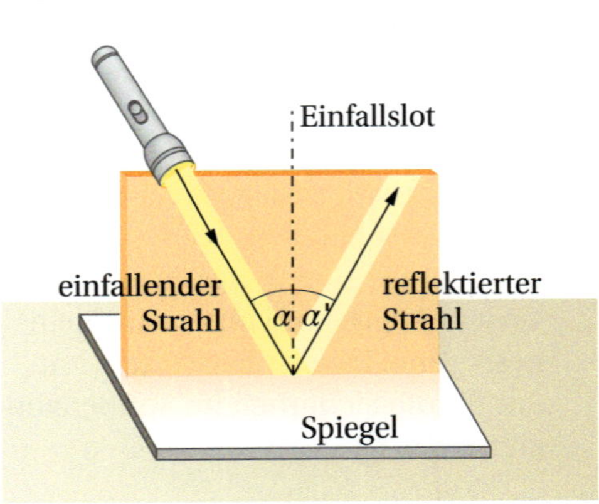

So kannst du vorgehen

Bewerten

Oftmals wirst du aufgefordert, einen Gegenstand oder Sachverhalt zu bewerten. Entweder sollst du den Wahrheitsgehalt einschätzen oder dir einen eigenen Standpunkt erarbeiten bzw. gegenteilige Argumente gegenüberstellen und abwägen. Immer ist deine persönliche Meinung gefordert. Begründe sie sachlich.

Eine Schultasche soll gekauft werden. Wovon würdest du eine Kaufentscheidung abhängig machen? Bewerte verschiedene Taschen.

► Schritt 1

Präzisiere die Anforderung.
Überlege dir, welcher Sachverhalt bewertet werden soll. Welches Fachwissen wird davon berührt?

► Schritt 2

Stelle Fachwissen bereit.
Unterscheide zwischen Fachwissen, das du bereits erworben hast (z. B. Reflexion), und Fakten, die du recherchieren musst (z. B. Gesundheitsvorschriften).

► Schritt 3

Sammle Material.
Sammle Fakten und Argumente, die für die Bewertung des Sachverhalts wichtig sind (z. B. positive und negative Aspekte; Argumente, die für oder gegen den Wahrheitsgehalt sprechen bzw. Pro und Kontra verdeutlichen).

In Deutschland wird z. B. in der DIN 58124 gefordert, dass 20 % der Oberfläche der Schultasche in einer Signalfarbe (orange-rot oder gelb) zu gestalten sind. 10 % der Oberfläche müssen aus reflektierendem Material bestehen.

Schultaschen, die diese Kriterien nicht erfüllen, werden als mangelhaft eingestuft.

► Schritt 4

Finde Bewertungskriterien.
Geeignete Kriterien sind z. B.:
- *gute Sichtbarkeit, Schonung des Rückens (geringe Masse, guter Sitz),*
- *verwendetes Material (enthaltene Chemikalien, Stabilität),*
- *Design, praktische Aufteilung der Taschen, Marke,*
- *Kosten.*

► Schritt 5

Leite eine Bewertung ab.
Wende deine Kriterien an und gib eine Bewertung ab.

Vergleicht eure Kriterien und bewertet verschiedene Schultaschen.

Erforsche es

Sehen und gesehen werden

Sehen und gesehen werden ist das A und O im Straßenverkehr. Das gilt für alle Teilnehmer am Straßenverkehr.

1. Untersucht, welche Kleidung bei Dunkelheit am besten sichtbar ist.
   a) Vergleicht in der Gruppe eure Kleidung.
   b) Stellt Vermutungen auf, welche Kleidungsstücke im Dunkeln am besten wahrgenommen werden können.
   c) Überprüft eure Vermutungen in einem abgedunkelten Raum mithilfe einer Taschenlampe.

Kleidung, Fahrräder und Schultaschen sorgen für mehr Sicherheit, wenn sie mit **Reflektoren** ausgestattet sind. Die Reflektoren an den Gegenständen sind im Dunkeln für Autofahrer bereits von Weitem zu sehen.

Reflektoren werfen den größten Teil des Lichts genau in die Richtung zurück, aus der es gekommen ist. In der Abbildung links unten kommt das Licht vom Blitzlicht eines Fotoapparats.

2. Erklärt, warum ihr die Reflektoren in der Abbildung unten links im Scheinwerferlicht von Autos gut sehen könnt, aber die Personen und das Fahrrad kaum.
   Leitet daraus Schlussfolgerungen für die Bekleidung von Verkehrsteilnehmern ab.

Bereits mit zwei Spiegeln, die wie in der Abbildung a senkrecht aufeinanderstehen, könnt ihr zeigen: Sie reflektieren das Licht in die Richtung, aus der es gekommen ist.

Reflektoren bestehen aus vielen kleinen Spiegelflächen. Im einfachsten Fall stehen drei ebene Spiegel wie in der Abbildung b genau senkrecht aufeinander.

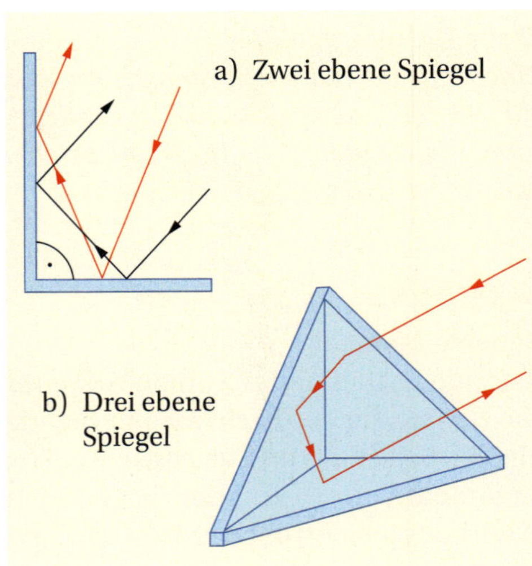

3. Erklärt anhand der Abbildung rechts auf der Seite 134, warum Reflektoren das Licht, das auf sie fällt, genau in die Richtung zurückwerfen, aus der das Licht gekommen ist. +

4. Auch Auto- und Motorradfahrer müssen dafür sorgen, dass sie gut gesehen werden.
   a) Ermittelt etwa 30 Minuten lang, wie viele Verkehrsteilnehmer bei Dunkelheit
      - ohne Licht,
      - mit defekten Lampen,
      - vorschriftsmäßig beleuchtet

      an euch vorbeifahren. Unterscheidet zwischen Pkw, Lkw, Motorradfahrern und Radfahrern.
      Vorsicht: Haltet genügend Abstand zur Fahrbahn!
   b) Bereitet eine Tabelle vor.
   c) Wertet die Untersuchungsergebnisse aus und stellt sie grafisch dar. Zieht Schlüsse.

5. Gestaltet ein Lernplakat mit dem Thema „Sehen und gesehen werden". Hängt es im Herbst gut sichtbar in eurer Schule auf. Bezieht in das Plakat auch gesetzliche Bestimmungen der Straßenverkehrsordnung mit ein.

Mobilität und Verkehr nehmen immer mehr zu. Die Länge der zurückgelegten Strecken hat sich deutlich erhöht. Pro Jahr legt jeder im Durchschnitt über 11 000 km zurück. Der Bestand an Fahrzeugen ist enorm gewachsen.

6. Die Gefahr, in einen Unfall verwickelt zu werden, ist groß.
   a) Recherchiert Ursachen für Unfälle mit Kindern im Straßenverkehr. Stellt eine Rangliste auf.
   b) Entwickelt Ideen, wie ihr einen „Kindersicherheitstag" gestalten könntet. Wählt kompetente Gesprächspartner aus und ladet sie ein.

Orientiert euch bei der Gestaltung des Plakats an „So kannst du vorgehen" auf der Seite 165.

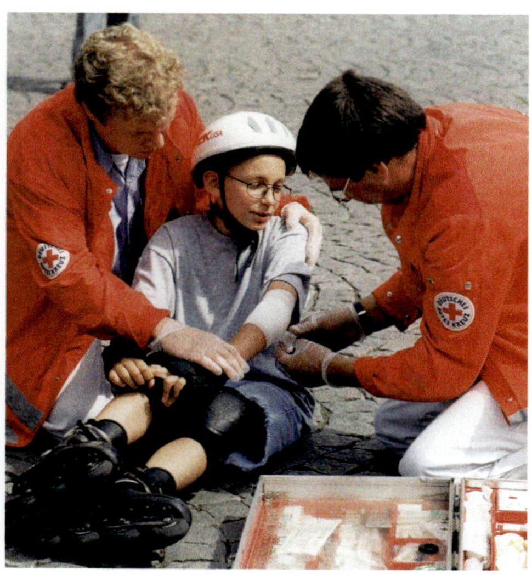

Sicherheit im Straßenverkehr

Bilder durch Öffnungen

Mit einem Fotohandy kannst du ein witziges Motiv schnell deinen Freunden zeigen. Die einfachste Kamera – eine Lochkamera – kannst du selbst bauen.

Dass Licht sich geradlinig ausbreitet, wird bei einer Lochkamera genutzt.

Eine **Lochkamera** ist ein dunkler Raum, z. B. eine Dose. In diese fällt durch ein kleines Loch Licht ein.
Auf der anderen Seite befindet sich ein Schirm, z. B. ein lichtdurchlässiger Plastikdeckel. Auf diesem wird das Bild eines Gegenstands, z. B. einer Kerzenflamme, wie in der Abbildung rechts aufgefangen.

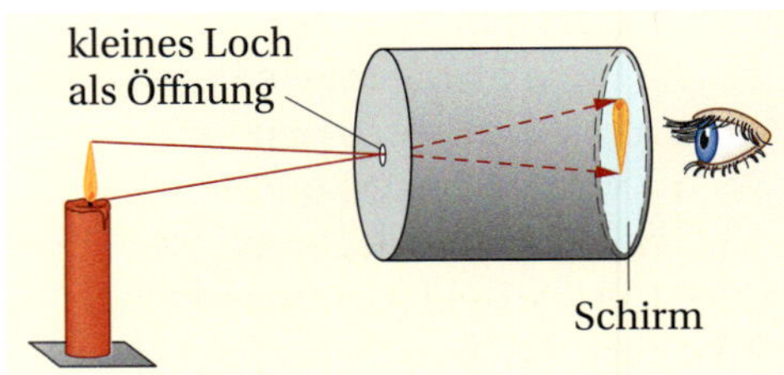

■ Beschreibe das Bild der Kerzenflamme auf dem Schirm.

Erforsche es

Untersuchungen mit einer Lochkamera

1. Baue eine Lochkamera und nutze sie bei Untersuchungen.
   Vorbereitung:
   Du benötigst eine Dose mit lichtdurchlässigem Plastikdeckel, Nagel und Kerze.
   Durchführung:
   a) Schlage mit einem Nagel in die Mitte des Bodens der Dose ein möglichst kleines Loch. Verschließe die Dose mit dem Plastikdeckel.
   b) Richte die Dose mit dem kleinen Loch auf eine Kerzenflamme. Blicke auf den Schirm.
   c) Verändere den Abstand Kerze-Lochkamera.
   d) Richte die Dose auf bewegte Gegenstände, z. B. Fußgänger.
   Auswertung:
   Beschreibe deine Beobachtungen.

2. Vergrößere nun die Öffnung im Boden der Lochkamera. Beobachte erneut die Kerzenflamme.
   a) Wie verändert sich die Helligkeit des Bilds mit der Vergrößerung des Lochs?
   b) Wie verändert sich die Schärfe des Bilds?

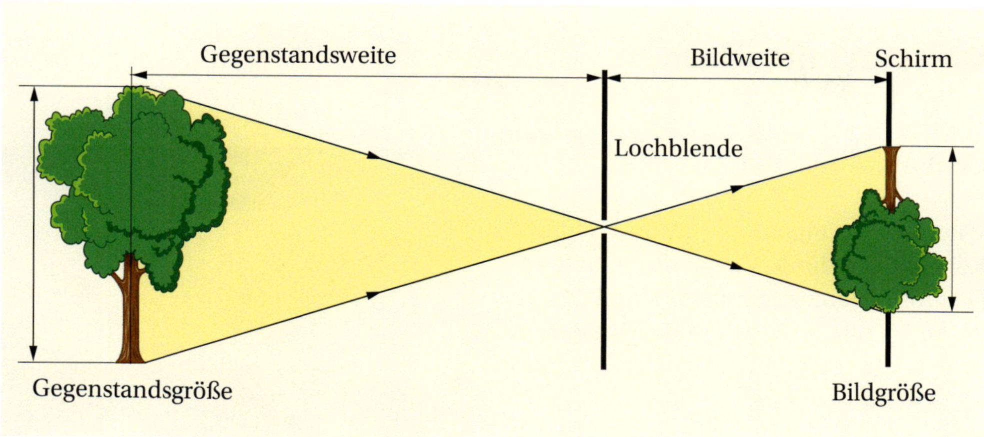

Mit einer Lochkamera entsteht ein lichtschwaches, umgekehrtes und seitenvertauschtes Bild.

▮ Beschreibe, wie das Bild eines Gegenstands mit Randstrahlen konstruiert werden kann.

Wie groß das Bild ist, hängt ab
- von der Größe des abgebildeten Gegenstands **(Gegenstandsgröße)**,
- vom Abstand Gegenstand-Lochblende **(Gegenstandsweite)** und vom Abstand Schirm-Lochblende **(Bildweite)**.

Wie kommt das Bild zustande?
Das Licht breitet sich von jedem Punkt der Kerze geradlinig in alle Richtungen aus. Aber nur ein kleiner Teil gelangt durch das Loch und erzeugt einen kleinen Lichtfleck auf dem Schirm.

Alle Lichtflecke zusammen erzeugen das Bild der Kerzenflamme. Je nach der Größe des Lochs ist das Bild heller oder dunkler, unschärfer oder schärfer.

Das Licht von unteren Punkten eines Gegenstands wird auf dem Schirm oben abgebildet, das Licht von oberen Punkten auf dem Schirm unten. So entsteht ein **umgekehrtes** Bild.
Das Bild ist außerdem **seitenvertauscht,** denn Licht von linken Punkten wird auf dem Schirm rechts abgebildet und umgekehrt.

Aufgaben

1 Begründe, warum mit einem größeren Loch ein helleres Bild entsteht.

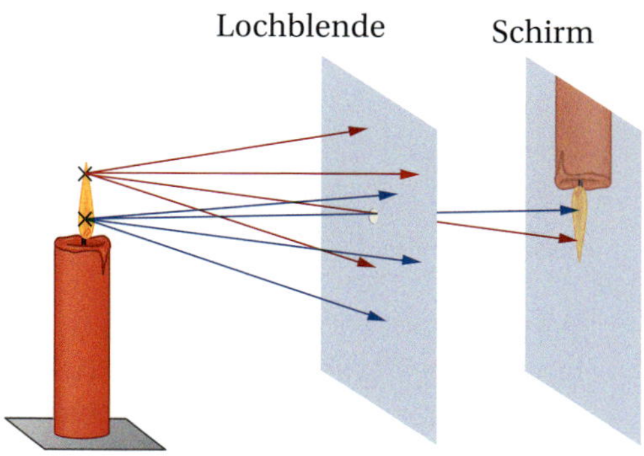

2 Sage anhand von Zeichnungen voraus, wie sich die Größe des Bilds in der Abbildung links ändern wird, wenn du dich mit der Lochkamera von der Kerze entfernst.

3 Pascal ist enttäuscht. Er kann auf dem Schirm seiner Lochkamera kein Bild sehen. Woran könnte das liegen?
Unterbreitet Vorschläge und prüft sie im Experiment.

Wusstest du schon …

Licht auf Abwegen

Was passiert eigentlich, wenn Licht auf Körper trifft, die das Licht durchlassen? Da gibt es ganz erstaunliche Effekte, wie du am Foto von der schwimmenden Ente erkennen kannst. Du wirst „hinters Licht geführt“.

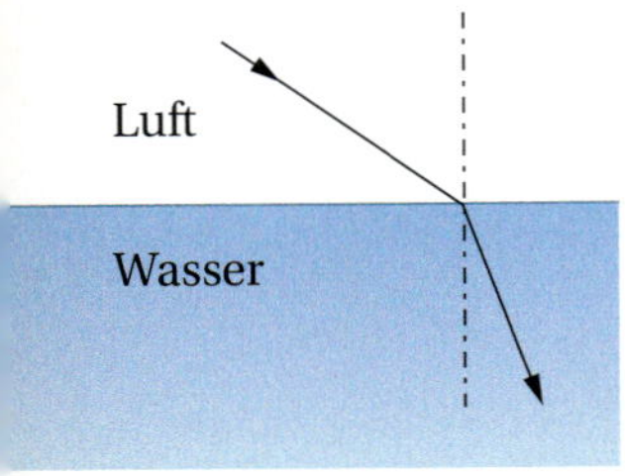

Das Licht wird beim Übergang von einem lichtdurchlässigen Stoff in den anderen abgelenkt. Physiker sagen, Licht wird gebrochen. Wie stark das Licht an solchen Grenzflächen zwischen zwei Stoffen gebrochen wird, hängt von den Stoffen und vom Einfallswinkel der Lichtstrahlen ab.

Auch an Linsen wird das Licht gebrochen. Linsen bestehen meist aus Glas oder Kunststoff. Ihre Form ist verantwortlich dafür, wie das Licht gebrochen wird. Der Name der Linsen beschreibt ihre Eigenschaften.

So „sammeln“ Sammellinsen paralleles Licht in einem Punkt, im Brennpunkt (lat. focus). Die Bezeichnung ist gut gewählt. Bei intensivem Licht kann sich im Brennpunkt ein Gegenstand entzünden.

Linsen werden z. B. in Lupen und in Brillen genutzt. Ein wesentliches „Bauteil“ unseres Auges ist ebenfalls eine Linse.

Auch Wassertropfen, mit Wasser gefüllte Gläser und Scherben von Glasflaschen können wie Linsen wirken.

Das findest du heraus, wenn du folgende Experimente durchführst:

1. Stelle eine Wasserlinse her. Probiere aus, wie du mit dieser kleinen Schrift besonders gut lesen kannst. Nutze den kreisrunden Ausschnitt der Lasche eines Schnellhefterstegs. Tauche die Lasche ins Wasser und ziehe sie vorsichtig heraus, damit ein kleiner Wassertropfen hängen bleibt.
   Beschreibe deine Beobachtungen.

2. Suche dir einen Partner. Er soll ein möglichst kugelförmiges Gefäß zwischen eine Kerze und einen Schirm halten.

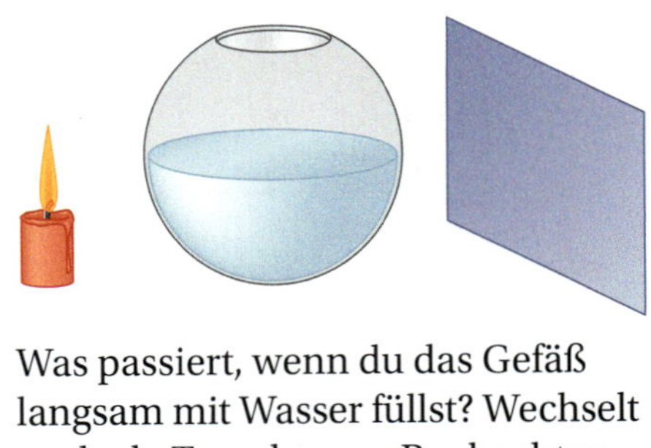

Was passiert, wenn du das Gefäß langsam mit Wasser füllst? Wechselt euch ab. Tauscht eure Beobachtungen aus.

So kannst du vorgehen

Recherchieren im Internet

Immer wieder benötigst du Informationen, die im Lehrbuch nicht enthalten sind. Um an die gewünschten Informationen zu kommen, nutze verschiedene Suchmaschinen für das Internet oder die Homepage eines Internetlexikons.

► Schritt 1

Wähle die Suchmaschine aus.
Gib über den Webbrowser die entsprechende Internetadresse ein.

► Schritt 2

Gestalte die Suchabfrage.
Informiere dich, wie die Suchabfrage gestaltet werden sollte.

► Schritt 3

Finde Suchbegriffe.
Überlege dir treffende Suchbegriffe. Bei einer Kombination von zwei Suchbegriffen durch ein Leerzeichen erhältst du nur Webseiten, die beide Begriffe enthalten. Wortfolgen setze in Anführungszeichen. Das schränkt die Suche ein.

Suchbegriffe: Bilder an Sammellinsen, Linsen, Sammellinsen

► Schritt 4

Frage Informationen ab.
Frage die Information durch die Eingabe der Suchbegriffe in dem dafür vorgesehenen Suchfenster ab. Du erhältst mehrere Links als Resultate.

Tipp: Beachte, dass jede Person Informationen ins Internet stellen kann. Gehe daher kritisch mit den Informationen um. Sicherer sind Seiten von Universitäten oder Fachleuten.

► Schritt 5

Gib die Quellen an.
Gib bei den Informationen, die du ausgewählt und verwendet hast, die Quellen an.

www.wikipedia.org

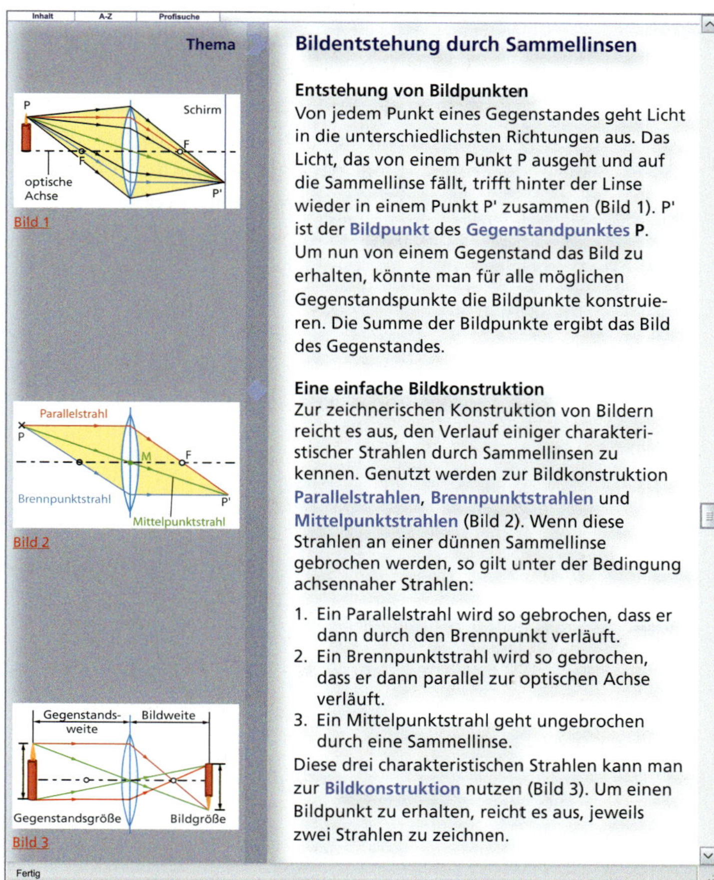

Bildentstehung durch Sammellinsen

Entstehung von Bildpunkten
Von jedem Punkt eines Gegenstandes geht Licht in die unterschiedlichsten Richtungen aus. Das Licht, das von einem Punkt P ausgeht und auf die Sammellinse fällt, trifft hinter der Linse wieder in einem Punkt P' zusammen (Bild 1). P' ist der Bildpunkt des Gegenstandpunktes **P**. Um nun von einem Gegenstand das Bild zu erhalten, könnte man für alle möglichen Gegenstandspunkte die Bildpunkte konstruieren. Die Summe der Bildpunkte ergibt das Bild des Gegenstandes.

Eine einfache Bildkonstruktion
Zur zeichnerischen Konstruktion von Bildern reicht es aus, den Verlauf einiger charakteristischer Strahlen durch Sammellinsen zu kennen. Genutzt werden zur Bildkonstruktion Parallelstrahlen, Brennpunktstrahlen und Mittelpunktstrahlen (Bild 2). Wenn diese Strahlen an einer dünnen Sammellinse gebrochen werden, so gilt unter der Bedingung achsennaher Strahlen:

1. Ein Parallelstrahl wird so gebrochen, dass er dann durch den Brennpunkt verläuft.
2. Ein Brennpunktstrahl wird so gebrochen, dass er dann parallel zur optischen Achse verläuft.
3. Ein Mittelpunktstrahl geht ungebrochen durch eine Sammellinse.

Diese drei charakteristischen Strahlen kann man zur Bildkonstruktion nutzen (Bild 3). Um einen Bildpunkt zu erhalten, reicht es aus, jeweils zwei Strahlen zu zeichnen.

Sicherheit im Straßenverkehr

Bilder auf der Netzhaut des Auges

Finde heraus, was ein Nahpunkt ist.
Bestimme für jedes deiner Augen diesen Nahpunkt.

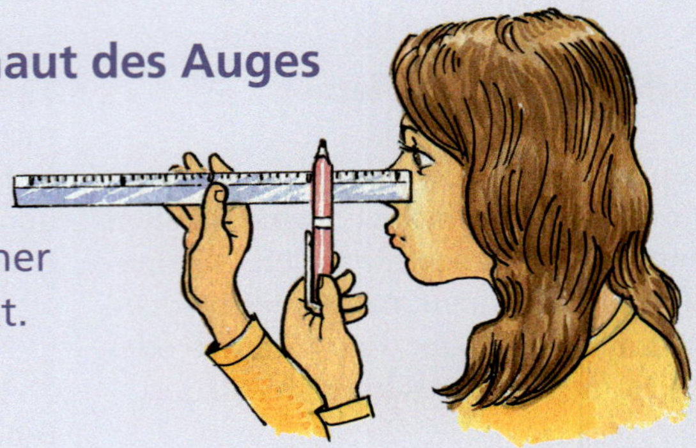

Augen sind unsere Lichtsinnesorgane. Sie enthalten jedoch nicht nur die notwendigen Sinneszellen, sondern auch „optische Bauteile“.
Hornhaut, Augenflüssigkeit, Augenlinse und Glaskörper bilden ein Linsensystem, das wie eine Sammellinse wirkt. Das einfallende Licht wird so gebrochen, dass auf der Netzhaut ein Bild entsteht. Es ist verkleinert, wirklich, umgekehrt und seitenvertauscht.

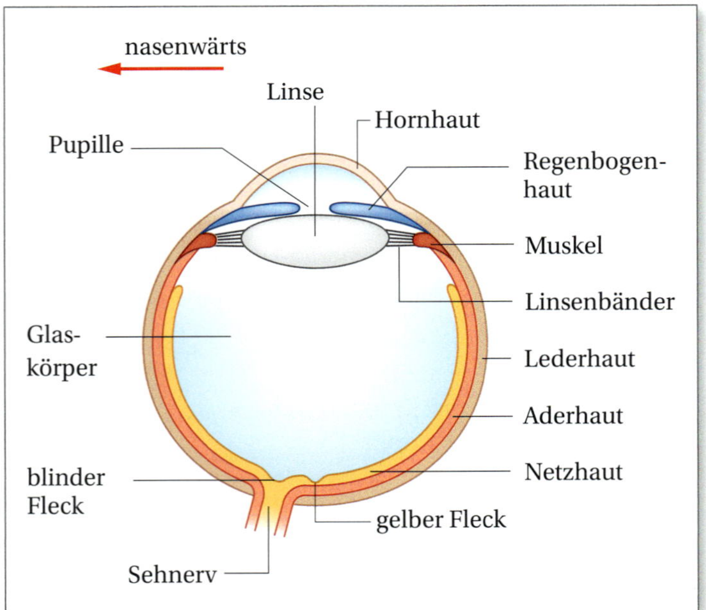

Die Netzhaut enthält viele Sinneszellen. Der Sehnerv leitet die gebildeten Impulse zum Gehirn weiter. Dort werden sie verarbeitet und mit Erfahrungen verglichen. Wir nehmen das Bild richtig herum wahr.

Unsere Augen können sich gut anpassen. Die Gegenstände, die wir scharf sehen wollen, sind unterschiedlich hell und unterschiedlich weit von uns entfernt.

Hell und dunkel: Unsere Pupille wirkt wie eine Blende: Bei grellem Licht verkleinert sie sich, im Dunkeln vergrößert sie sich.

- Untersuche mit einem Partner, wie eure Pupillen auf Licht reagieren.

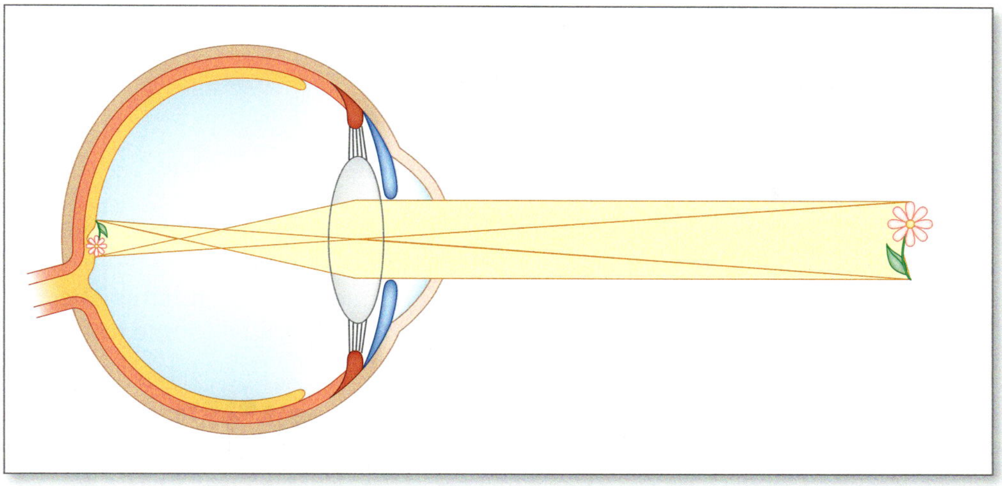

Nah und fern: Damit scharfe Bilder auf der Netzhaut entstehen, ändert die Augenlinse stufenlos ihre Krümmung. Das geschieht unwillkürlich und sehr schnell.

Deutliche Sehweite: Das ist die kürzeste Entfernung, in der du einen Gegenstand ohne Überanstrengung längere Zeit betrachten kannst. Sie beträgt ca. 25 cm.

Nahpunkt: Verringerst du die Entfernung eines Gegenstands zum Auge immer mehr, so kommt schließlich ein Punkt, an dem du gerade noch ein scharfes Bild sehen kannst.

Farbensehen: Unsere Netzhaut enthält lichtempfindliche Zellen: Die etwa 120 Millionen **Stäbchen** nehmen nur Hell-Dunkel-Reize auf.
Die etwa sechs Millionen **Zapfen** sind farbempfindlich, aber nur wenn es ausreichend hell ist. Sonst sehen wir nur Hell-Dunkel-Töne.

Räumliches Sehen: Von räumlichen Gegenständen entsteht in beiden Augen ein etwas unterschiedliches Bild. Letztlich sehen wir aber nicht zwei Bilder, sondern nur eins.
In unserem Gehirn entsteht so ein räumlicher Eindruck.

Aufgaben

1 _ Bei einem normalsichtigen jungen Menschen beträgt der Nahpunkt etwa 10 cm. Vergleiche diese Angabe mit dem Wert, den du selbst bestimmt hast.

2 _ Gieße mit gestrecktem Arm Wasser aus einer Flasche in ein Glas. Probiere es, wenn du ein Auge geschlossen hältst. Erkläre.

3 _ Schließe das rechte Auge. Halte das Buch in Armeslänge vor das linke Auge und schaue genau auf das Kreuz. Verändere die Entfernung zwischen Auge und Kreuz. Beschreibe deine Beobachtungen.

Im blinden Fleck werden keine Reize an das Gehirn weitergeleitet.

Erforsche es

Das Auge – optische Spielereien und Täuschungen

Mehr als 50 % aller Informationen über unsere Umwelt nehmen wir mit unseren Augen wahr.

1. Untersuche die Anpassung des Auges an unterschiedliche Entfernungen der Gegenstände.
   Durchführung:
   Halte deinen Daumen etwa 20 cm vor dein Gesicht. Betrachte nun den Daumen. Beschreibe, wie du (gleichzeitig) den weiten Hintergrund wahrnimmst.
   Betrachte dann den Hintergrund genau. Wie nimmst du (gleichzeitig) deinen Daumen wahr?
   Beobachtung und Auswertung:
   Notiere und erkläre deine Beobachtungen mithilfe der Abbildungen.
2. Ungefähr 5 % der Bundesbürger sind rotgrünblind.
   Informiere dich im Internet über Farbenfehlsichtigkeit und teste dich selbst.

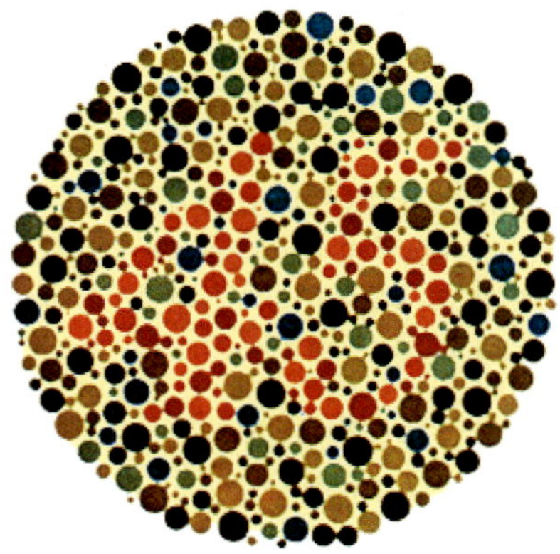

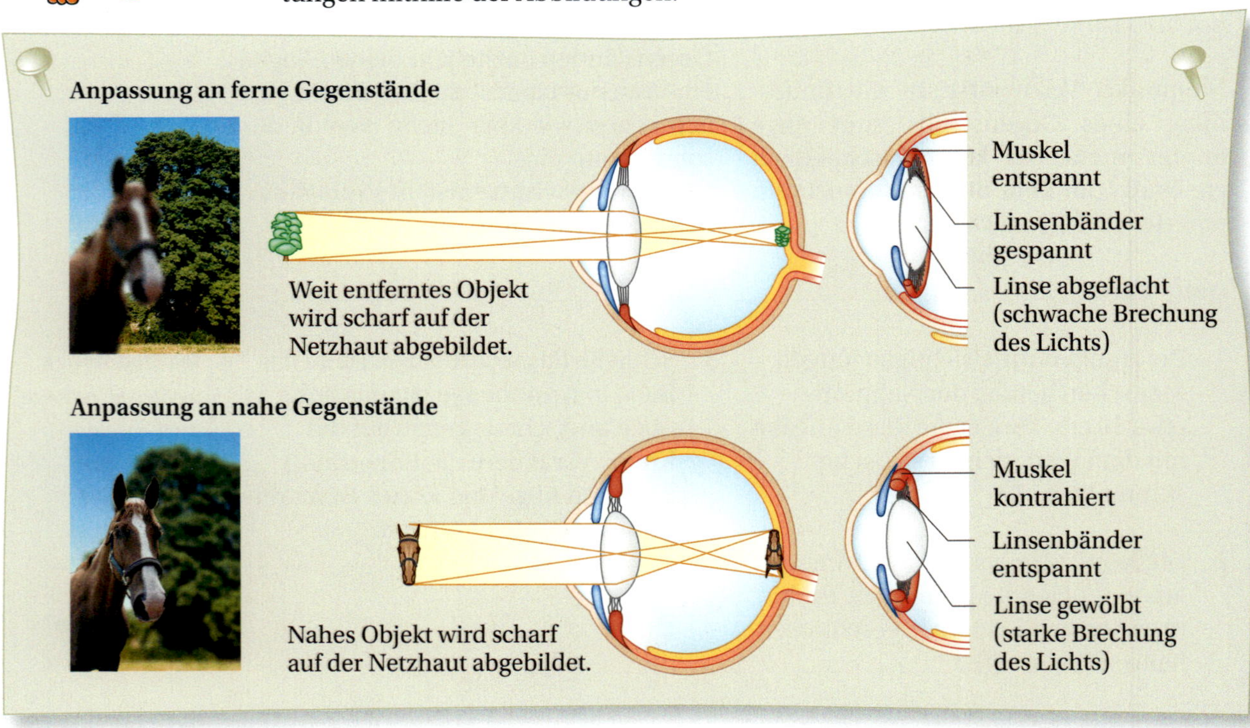

Optische Täuschungen: Wenn jemand behauptet, er habe etwas genau gesehen, sollten wir vorsichtig sein. Manchmal glauben wir etwas zu sehen, was in Wirklichkeit anders ist, als wir es wahrnehmen.

Eine Art optischer Täuschungen sind Richtungstäuschungen (↗ Übersicht). Diese führen dazu, dass wir meinen,
- parallele oder gerade Linien seien nicht parallel oder gerade,
- regelmäßig geformte Figuren (Kreis, Quadrat) seien nicht regelmäßig.

Die Ursache für solche Täuschungen sind meist weitere Linien. Sie bewirken in ihrer Gesamtheit einen falschen Eindruck.

3. Prüfe am Beispiel der Abbildungen in der Übersicht unten nach, dass der optische Eindruck falsch ist.

4. Suche weitere Beispiele für Richtungstäuschungen und stelle sie deinen Mitschülern vor. Diskutiert über die Ursachen der Täuschungen.

Nicht selten täuschen wir uns auch über die Größe von Personen und Gegenständen oder über die Länge von Strecken.

5. Vergleiche die Größe der Personen in der Abbildung rechts. Miss nach. Was ist die Ursache für unsere Wahrnehmung?
Zeichne nach dem Muster in der Abbildung ein Bild, auf dem Personen oder Gegenstände gleich groß sind, aber unterschiedlich groß zu sein scheinen.

6. Vergleiche die Länge der Strecken $\overline{AB}$ und $\overline{BC}$. Ziehe Schlussfolgerungen.

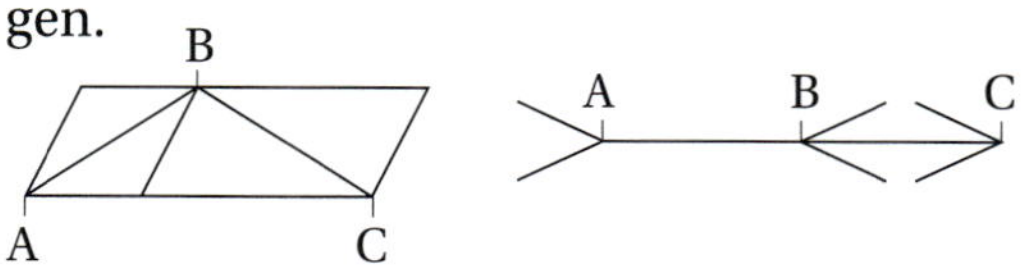

7. Wenn du die Sonne und den Mond am Himmel beobachtest, dann stellst du fest: Sonne und Mond scheinen etwa gleich groß zu sein. In Wirklichkeit ist aber der Durchmesser der Sonne 370-mal größer als der Monddurchmesser. Wie ist diese Wahrnehmung zu erklären?

Beispiele für Richtungstäuschungen

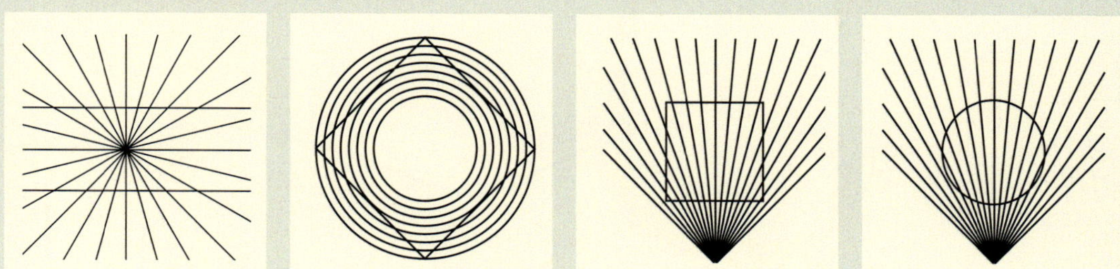

Das hast du gelernt

Sicherheit im Straßenverkehr

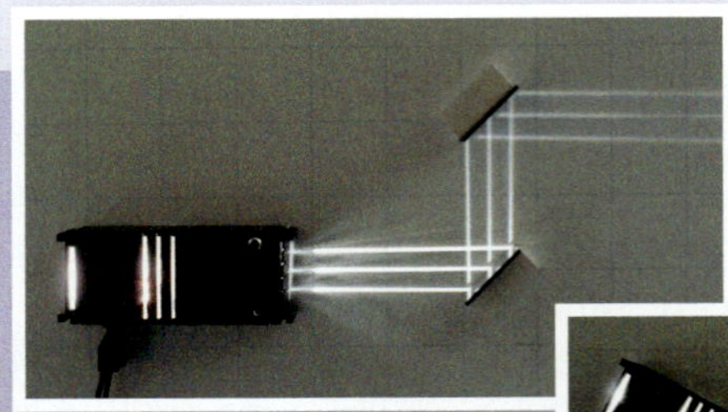

An rauen Oberflächen wird das Licht gestreut.

Einige Körper sind selbst Lichtquellen.

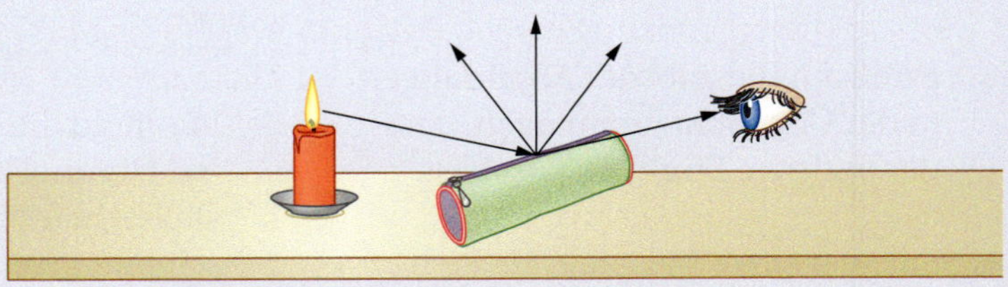

Unsere Augen sind unsere Lichtsinnesorgane. Sie fangen das Licht auf, das von Körpern ausgeht (Lichtreize). Diese regen Sinneszellen in der Netzhaut an. Die Impulse werden zum Gehirn weitergeleitet und dort verarbeitet.

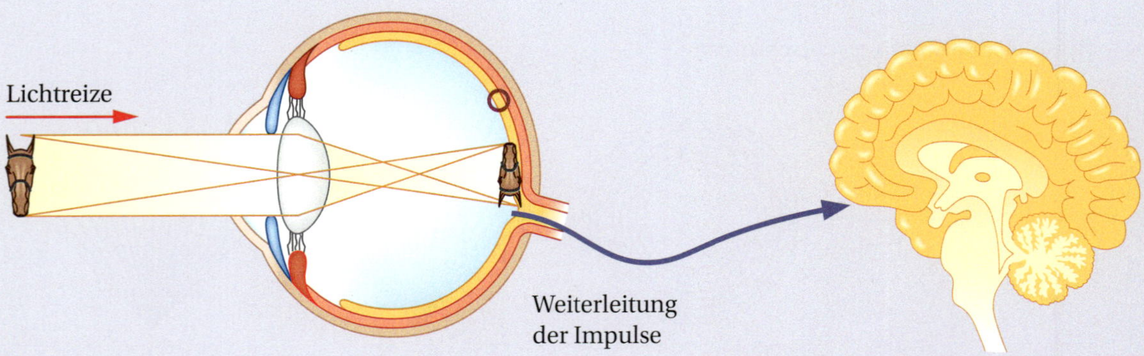

Löse mit Köpfchen

1. Fakten verschaffen Sicherheit

a) Welches ist der Einfallswinkel, welches der Reflexionswinkel?

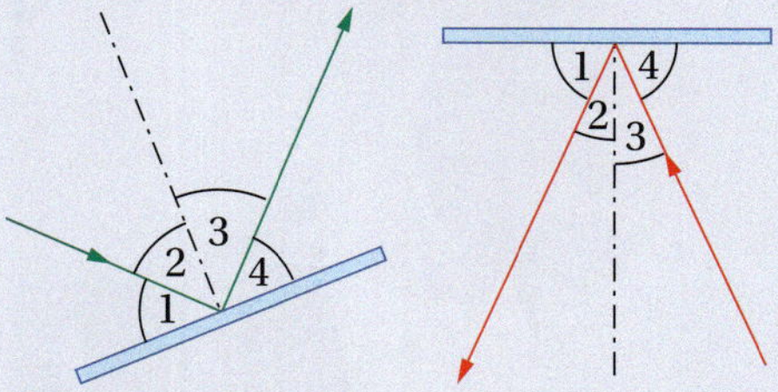

b) Welche Gerade ist das Einfallslot?

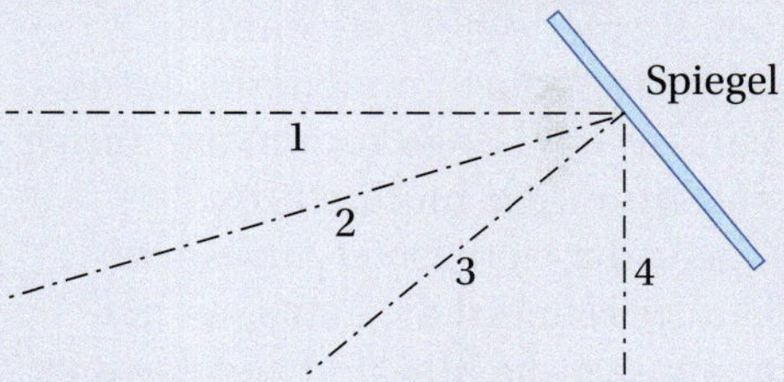

c) Licht fällt unter einem Winkel von 40° auf einen ebenen Spiegel. Zeichne einfallenden Strahl, Einfallslot und reflektierten Strahl.

2. Katzenaugen

Warum werden die Rückstrahler am Fahrrad wohl auch Katzenaugen genannt? ↗ S. 78,

3. Rückwärts sehen

Wie musst du den Rückspiegel an deinem Fahrrad einstellen, damit du das Geschehen hinter dir sehen kannst?

4. Die einfachste Kamera

Wiederhole mithilfe der Abbildung, wie Bilder mit einer Lochkamera entstehen. Warum sind diese Bilder nicht so hell wie die Bilder, die mit einer Linse erzeugt werden? ↗ S. 78

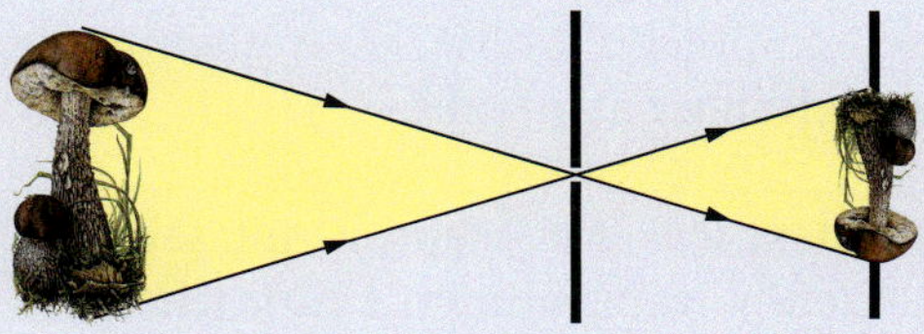

5. Der besondere Blick

Unsere Augen sind ganz besondere „Fotoapparate“.

a) Beschreibe die Bildentstehung im Auge.

b) Gib an, wie sich das Auge an unterschiedliche Helligkeit anpasst.

c) Gib an, wie sich das Auge an unterschiedliche Entfernungen anpasst.

6. Besuch beim Optiker

Informiert euch über Sehfehler und ihre Korrektur.
Schaut euch die unterschiedlichen Linsen in den Brillen an.

Der Ton macht die Musik

Schall und Schallquellen

Wie entstehen Töne bei einem Instrument? Finde es heraus.

Mit unseren Ohren nehmen wir Geräusche, Sprache, Musik, aber auch unangenehmen Lärm wahr.

> Alles, was der Mensch mit seinem Gehör wahrnehmen kann, wird als Schall bezeichnet.

Schall lässt sich auf unterschiedliche Art und Weise erzeugen:
- Bei Zupf- und Streichinstrumenten wie Gitarre, Geige oder Klavier werden Saiten in Schwingungen versetzt.
- Bei Blasinstrumenten wie Trompete, Saxofon oder Flöte schwingen Luftsäulen.
- Bei der menschlichen Stimme schwingen die Stimmbänder, wenn Luft aus der Lunge kommt und durch die Stimmritze hindurchtritt.
- Quelle der Geräusche aus einem Lautsprecher ist die Lautsprechermembran, die hin- und herschwingt.

Alle Vorgänge haben etwas Gemeinsames: Körper, z. B. Gitarrensaiten, bewegen sich hin und her; sie schwingen. Durch ihre schnellen Schwingungen werden die Körper zu **Schallquellen.**

- Recheriere weitere Beispiele für Schallquellen.

Geräusche und Laute von Tieren

Fledermäuse erzeugen mit ihren Stimmbändern Schall, den wir nicht hören können.

Heuschrecken zirpen, indem sie mit den Hinterbeinen über zahlreiche kleine Erhöhungen an den Vorderflügeln streichen.

Ausströmende Luft bringt spezielle Membranen in der Luftröhre zum Schwingen – der Vogel singt.

Das Sirren der Mücken kommt durch schnelles Hin- und Herschwingen der Flügel zustande.

Erforsche es

Musikinstrumente – selbst gebaut

Musik könnt ihr nicht nur mit teuren **Musikinstrumenten,** sondern auch mit einfachen Anordnungen machen.

Baut verschiedene Musikinstrumente. Versucht, mit jedem hohe und tiefe Töne, aber auch laute und leise Töne zu erzeugen.
Wer schafft es, eine einfache Melodie zu spielen?

1. Baut aus Flaschen ein Instrument. Füllt die Flaschen unterschiedlich hoch mit Wasser. Blast kräftig über die Öffnung. So entstehen je nach Füllung der Flaschen unterschiedlich hohe Töne.
   Wodurch werden die Töne erzeugt?

2. Auch mit gleichartigen Gläsern, die unterschiedlich hoch mit Wasser gefüllt sind, könnt ihr Töne erzeugen. Baut ein Instrument aus Gläsern und probiert die Anordnung aus. Beschreibt, wodurch die Töne erzeugt werden. Vergleicht eure Instrumente.

3. Baut mithilfe von Klangstäben ein Instrument und probiert es aus. Die Tonhöhe ist bei einem bestimmten Material von der Länge des Stabs abhängig. Durch geschickte Wahl der Länge erhaltet ihr alle Töne einer Tonleiter. Die Stäbe werden durch Anschlagen zum Klingen gebracht.

Ein Monochord ist ein Instrument, das nur eine Saite hat. Das Wort Monochord kommt aus dem Griechischen. „Monos" bedeutet einzeln und „chorde" bedeutet Saite.

4. Baut ein Monochord aus einer großen, stabilen Blechdose, die einen Durchmesser von 10 bis15 cm hat. Bohrt kurz unterhalb des Bodens zwei Löcher in die Dose, die sich gegenüberliegen. Sie müssen so groß sein, dass ein etwa 50 cm langer Holzstab gerade so hindurchpasst. Befestigt die Saite so wie in der Abbildung. Untersucht, wie ihr Tonhöhe und Lautstärke ändern könnt.

Geeignet sind Besenstiel, Holzschrauben, Steg aus Holz, dünner Stahldraht oder Angelsehne.

Der Ton macht die Musik

Laut und leise, hoch und tief

Schwingungen können sichtbar gemacht werden. Wovon hängt es ab, welches Bild du auf dem Oszilloskop siehst?

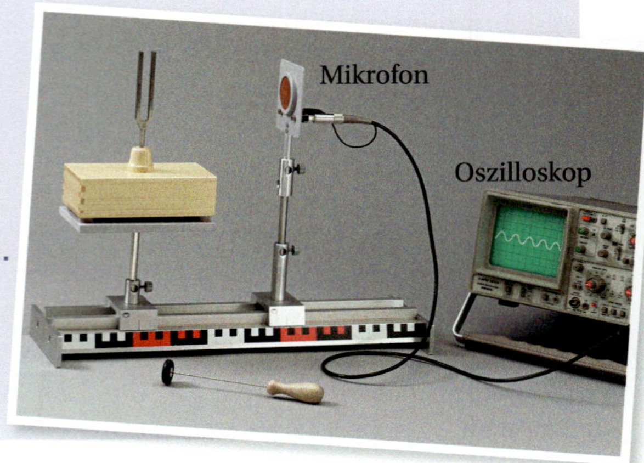

Wenn du die Saite bei einem Monochord stärker anzupfst, hörst du einen lauteren Ton als beim schwachen Anzupfen. Die Saite schwingt stärker. Das kannst du sogar sehen.

Die Schwingungen einer angeschlagenen Stimmgabel kannst du nicht sehen, sie bewegt sich zu schnell hin und her. Aber mit einem Mikrofon und einem Oszilloskop können die Schwingungen sichtbar gemacht werden.

Jeder schwingende Körper bewegt sich wie ein Pendel zwischen zwei Umkehrpunkten hin und her. Die Umkehrpunkte haben den größten Abstand von der Ruhelage. Dieser Abstand heißt **Amplitude.**

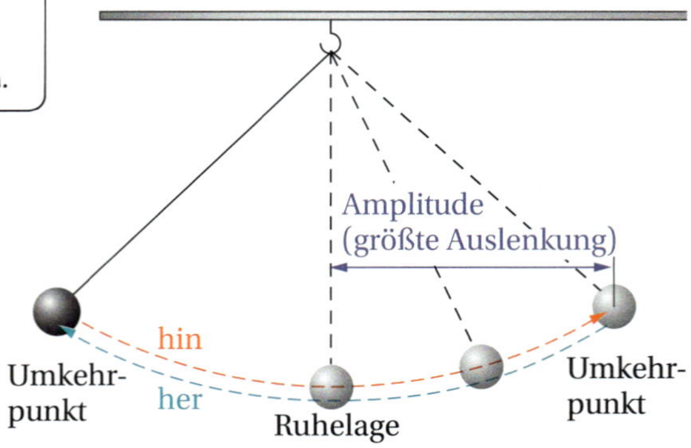

Wenn du eine Stimmgabel stärker anschlägst, dann wird der Ausschlag auf dem Schirm des Oszilloskops größer. Du nimmst den Ton lauter wahr.

- Beschreibe, wie du laute und leise Töne auf einem Monochord erzeugen kannst.

Die **Lautstärke** hängt davon ab, wie stark ein Körper schwingt. Es gilt:

- Je größer die Amplitude der Schwingung ist, desto lauter nimmst du den Ton wahr.

Eine Stimmgabel schwingt ganz regelmäßig. Das erkennst du an der gleichmäßigen Wellenlinie.

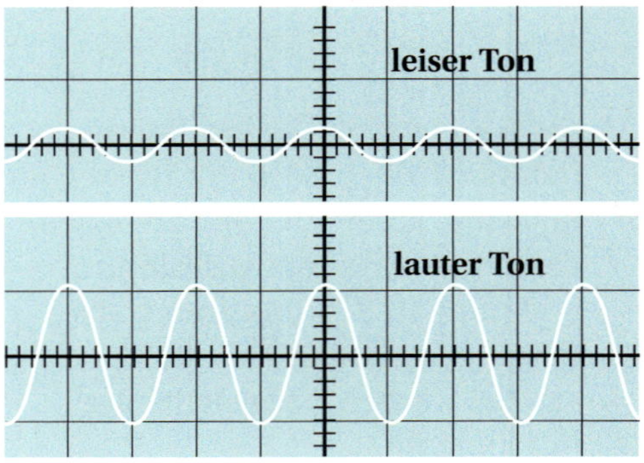

Erforsche es

Was schwingt denn da?

1. Lege ein Lineal auf eine Tischkante. Lenke das freie Ende aus und lass es hin- und herschwingen. Verändere Höhe und Lautstärke des Tons.

2. Lege deine Finger auf deinen Kehlkopf und sprich oder singe. Notiere und erkläre die Beobachtung.

3. Zeichnet in Partnerarbeit die Schwingung einer Schallquelle auf. Nehmt ein Pendel als Modell für eine Schallquelle.

Ein Partner zieht das Papier gleichmäßig unter dem Lineal hindurch, während der andere Partner den Bleistift an der Linealkante hin- und herbewegt.

Wenn du verschiedene Stimmgabeln gleich stark anschlägst, verändert sich das Schwingungsbild wie in der Abbildung unten. Auf den Stimmgabeln ist die **Frequenz** angegeben.

> Die Frequenz einer Schwingung gibt an, wie viele Hin- und Herbewegungen je Sekunde ablaufen.
> Formelzeichen: f
> Einheit: ein Hertz (1 Hz) $1\,\text{Hz} = \frac{1}{\text{s}}$

Die Einheit ist nach dem Physiker HEINRICH HERTZ (1857–1894) benannt worden.

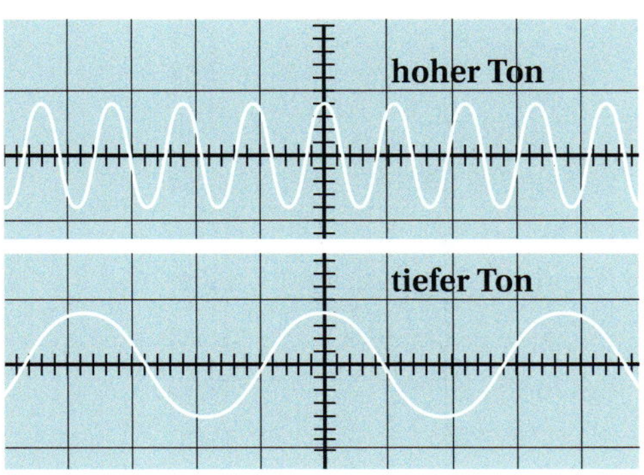

Die Angabe 440 Hz auf einer Stimmgabel bedeutet: Die Stimmgabel schwingt 440-mal in einer Sekunde.

> Je größer die Frequenz der Schwingung ist, desto höher nimmst du den Ton wahr.

Wenn ein Feuerwerkskörper explodiert, entsteht ein Knall. Die Schwingung verläuft nicht so regelmäßig wie bei dem Ton einer Stimmgabel, sondern hat einen großen Ausschlag und klingt dann schnell ab.

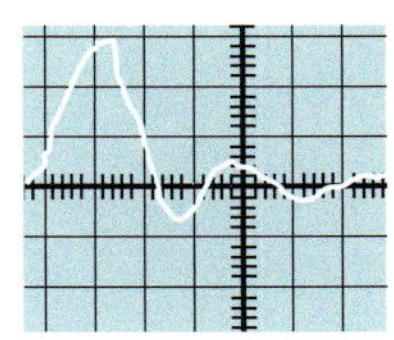

Aufgaben

1. Auf einer Stimmgabel steht 322 Hz, auf einer anderen 512 Hz. Begründe, mit welcher Stimmgabel ein höherer Ton erzeugt werden kann. ↗ S. 78

2. Eine fliegende Biene summt, einen fliegenden Schmetterling hörst du dagegen nicht. Erkläre. ↗ S. 31

Der Ton macht die Musik

Schall breitet sich aus

Obwohl das Pendel nicht an dem Tamburin anliegt, das angeschlagen wird, schwingt es aus. Wie gelangt Schall von einem Ort zum anderen?

Schall kann sich nur in Schallträgern ausbreiten. Schallträger sind Gase, Flüssigkeiten oder feste Stoffe. Im Vakuum kann sich Schall nicht ausbreiten.

Wenn du ein Tamburin anschlägst, dann überträgt seine Membran Energie auf Luftteilchen und regt sie zu Schwingungen an. Die Teilchen werden kurzzeitig verdichtet. Dadurch befinden sich weniger Teilchen in der Nachbarschaft: Die Luft ist dünner. Die Verdichtungen und Verdünnungen der Luft breiten sich im Raum aus.

Schall breitet sich in festen, flüssigen oder gasförmigen Körpern aus. Er wird dabei von einem Ort zu einem anderen übertragen.

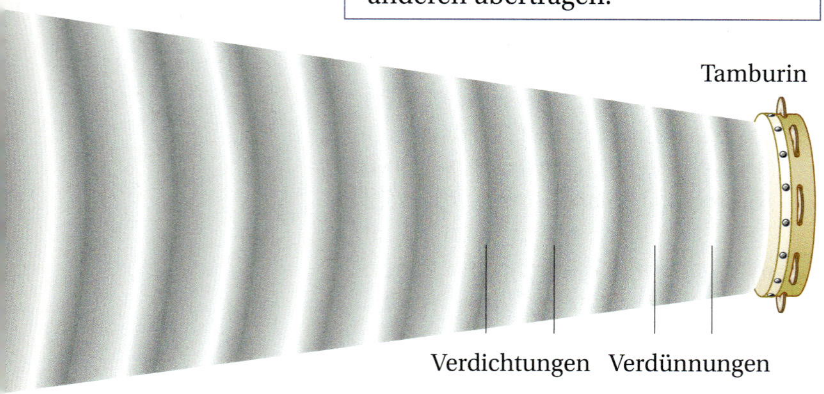

In Luft breitet sich Schall langsamer aus als in Wasser und in festen Stoffen. Die Ausbreitungsgeschwindigkeit heißt **Schallgeschwindigkeit.** Sie wird in der Einheit ein Meter je Sekunde ($1\,\frac{m}{s}$) angegeben.

Eine Schallgeschwindigkeit von $344\,\frac{m}{s}$ bedeutet: Der Schall legt in einer Sekunde 344 m zurück.

Aus der Tabelle erkennst du, dass die Schallgeschwindigkeit auch von der Temperatur des Stoffs abhängt. Für Luft gilt: Mit höherer Temperatur breitet sich der Schall schneller aus.

Schallgeschwindigkeit in verschiedenen Stoffen in $\frac{m}{s}$	
Luft bei -20 °C	320
bei 0 °C	332
bei 20 °C	344
Wasser bei 20 °C	1484
Eis bei -4 °C	3250
Holz (Eiche) bei 20 °C	3400
Ziegelstein bei 20 °C	3600
Beton bei 20 °C	3800
Stahl bei 20 °C	4900

Erforsche es

Wie schnell ist Schall?

Ermittelt die Schallgeschwindigkeit mit einer Starterklappe. Fertigt ein Protokoll an.

Vorbereitung:
Ihr benötigt eine Starterklappe, die ihr auch leicht selbst bauen könnt, Stoppuhren und ein Bandmaß.

Durchführung:
a) Ein Mitschüler postiert sich mit der Starterklappe in mindestens 300 m Entfernung und schlägt die Starterklappe zusammen.
b) Mehrere Schüler messen die Zeit zwischen dem optischen Wahrnehmen des Zusammenschlagens und dem Hören des Schalls. Die Messungen werden wiederholt.

Auswertung:
a) Vergleicht den berechneten Wert mit dem Tabellenwert.
b) Findet Ursachen für mögliche Abweichungen.

Abschätzung von Entfernungen

Mit der Schallgeschwindigkeit in Luft kannst du abschätzen, wie weit ein Gewitter entfernt ist.
Nimm für die Abschätzung an, dass der Schall in 1 Sekunde etwa 333 m zurücklegt. Er braucht dann für eine Entfernung von 1 000 m = 1 km etwa 3 Sekunden: $1\,000 : 333 \approx 3$

Vergehen nach dem Wahrnehmen des Blitzes 12 Sekunden, bis du den Donner hörst, dann war dieser Blitz etwa 4 km entfernt: $12 : 3 = 4$

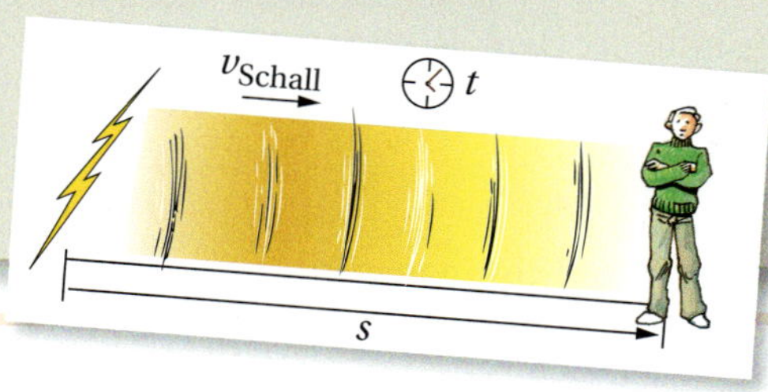

Erklärungen mit dem Teilchenmodell: Schall breitet sich in Holz schneller aus als in Luft, weil die Teilchen von festen Körpern sehr eng beieinanderliegen. Zwischen den Teilchen gibt es starke Kräfte. In Luft ist der Abstand zwischen den Teilchen groß und die Kräfte zwischen den Teilchen sind klein.

Wenn die Teilchen eines festen Körpers zum Schwingen angeregt werden, übertragen die Teilchen diese Schwingung schneller, weil sie stärker miteinander gekoppelt sind.

Aufgaben

1 Belege mit den Werten aus der Tabelle links, dass Schall in Wasser schneller übertragen wird als in Luft.

2 Lege eine tickende Uhr auf ein Ende eines Tischs. Stelle fest, ob du am anderen Ende des Tischs noch das Ticken hören kannst. Lege nun den Kopf mit einem Ohr auf den Tisch. Erkläre deine Beobachtung.
↗ S. 31

Der Ton macht die Musik

Eigenschaften der Schallausbreitung

In einer Entfernung von einem Meter kann die Person das Ticken der Uhr im Standzylinder nicht hören.
Aber es gibt einen Trick.

Am unterschiedlichen Klang eines Tons kannst du Instrumente unterscheiden.

Schall besteht nicht nur aus Tönen. Spielt man den Kammerton *a* ($f = 440$ Hz) auf einem Klavier, so entsteht ein **Klang.** Der Schall, den ein fahrendes Auto abgibt, heißt **Geräusch.** Bei einer Explosion entsteht ein mehr oder minder lauter **Knall.** Töne, Klänge, Geräusche und ein Knall haben typische Schwingungsformen.

- Finde je zwei Beispiele für die verschiedenen Schwingungsformen.

Schallverstärkung: Um eine Schallquelle wie eine Gitarrensaite zum Schwingen zu bringen, ist Energie erforderlich.
Die schwingende Saite überträgt die Energie auf ihre Umgebung und versetzt z. B. die Holzteilchen des Klangkörpers der Gitarre in Schwingungen.
Durch den Klangkörper wird die Fläche, von der der Schall ausgeht, größer. Es werden mehr Luftteilchen zum Schwingen angeregt. Der Schall wird verstärkt.

Ton	Klang	Geräusch	Knall
Die Schwingung ist ganz regelmäßig.	Die Schwingung ist periodisch, aber nicht regelmäßig.	Die Schwingung ist unregelmäßig.	Die Schwingung hat einen großen Ausschlag und nimmt schnell ab.
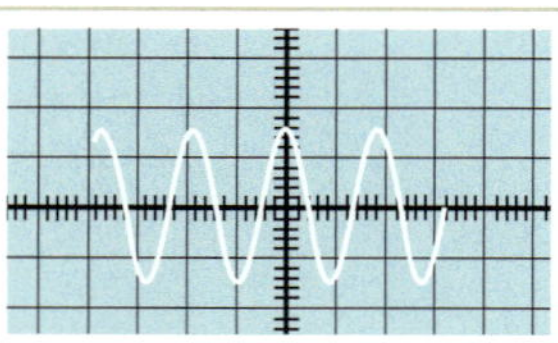	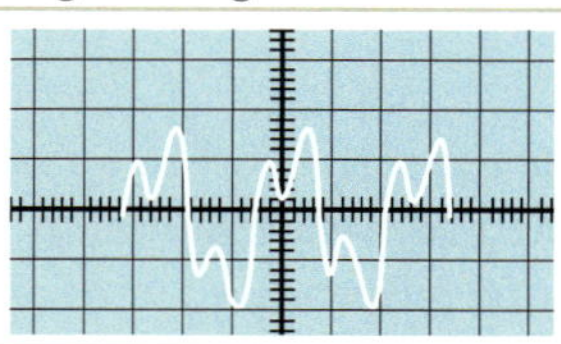	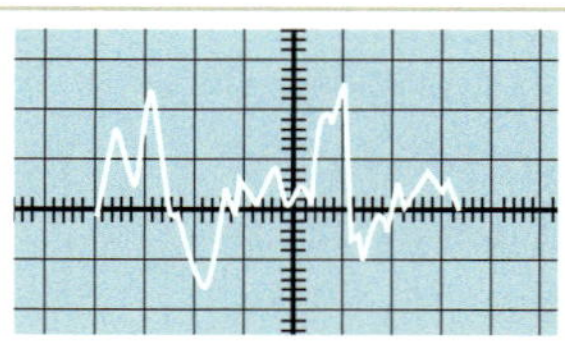	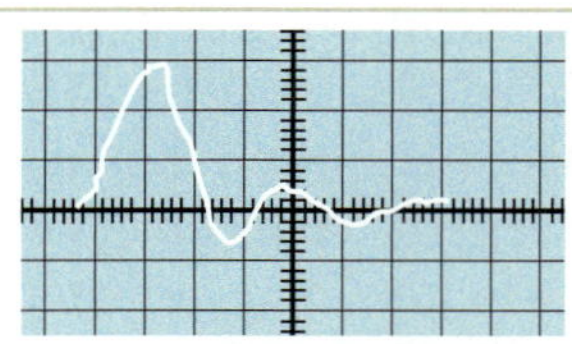
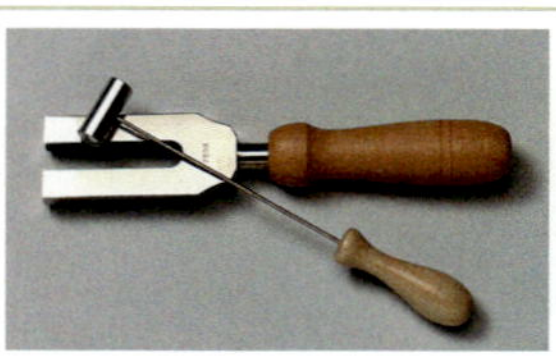			
Eine angeschlagene Stimmgabel erzeugt einen ganz klaren Ton.	Mit Musikinstrumenten kann man verschiedene Klänge erzeugen.	Bei Fahrzeugen und Maschinen entstehen Geräusche.	Beim Explodieren eines Feuerwerkskörpers entsteht ein Knall.

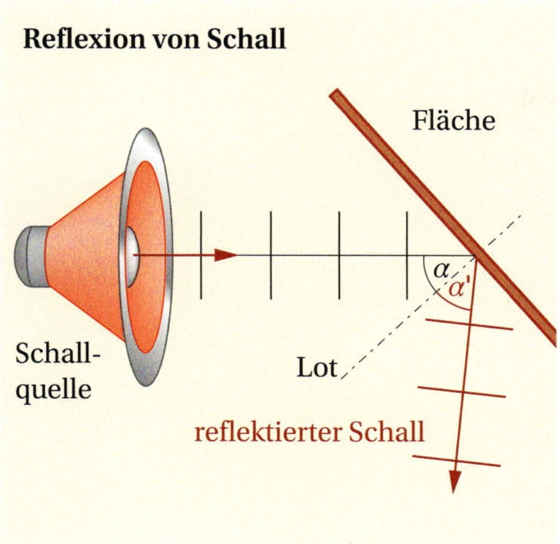

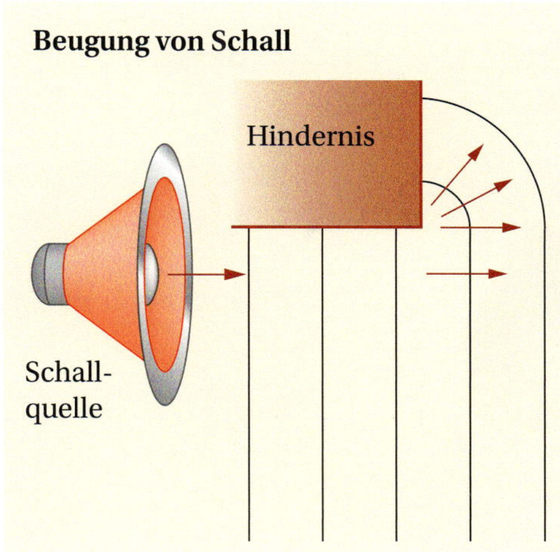

Wenn Schall auf Körper trifft, so wird er zum Teil **hindurchgelassen,** zum Teil **absorbiert** und zum Teil **reflektiert.** Wie viel Schall das ist, hängt von dem Stoff ab, aus dem der Körper besteht, aber auch von seiner Schichtdicke und Oberfläche.
Weiche und poröse Körper mit einer rauen Oberfläche absorbieren viel und reflektieren wenig Schall. Sie lassen nur wenig Schall hindurch. Das wird zur **Schalldämpfung** genutzt.

Harte Körper mit einer glatten Oberfläche absorbieren wenig, reflektieren aber viel Schall.
Das wird zur **Schalldämmung** genutzt.

Beugung von Schall: Wenn Schall auf Hindernisse wie Spalte, Kanten oder Ecken trifft, dann breitet er sich auch hinter diesen Hindernissen aus.
Diese Erscheinung heißt **Beugung.** Aufgrund von Beugung kannst du den Motor eines Autos hören, obwohl es hinter einer Hausecke steht.

Reflexion von Schall: Wenn Schall auf eine Fläche trifft, dann sind der Einfallswinkel und der Reflexionswinkel wie bei der Reflexion von Licht gleich groß.

Diesen Trick kann die Person auf Seite 152 nutzen, um die Uhr zu hören.

Aufgaben

1_ Welche der folgenden Stoffe sind geeignet Schall zu dämmen?
Glas, Wolle, Metall, Steine, Schaumstoff

2_ Beschreibe zwei Beispiele für die Beugung von Schall.

3_ Aus welchem Material sollten Ohrstöpsel sein?

Das hast du gelernt

Der Ton macht die Musik

Alles, was wir mit unseren Ohren hören, ist Schall.

Schall entsteht, wenn ein Körper genügend schnell schwingt. Schwingen können Luftsäulen, Saiten oder Membranen.

Schall
- breitet sich in Stoffen aus, aber nicht im Vakuum;
- legt in Luft ca. 333 Meter in der Sekunde zurück;
- wird an Flächen reflektiert und an Ecken gebeugt;
- wird durch Stoffe absorbiert.

Die **Tonhöhe** hängt von der Frequenz der Schwingung ab.

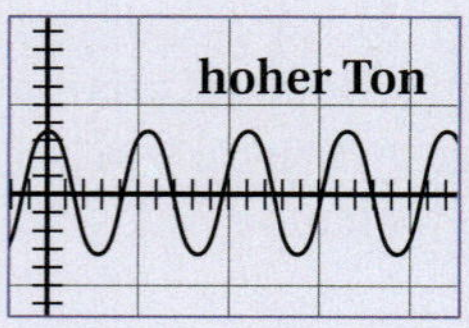

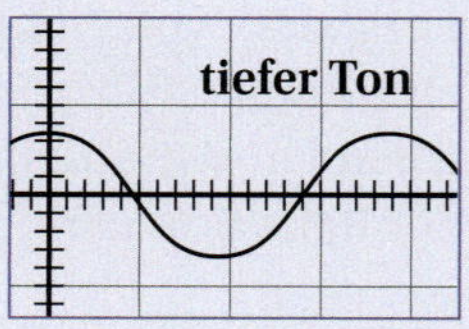

Die **Lautstärke** hängt von der Amplitude der Schwingung ab.

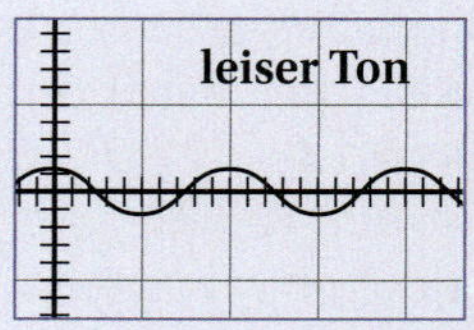

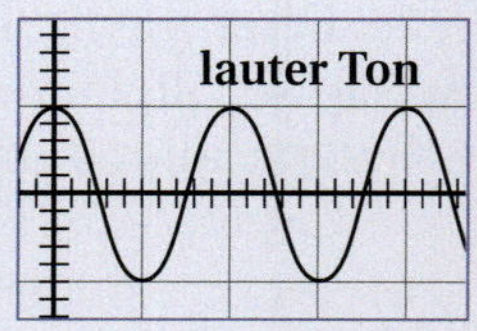

Löse mit Köpfchen

1. Was schwingt denn da?

In den Abbildungen sind verschiedene Schallquellen dargestellt.

Gib jeweils an, welche Teile der Körper schwingen und Schall erzeugen.

2. Ein Grashalm tönt

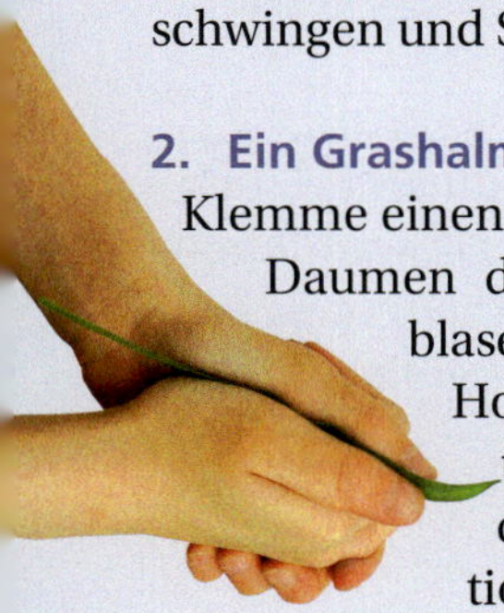

Klemme einen Grashalm zwischen die Daumen der beiden Hände und blase in den entstandenen Hohlraum. Was beobachtest du? Beschreibe, wie diese Schallquelle funktioniert. ↗ S. 30

3. Physik in der Badewanne

a) Schlage eine Stimmgabel an und halte sie in ein Gefäß mit Wasser. Beschreibe und erkläre deine Beobachtung. ↗ S. 30, 31

b) Untersuche, ob sich Schall in Wasser ausbreitet. Lege dich in die Badewanne, sodass die Ohren untergetaucht sind. Klopfe gegen den Badewannenrand. Beschreibe deine Beobachtung und deute sie. +

4. Überblick verschaffen

Stelle eine Übersicht über Schallquellen in Natur und Technik zusammen.
Gib dabei auch jeweils an, was schwingt und dabei Schall erzeugt.

5. Verschluckt das Weltall Schall?

Auf der Erde kann man Explosionen im Weltall auch nach längerer Zeit nicht hören. Erkläre, warum das nicht geht. +

6. Laut – leise, hoch – tief

Vergleiche die beiden Schwingungsbilder in den Abbildungen a) und b). Der Maßstab ist in beiden Abbildungen gleich. Welcher der beiden Töne ist lauter, welcher höher? Gib jeweils eine Begründung. ↗ S. 78

a)

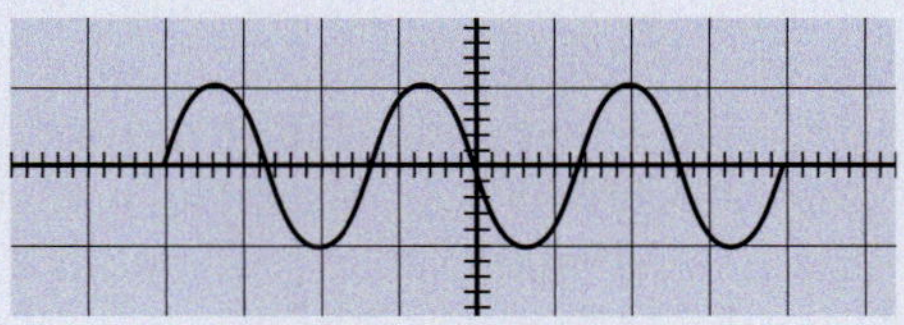

b)

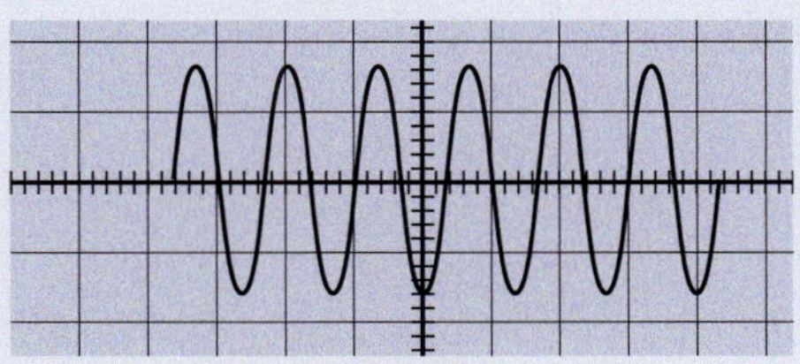

7. Wettlauf Licht – Schall

Bei einem Sprintwettkampf steht der Starter mit seiner Klappe direkt hinter den Läufern. Der Sportlehrer steht mit seiner Stoppuhr direkt am Ziel an der 100-m-Marke.
Wann muss der Sportlehrer die Stoppuhr starten: wenn er das Zusammenschlagen der Klappe sieht oder wenn er den Knall hört? Begründe. ↗ S. 78

Viel Lärm um nichts?

Das Ohr – ein Schallempfänger

Handy aus im Unterricht!
Der Mosquito-Klingelton umgeht das Verbot.
Was verbirgt sich dahinter?

Sprache, Musik oder Geräusche nimmst du mit deinen Ohren wahr. Ohren sind **Schallempfänger.**

Die Ohrmuschel nimmt den Schall auf und leitet ihn durch den Gehörgang an das Trommelfell weiter. Beide wirken wie ein Trichter, an dessen Innenwand der Schall reflektiert wird.
Die Verdichtungen und Verdünnungen der Luft im Gehörgang regen das Trommelfell zum Mitschwingen an. Die Gehörknöchelchen übertragen diese Schwingungen auf sehr kleine Härchen in der Schnecke.
Die Schwingungen reizen die Sinneszellen an den Enden der Härchen und die Zellen senden über den Hörnerv Signale an das Gehirn.
Das Gehirn verarbeitet die Wahrnehmungen zu akustischen Eindrücken. Da dies bei jedem Menschen unterschiedlich geschieht, ist die Wahrnehmung von Schall **subjektiv.**

Ohren dienen der Aufnahme, der Übertragung und der Umwandlung von Schall. Die Wahrnehmung erfolgt im Gehirn und ist subjektiv.

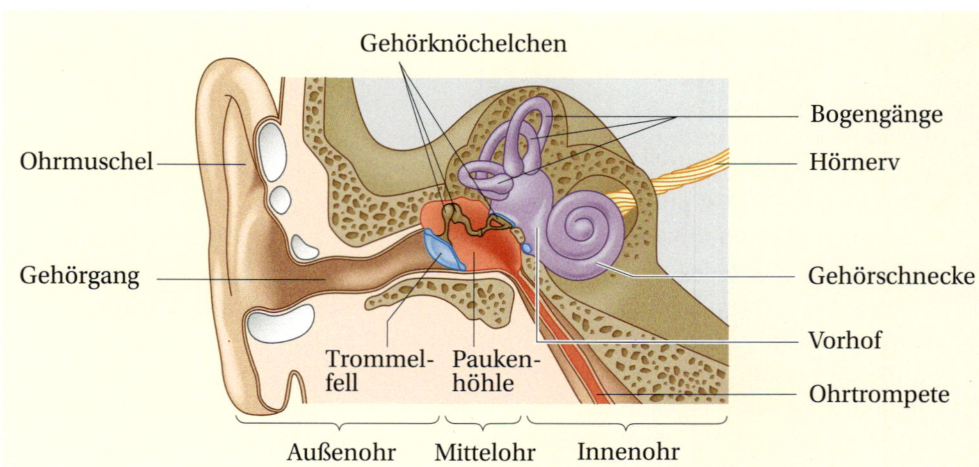

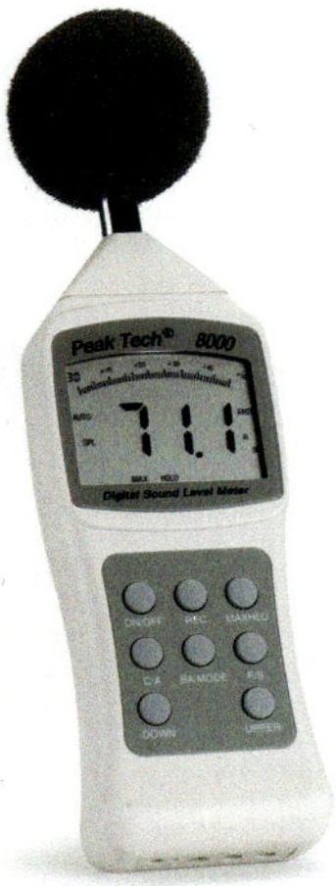

Wie laut jeder Einzelne Schall wahrnimmt, ist sehr subjektiv. Um objektive Aussagen über Lautstärken zu erhalten, gibt es Schallpegelmesser. Sie messen **Schallpegel** in der Einheit Dezibel (dB). Subjektiv nimmst du eine bestimmte Laustärke wahr. Für ein Motorrad zeigt der Schallpegelmesser etwa 70 dB an.
Unser Hörempfinden weist eine Besonderheit auf: Wenn ein Motorrad einen Schallpegel von 70 dB erzeugt, so zeigt das Gerät bei zwei gleich lauten Motorrädern nicht etwa 140 dB an, sondern nur 73 dB. Der Pegel steigt um 3 dB.
Als **Faustformel** gilt: 10 dB Unterschied werden etwa als halbe bzw. doppelte Lautstärke wahrgenommen.

Du nimmst Schall nur mit Frequenzen zwischen 16 und 20 000 Hz wahr. Die obere Grenze nimmt mit dem Alter stark ab. 50-Jährige hören nur noch bis etwa 13 000 Hz. Darauf zielt der Mosquito-Klingelton ab.

Zwei Motorräder nimmst du nicht doppelt so laut wahr wie eins. Das geschieht erst bei zehn Motorrädern.

Aufgaben

1_ Lege eine Tabelle an. Notiere die Funktionen folgender Teile: Ohrmuschel, Gehörgang, Trommelfell, Gehörknöchelchen (Hammer, Amboss, Steigbügel), Sinneszellen in der Gehörschnecke, Hörnerv. Was passiert bei 130 dB mit den Härchen in der Gehörschnecke? +

2_ Wir besitzen zwei Ohren, nicht nur eines. Erläutere, welchen Vorteil wir dadurch haben.

Schallpegel in Natur und Technik		
Schallpegel in dB	Beispiel	Entfernung Schallquelle/ Ort der Messung
0	Hörschwelle	am Ohr
10	ruhiges Atmen	am Ohr
20–30	sehr ruhiges Zimmer	am Ohr
40–50	normale Unterhaltung	1 m
60–70	Fahrzeuge, Staubsauger	10 m
80–90	stark befahrene Straße	10 m
100–110	Presslufthammer, Diskothek	am Ohr
120–140	Rockkonzert, Donner, Start eines Düsenflugzeugs	30 m

Erforsche es

Hör mal!

1. Untersucht, wie ihr mit verbundenen Augen auf Drehungen eures Körpers reagiert.
   a) Verbindet einer Testperson die Augen. Stellt euch in einem kleinen Kreis um sie herum und dreht sie so vorsichtig, dass sie nicht hinfallen kann.
   Nach einigen Drehungen haltet sie wieder.
   b) Lasst die Testperson berichten, was sie in beiden Phasen empfunden hat.

2. Ermittle die Funktion der Ohrmuscheln.
   Vorbereitung:
   Materialien: Wecker auf Teller, Blatt Papier
   Durchführung und Beobachtung:
   a) Führe die Untersuchungen so durch, wie in der Tabelle die Stellung der Ohrmuscheln beschrieben wird. Achte dabei auf die Lautstärke des tickenden Weckers.
   b) Notiere jeweils das Ergebnis der Untersuchung.

Stellung der Ohrmuscheln	Empfundene Lautstärke
Drücke die Ohrmuscheln nach hinten an den Kopf.	
Drücke die Ohrmuscheln rechtwinklig nach vorne.	
Lege beide Handflächen muschelförmig hinter die Ohren.	
Stecke ein aus Papier geformtes „Hörrohr“ in eine Ohröffnung.	

   Auswertung:
   a) Wie hat sich die Lautstärke verändert?
   b) Leite aus den Ergebnissen die Funktion der Ohrmuscheln für das Hören ab.

3. Untersucht in Partnerarbeit, wie genau Ohren die Richtung erkennen können, aus der der Schall kommt.
   Vorbereitung:
   Material: ein mindestens 1 m langer Kunststoffschlauch, Stab
   Durchführung und Beobachtung:
   a) Haltet die Schlauchenden wie in der Abbildung an ein Ohr und markiert die Mitte des Schlauchs.

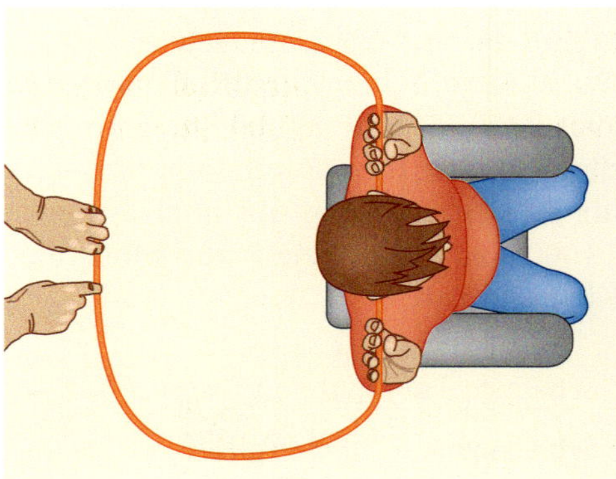

   b) Lass deinen Partner an einer Stelle des Schlauchs klopfen und versuche, durch die Anweisungen „nach links“ bzw. „nach rechts“ die Mitte des Schlauchs zu bestimmen.
   Auswertung:
   Erklärt, warum man so etwa die Mitte des Schlauchs herausfinden kann.

Wusstest du schon …

Schall, den wir nicht hören

Infraschall heißt Schall mit einer Frequenz, die unter 16 Hz liegt. Infraschall tritt bei Erdbeben, Vulkaneruptionen oder Schwingungen von Industrieanlagen auf.
Manche Tiere können Infraschall hören. Dazu gehören Elefanten und Wale. Sie nutzen Infraschall auch zur Kommunikation. Im Wasser trägt dieser Schall besonders weit.

Ultraschall heißt Schall mit einer Frequenz über 20 kHz. Hunde hören Schall bis etwa 50 kHz. Sie werden mit speziellen Pfeifen im Frequenzbereich zwischen 16 und 22 kHz abgerichtet und trainiert. Dieses Pfeifen nehmen wir nicht oder nur sehr leise wahr.
Insbesondere der Ultraschall findet in Technik und Medizin vielfältige Anwendungen.

Goldschmiede, Uhrmacher und Optiker reinigen kleine und fein strukturierte Bauteile mit Ultraschall. Mittlerweile gibt es diese Ultraschallreiniger auch im Haushalt. Schmuck, Brillen, CDs und DVDs werden schonend sauber.

Ultraschall wird zur **Echoortung** genutzt. Ein Sender (Lautsprecher) strahlt Ultraschallimpulse ab, die am Meeresboden oder an Hindernissen (Fischschwarm, U-Boot) reflektiert werden. Ein Empfänger (Mikrofon) nimmt den reflektierten Schall auf.
Auch die **Ultraschallunterschung** bei Schwangeren beruht auf einem ähnlichen Verfahren. Eine Ärztin bzw. ein Arzt führt den Schallkopf über die Körperoberfläche. Ein Computer stellt dabei die empfangenen Echoimpulse als mehr oder weniger helle Punkte dar. Auf dem Monitor entsteht ein Bild.

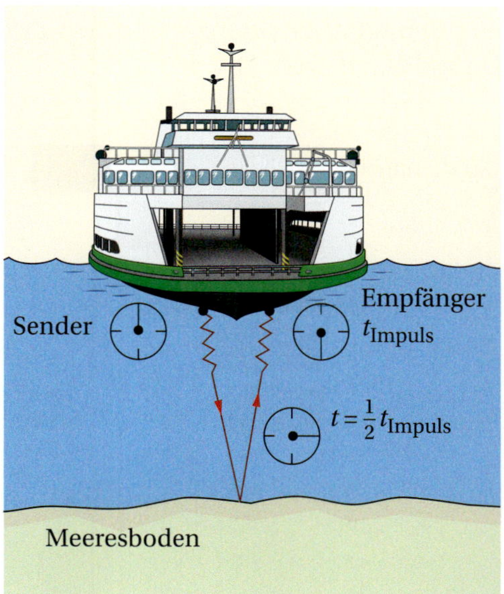

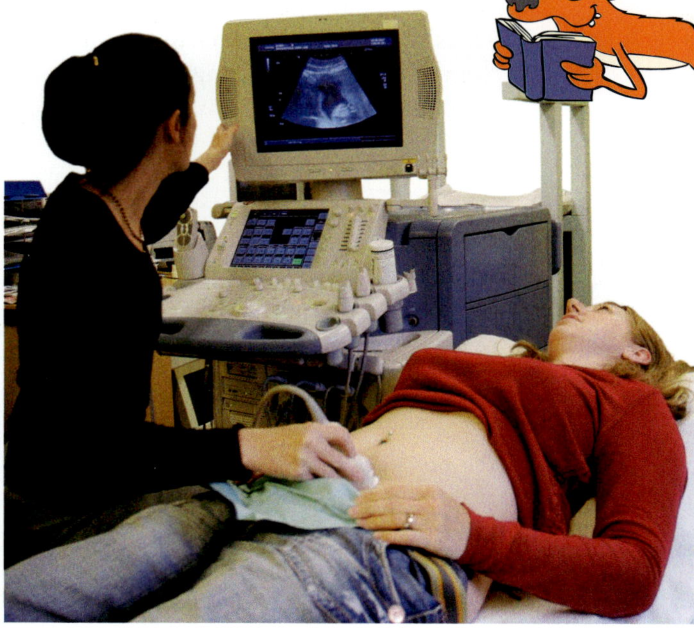

Viel Lärm um nichts?

Lärm und Lärmschutz

Bewerte die Mahnung.
Welche Auswirkungen kann Lärm haben?

Schall, der an deine Ohren gelangt, kann angenehme Empfindungen auslösen, so die Sprache von vertrauten Menschen, Musik oder das knisternde Geräusch eines Lagerfeuers. Schall kann dich aber auch stören und sogar schädigen.

> Schall, der als belästigend empfunden wird oder zu gesundheitlichen Schäden führen kann, heißt Lärm.

Lärm ist eine subjektive Empfindung. Das, was du als Lärm empfindest, muss ein anderer nicht zwangsläufig so wahrnehmen.

Dabei ist die Art des Lärms völlig gleichgültig. Deine Lieblingsmusik in entsprechender Lautstärke ist genauso schädlich wie der Lärm eines startenden Flugzeugs.

Du schützt dich vor Schäden, indem du beim Benutzen von Kopfhörern sowohl die Lautstärke als auch die Benutzungszeit begrenzt und Pausen einlegst.

Menschen in Deutschland empfinden Lärm als eine der stärksten Umweltbeeinträchtigungen (Befragung durch das Umweltbundesamt 2009):

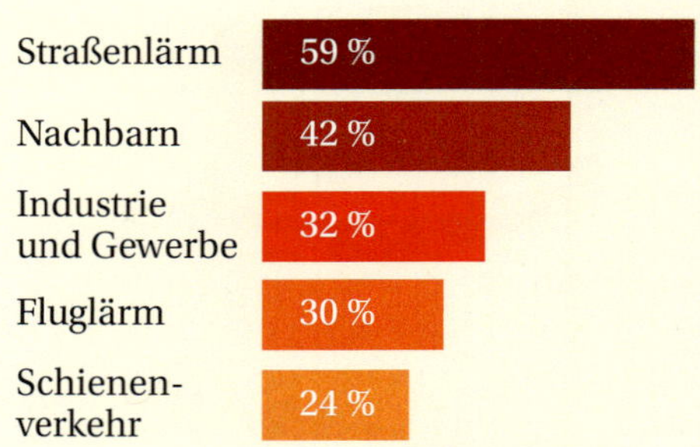

Prophezeiung des Mediziners Robert Koch (1843–1910)

„Eines Tages wird der Mensch den Lärm ebenso unerbittlich bekämpfen müssen wie die Cholera und die Pest."

Allgemeines Preußisches Landrecht von 1793

„Mutwillige Buben, welche auf den Straßen lärmen, sollen mit verhältnismäßigem Gefängnis, körperlicher Züchtigung oder Zuchthaus bestraft werden."

Gesundheitliche Schäden

Lärm ist Stress für den ganzen Organismus und wirkt besonders auf die Ohren ein.

- beschleunigte Atmung
- erhöhter Blutdruck
- Schlafstörungen
- erhöhte Herzfrequenz

Kurzzeitiger Lärm:
Die Leistungsfähigkeit deines Gehörs wird zeitweise verringert.
↓
vorübergehende Taubheit

Länger anhaltender, starker Lärm über 85 dB:
Die Haarzellen im Innenohr sterben allmählich ab und können sich nicht erneuern.
↓
bleibender Gehörschaden

Lärmschutz ist darauf gerichtet, schädliche Umwelteinwirkungen durch Lärm zu vermeiden oder zu verringern.

Als Grundsatz gilt:

> Die Vermeidung von Lärm ist der beste Schutz vor gesundheitlichen Schäden. Wo es möglich ist, sollte Lärm verringert werden.

Am besten wäre es, keinen Lärm zu erzeugen. Wo das nicht möglich ist, müssen verschiedene Maßnahmen den Lärm dämmen oder dämpfen. Welche Stoffe dazu geeignet sind, hast du auf der Seite 153 kennengelernt.

Maßnahmen des Lärmschutzes sind:
- die Errichtung von Schallschutzwänden oder Erddämmen an Straßen oder Bahnstrecken,
- der Einbau von Schallschutzfenstern in Wohnungen,
- die Verminderung der Reifen-Fahrbahn-Geräusche durch Verbesserung der Reifen und veränderten Straßenbelag („Flüsterasphalt"),
- der Bau leiserer Maschinen.

Aufgaben

1 Lies noch einmal auf Seite 157 nach und finde ein vergleichbares Beispiel für Lärm von 85 dB.

2 Unter welchen Bedingungen führt Lärm zur Lärmschwerhörigkeit?

3 Überprüfe, welchen Lärmquellen du dich selbst aussetzt.

Erforsche es

Lärm macht krank

Das Knattern eines Hubschraubers, das Kreischen einer Säge oder das Dröhnen eines Presslufthammers wird allgemein als belästigend empfunden. Beim Hören von Musik gehen hingegen die Meinungen stark auseinander.

1. Erstellt einen Katalog mit Beispielen, die jeder Einzelne der Gruppe als Lärm empfindet. Bei welchen Beispielen gibt es eine große Übereinstimmung der Empfindungen, bei welchen nur geringe?
   Stellt die Ergebnisse grafisch dar.

2. Untersucht die Hauptquellen der Lärmbelastung an eurer Schule. Messt den Schallpegel an verschiedenen Orten. Diskutiert die Messergebnisse. Unterbreitet Vorschläge zur Lärmvermeidung bzw. Lärmverringerung. Bezieht in eure Vorschläge objektive Bedingungen (Gestaltung der Räume und Flure, Verkehrsgeschehen in der Umgebung der Schule) und subjektive Verhaltensweisen ein.

Gärten und Erholungsgrundstücke bieten frische Luft, Ruhe und Entspannung. Jedoch wird der Idealzustand oft durch Lärm gestört.
Motorisierte Gartengeräte wie Rasenmäher, Heckenscheren oder Motorhäcksler erleichtern die Arbeit, verursachen aber auch Lärm, der Nachbarn stört und zu Streit führen kann.

3. Stellt die Schallpegel einzelner Gartengeräte zusammen.
   Erkundet die bundesweit geltenden Betriebszeiten für Gartengeräte sowie die Ruhezeiten, die für diese Geräte in der kommunalen Verordnung festgelegt sind. Macht Vorschläge zur Lärmvermeidung.

4. In Ballungsräumen ist der Straßenverkehr der größte Lärmverursacher. Erkundet und erläutert wichtige Maßnahmen zum Lärmschutz. Unterscheidet zwischen Schalldämmung und Schalldämpfung. Welche Eigenschaften von Schall werden dabei genutzt?

Wusstest du schon …

Wenn Sinne verloren gehen

Die Sinne sind die Fenster zur Umwelt. Sie vermitteln uns ein ständig aktualisiertes Bild von unserer Umgebung. Besonders wichtig sind dabei das Sehen und das Hören.

Es gibt jedoch Menschen, bei denen ein Sinn nur eingeschränkt oder überhaupt nicht funktioniert.
Schwerhörigkeit kann z. T. durch Hörgeräte gemindert werden. Sehfehler können teilweise mit Brillen oder durch Kontaktlinsen ausgeglichen werden.
Allerdings ist ein Ausgleich durch technische Geräte nicht bei jeder Schädigung möglich.

Ist ein Sinn stark beeinträchtigt, gewinnen oft andere Sinne an Bedeutung.

So orientieren sich Blinde vor allem mithilfe ihres Gehörs und ihres Tastsinns in ihrer Umwelt.

In der Haut des Menschen befinden sich etwa 640 000 Tastpunkte. An den Fingerspitzen, den Fußsohlen, den Lippen und in den Handflächen ist die Anzahl der Tastpunkte besonders groß. So können blinde Menschen mit ihren Fingerspitzen die Blindenschrift ertasten.

Die Blindenschrift ist eine Punktschrift. Eine dieser Schriften beruht auf einem Grundzeichen aus sechs Punkten. Jeder Buchstabe wird durch eine bestimmte Anzahl und Anordnung von Punkten in diesem Raster dargestellt. Bei gedruckten Materialien für Blinde können diese die Buchstaben als erhabene Punkte im Papier tasten und „lesen“.

Blindenschrift

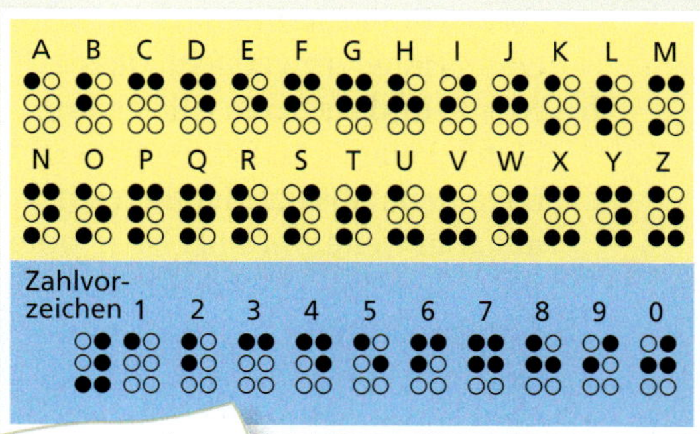

Alphabet und Zahlen

Originaltext

Formuliere einen Satz in Blindenschrift. Bitte deine Lernpartnerin bzw. deinen Lernpartner um Antwort. Nutzt das Alphabet aus der Abbildung.

So kannst du vorgehen

Vorbereiten und Halten eines Vortrags

Wenn du allen Mitschülern die Informationen vorstellen willst, die du zu einem Thema gesammelt hast, geschieht das oft durch einen Vortrag.
Auch die Ergebnisse, die ihr in einer Gruppe erarbeitet habt, stellt ihr auf diese Weise allen Mitschülern vor.

► Schritt 1

Bereite den Vortrag vor.

Beachte bei der Vorbereitung des Vortrags folgende Hinweise:

a) Überlege dir, was alles zum Thema gehört. Nutze dazu verschiedene Informationsquellen.
b) Gliedere den Vortrag in Abschnitte.
c) Schreibe dir Schwerpunkte in Kurzform (in Stichwörtern) auf.
d) Überlege dir, was du an die Tafel schreiben oder projizieren willst.
e) Bereite Versuchsanordnungen vor und stelle Geräte bereit.

Lärm macht krank

1. Einleitung
   - Begriff Lärm
   - Was heißt objektiv und subjektiv?
2. Das Ohr – ein Schallempfänger
   - Aufbau des Ohrs (Folie)
   - Gehörschaden (vorübergehend, bleibend)
3. Weitere Gesundheitsschäden
   - Erhöhung des Blutdrucks
   - Beschleunigung der Atmung
   - Erhöhung der Herzfrequenz → Schlafstörungen, Konzentrationsschwierigkeiten, Magenschmerzen
4. Lärm vermeiden und sich vor Lärm schützen

Informationsquellen

Elektronische Medien
Film, Fernsehen, DVDs

Literatur
Lexika, Sachbücher, Zeitschriften

Schulbücher
Lehrbücher, Tabellenwerke, Schülerlexika

Internet
Suchmaschinen, Direktsuche, z.B. www.wikipedia.de

► Schritt 2

Halte den Vortrag.

Beachte folgende Tipps:

a) Wecke am Anfang des Vortrags Interesse und Neugier und nenne das Thema. Beginne beispielsweise mit „Wusstet ihr überhaupt, dass …?“ oder „Hättet ihr gedacht, dass …?“.
b) Nenne und zeige die Gliederung (Tafel, Folie).
c) Leite neue Absätze deutlich ein, z.B. mit „Ein weiterer Punkt ist …“ oder „Als Nächstes …“, „Ich komme nun zum Experiment …“.
d) Sprich in kurzen Sätzen.
e) Verwende nur Fachbegriffe, die du auch selbst erklären kannst.
f) Bemühe dich, laut, langsam und deutlich zu sprechen. Schaue deine Zuhörer an.
g) Achte auf die Zeit. Schließe den Vortrag mit einer kurzen Zusammenfassung ab.

So kannst du vorgehen

Anfertigen eines Lernplakats

Lernplakate fallen auf. Sie sind geeignet, um sachliche Informationen, Versuchsergebnisse oder den Verlauf eines Projekts darzustellen. Meist geschieht das im Fachraum oder im Schulflur.
Damit jeder sofort erkennt, worum es geht, hier ein paar Tipps:

► Schritt 1

Suche eine peppige Überschrift.
Jedes Lernplakat hat eine Überschrift. Sie soll sofort über den Inhalt informieren und Neugier beim Betrachter wecken.

► Schritt 2

Lege eine Materialsammlung an.
Alles, was zum Thema passt – Texte und Abbildungen –, wird zunächst einmal gesammelt.

► Schritt 3

Wähle Abbildungen und Texte aus.
Lernplakate leben von Fotos, Grafiken und Skizzen. Suche deshalb aussagekräftige Abbildungen.

► Schritt 4

Ordne die Inhalte übersichtlich an.
Kennzeichne mit gleichen Schriftarten, Farben und Formen, was inhaltlich zusammengehört.

Beachte:
- Teste die Lesbarkeit aus einer größeren Entfernung.
- Achte darauf, dass das Lernplakat nicht überladen wirkt.
- Nenne die Informationsquellen, die du genutzt hast.
- Fasst bei umfangreichen Themen mehrere Poster zu einer kleinen Ausstellung zusammen.

Das hast du gelernt

Viel Lärm um nichts?

Hören hilft uns beim Zurechtfinden in unserer Umwelt.

Unser Ohr ist ein Schallempfänger.

Die Wahrnehmung von Schall ist subjektiv.

Lärmschutz vermeidet oder verringert schädliche Umwelteinwirkungen durch Lärm.

- **Schalldämmung** erfolgt durch Reflexion. Dazu eignen sich besonders harte Stoffe mit glatter Oberfläche.
- **Schalldämpfung** erfolgt durch Absorption. Dazu eignen sich besonders poröse Stoffe mit rauer Oberfläche.

Sender-Empfänger-Modell für Schall

Löse mit Köpfchen

1. Der Teppich macht's

Wenn vor dem Renovieren ein Zimmer leer geräumt wird, so hallt in einem solchen Raum die menschliche Stimme deutlich nach.
Ist das Zimmer wieder mit Möbeln, Teppich und Gardinen eingerichtet, tritt dieser Effekt nicht mehr auf. Erkläre diesen Unterschied. ↗ S. 31

2. Ohne Schallschutz geht's nicht

Häuser sollten nicht nur eine gute Wärmedämmung, sondern auch eine gute Schalldämmung aufweisen.
Nenne und erläutere einige Maßnahmen des Schallschutzes in Häusern bzw. in Wohnungen.
Welche Eigenschaften des Schalls werden dabei genutzt? Welche Eigenschaften haben die Materialien, die für den Schallschutz eingesetzt werden?

3. Disco – ja, aber ...

Erkunde, welche Schallpegel in Discos üblich sind. Recherchiere, ob von Discos wirklich Gefahren für die Gesundheit ausgehen können. Welche Möglichkeiten des Schutzes vor hohen Schallpegeln gibt es?

Teste dich selbst

Wähle aus.

1 Der Mond, den wir in klaren Nächten in unterschiedlicher Form am Himmel sehen, ist
- A eine Lichtquelle,
- B ein Körper, der das auftreffende Sonnenlicht reflektiert,
- C ein Körper, der das Licht reflektiert, das von der Erde kommt.

2 Licht fällt von einer Lichtquelle L auf einen lichtundurchlässigen Körper. Welche Abbildung stellt den Sachverhalt richtig dar?

A

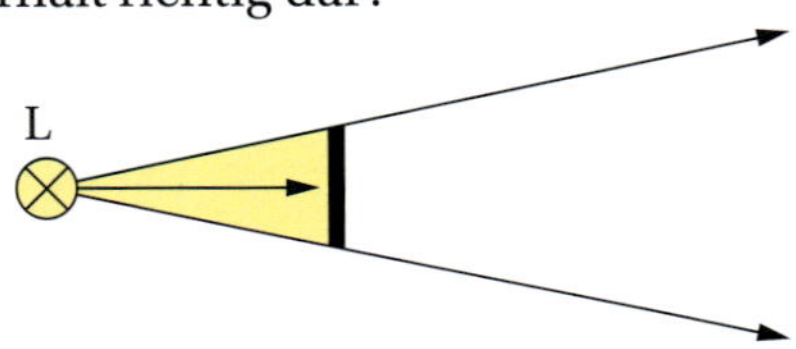

B

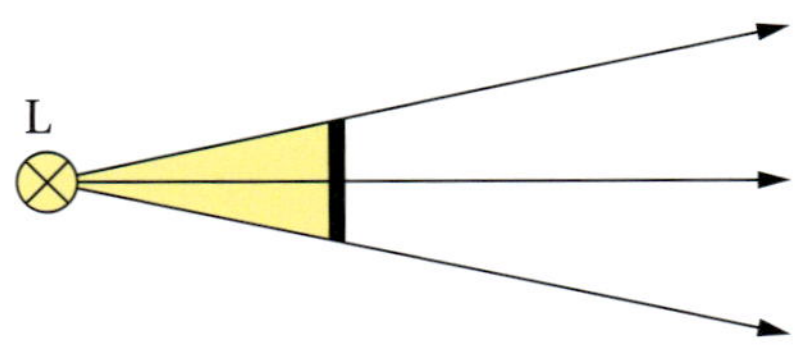

3 Eine Sonnenfinsternis kommt genau dann zustande, wenn von einem bestimmten Ort der Erde aus gesehen Folgendes gilt:
- A Der Mond befindet sich zwischen diesem Ort der Erde und der Sonne.
- B Der Mond befindet sich vom Beobachter aus gesehen hinter der Erde.
- C Sonne und Mond sind unter einem Winkel von genau 90° zu sehen.

4 Bewerte die Aussage: Unsere Wahrnehmungen (Sehen, Hören usw.) entstehen im Gehirn.
- A Falsch: Schließlich sehen wir mit den Augen und hören mit den Ohren.
- B Richtig: Augen und Ohren sind „Fenster zur Umwelt". Die Informationsverarbeitung passiert im Gehirn.
- C Richtig: Sehen und Hören muss trainiert werden.

5 Eine beliebig starke Explosion im Weltall kann man grundsätzlich nicht hören. Wie ist das zu erklären?
- A Die Entfernung ist viel zu groß.
- B Im Weltraum ist kein Stoff vorhanden, in dem sich der Schall ausbreiten kann.
- C Der Schall breitet sich in alle Richtungen aus. Deshalb gelangt nur ein Anteil zur Erde, den man nicht mehr wahrnehmen kann.

6 Welche der Behauptungen sind richtig?
- A Eine Stimmgabel hören wir umso lauter, je stärker sie angeschlagen wird.
- B Schall breitet sich in Luft schneller aus als in Wasser.
- C Eine Schneedecke verstärkt Verkehrsgeräusche.

7 Lärm kann folgende gesundheitliche Schäden verursachen:
- A Lungenentzündungen,
- B Bluthochdruck,
- C Fehlsichtigkeit,
- D Schwerhörigkeit.

Beantworte ausführlich.

1 Philipp hatte für die Lösung der folgenden Aufgaben nur wenig Zeit. Daher sind ihm einige Fehler unterlaufen. Finde die Fehler und korrigiere sie.

a)

b)

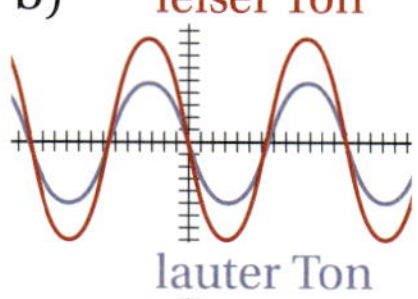

2 Ein Fußballer erzeugt auf dem Fußballfeld mehrere Schattenbilder.
a) Erkläre das Zustandekommen dieser Schattenbilder.
b) Wie viele Lichtquellen sind an der Erzeugung dieser Schattenbilder beteiligt?

3 Gerade in Ortschaften mit einer guten Straßenbeleuchtung vergessen Autofahrer manchmal, Licht am Fahrzeug einzuschalten.
Begründe, warum es sehr wichtig sein kann, mit Licht zu fahren, obwohl man doch selbst genug sieht.

4 Bewerte folgende Aussagen aus physikalischer Sicht:
a) Wenn ich im Dunkeln Kleidung mit vielen Reflektoren trage, muss ich nicht auch noch auf helle Kleidung achten.
b) Bei bedecktem Himmel ist es dunkler als bei wolkenlosem Himmel, weil bei Bewölkung die Sonne weniger scheint.
c) Delfine und Fledermäuse „sehen" mit den Ohren.
d) Weiche und poröse Körper reflektieren besonders viel Schall.

5 Mit zwei Dosen aus Blech oder Kunststoff und einem Bindfaden kannst du ein einfaches Telefon, ein Fadentelefon, bauen. Mit diesem Fadentelefon kann man sich gut verständigen, wenn der Faden straff gespannt ist.
a) Erkläre, warum mit einem Fadentelefon Sprache übertragen werden kann.
b) Wie wird sich die Verständigung mit einem Fadentelefon verändern, wenn der Faden durch einen Metalldraht ersetzt wird?
c) Baue ein Fadentelefon und teste es mit einem Partner.

Verwende einen ca. 10 m langen Faden.

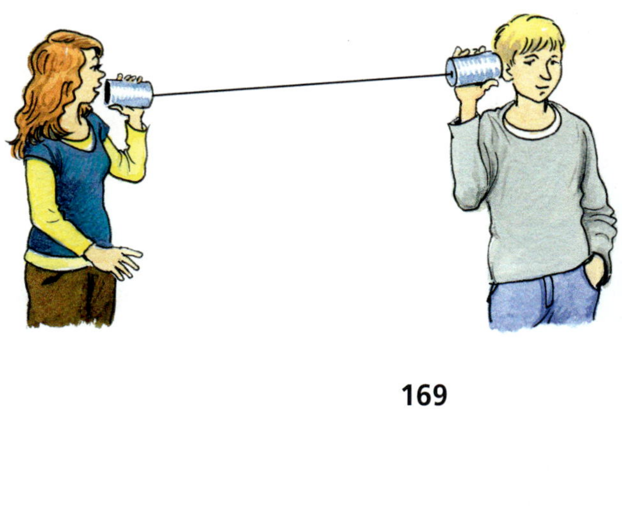

Ziel erreicht

Roter Faden gesucht
Fällt es dir schwer, vor lauter Fakten noch Zusammenhänge zu erkennen? Dann versuche, den Blickwinkel zu wechseln. Die grundlegenden Betrachtungsweisen „Struktur der Materie", „System", „Energie" und „Wechselwirkung" geben dir eine Orientierung, dein Wissen zu systematisieren und zu strukturieren. So behältst du den Überblick.

Beispiel Reflexion von Licht

Struktur der Materie	Wechselwirkung	System
Welche Stoffe reflektieren das Licht?	Warum sind die Spiegelbilder nicht ganz scharf?	Wie entsteht ein Bild im Auge?

Wechselwirkung

Welche Körper beeinflussen sich gegenseitig?

Hast du den Überblick?

Strom und Magnetismus

- Körper bestehen aus Stoffen. Die meisten Körper, z. B. ein Elektrokabel, besteht aus mehreren Stoffen.
- Stoffe erkennst du an ihren Eigenschaften, z. B. an ihrer elektrischen Leitfähigkeit und Magnetisierbarkeit.
- Magnetische Felder sind Räume mit Kraftwirkungen.

Sonnenenergie und Wärme

- Stoffe bestehen aus Teilchen. Diese bewegen sich ständig und wirken aufeinander.
- Je höher die Temperatur ist, desto schneller bewegen sich die Teilchen.
- Stoffe liegen in unterschiedlichen Aggregatzuständen vor.
- Stoffe leiten die Wärme unterschiedlich gut.
- Stoffe unterscheiden sich darin, ob sie die Wärme absorbieren, reflektieren oder übertragen.

Licht und Schall

- Treffen Licht bzw. Schall auf Körper, wird ein Teil absorbiert, gestreut, reflektiert oder durchgelassen – je nachdem, aus welchem Stoff die Körper bestehen.
- Im Vakuum kann sich Schall nicht ausbreiten.

Struktur der Materie

Materie ist alles, was in der Welt, die uns umgibt, in Form von Stoffen (Wasser, Luft, Kunststoff, Eisen …) sowie magnetischen und elektrischen Feldern vorhanden ist.

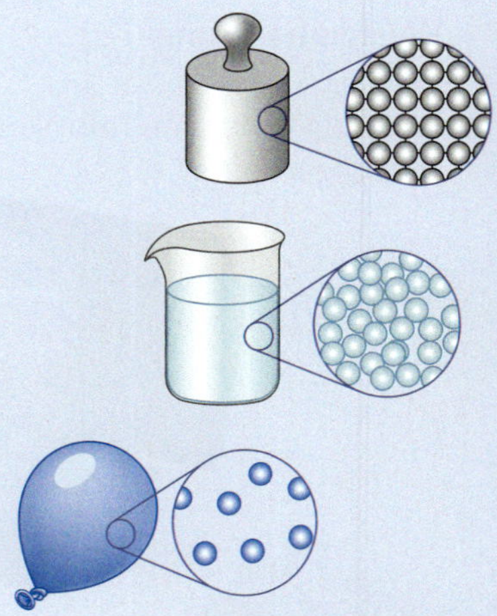

Wechselwirkung

Wenn sich zwei oder mehrere Körper gegenseitig beeinflussen, liegt eine Wechselwirkung vor.

Strom und Magnetismus

- Magnete wirken ohne direkten Kontakt aufeinander und auf andere Körper (Anziehung, Abstoßung).
- Elektrischen Strom kannst du an seinen Wirkungen erkennen (Licht- und Wärmewirkung, magnetische und chemische Wirkung).
- Beim Umgang mit elektrischem Strom sind unbedingt Regeln einzuhalten.

Sonnenenergie und Wärme

- Jahreszeiten entstehen, weil sich die Erde um die Sonne bewegt und die Erdachse geneigt ist.
- Zwischen Körpern unterschiedlicher Temperatur wird Wärme übertragen.
- Fast alle Körper dehnen sich beim Erwärmen aus und ziehen sich beim Abkühlen zusammen. Wasser macht eine Ausnahme.
- Die Zufuhr oder Abgabe von Wärme kann zu Änderungen des Aggregatzustands führen.

Licht und Schall

- Licht und Schall treten mit Körpern der Umgebung in Wechselwirkung (Absorption, Streuung, Reflexion).
- Bilder entstehen durch die geradlinige Lichtausbreitung.
- Wenn Körper genügend schnell schwingen, entsteht hörbarer Schall.
- Wenn Licht von Körpern in unsere Augen fällt, können wir sehen.

Hast du den Überblick?

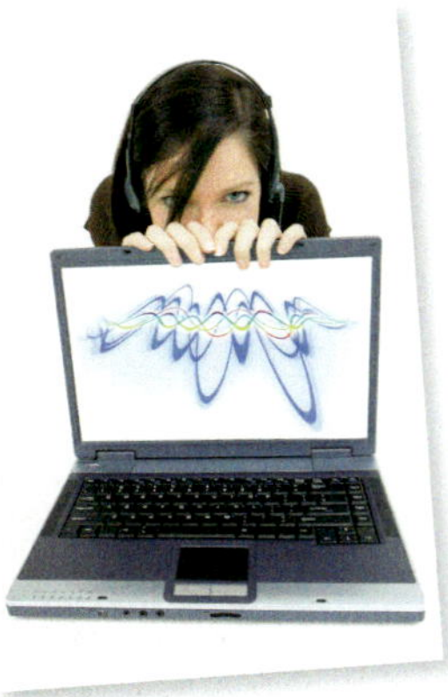

Strom und Magnetismus

- Elektrische Geräte funktionieren nur in einem geschlossenen Stromkreis.
- Elektrische Geräte können in Reihe oder parallel geschaltet werden.
- UND- und ODER-Schaltungen kommen in speziellen Nutzungen vor.

Sonnenenergie und Wärme

- Tag und Nacht sowie der Wechsel der Jahreszeiten entstehen durch periodische Vorgänge in unserem Sonnensystem.
- Verdunsten und Kondensieren sind Teile des Wasserkreislaufs.
- Körper, die sich in engem Kontakt befinden, tauschen Wärme aus.
- Die Temperaturen auf der Erde ergeben sich aus dem Stand der Sonne.
- Tiere und Pflanzen sind an die unterschiedlichen Temperaturen in ihrem Lebensraum angepasst.

Licht und Schall

- Augen und Ohren sind Sinnesorgane für Licht bzw. Schall.
- Umwelteinflüsse wie Lärm, grelles Licht und ultraviolette Strahlung schaden den Sinnesorganen.
- Schwingungsfähige Systeme erzeugen Schall.

System

Ein System setzt sich aus vielen Einzelteilen zusammen. Diese haben in dem System eine bestimmte Funktion und sind voneinander abhängig.

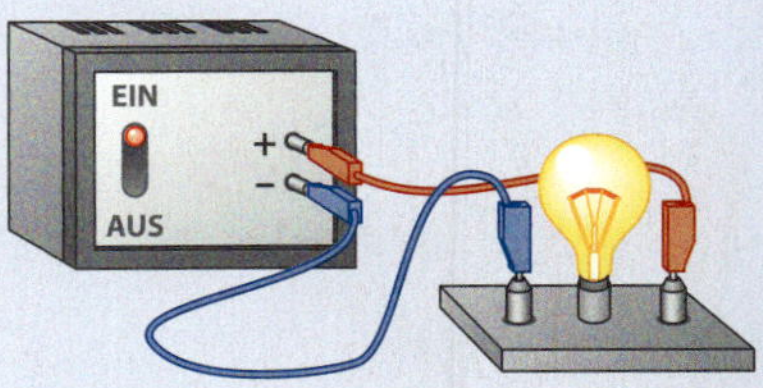

Energie

Energie braucht man, um etwas zu bewegen, zu erwärmen oder zu beleuchten.

Sonnenenergie und Wärme

- Unsere wichtigste Energiequelle ist die Sonne.
- Wärme gelangt durch Strahlung von der Sonne zur Erde.
- Aufgrund der Bewegung von Teilchen besitzen alle Körper thermische Energie.
- Die thermische Energie kann durch Wärme von einem Körper auf einen anderen übertragen werden.

Strom und Magnetismus

- Energie wird in Energiewandlern (Geräte, Maschinen, Lebewesen) von einer Energieform in eine andere umgewandelt.
- Energie ist in Energieträgern gespeichert. Elektrische Energie wird mit dem Strom transportiert.
- Die zugeführte Energie ist nur z. T. nutzbar. Ein Teil wird als Wärme an die Umgebung abgegeben.
- Die Zufuhr oder Abgabe von Wärme kann zu Änderungen des Aggregatzustands führen.

Trainiere mit Methode

1 Ein etwas anderes Alphabet
Mit langen und kurzen Lichtsignalen, die man mithilfe eines Tasters erzeugt, können Nachrichten übermittelt werden. Die Idee geht auf F. B. MORSE (1791–1872) zurück. Er entwickelte auch ein Alphabet, das nach ihm bezeichnet wird.
a) Informiere dich im Internet über das Morsealphabet.
b) Baue ein Licht-Morsegerät. Nutze eine Glühlampe, einen Taster, eine Spannungsquelle und Klingeldraht.
c) Sende den Notruf SOS.
d) Verschlüssle weitere Nachrichten und tausche sie mit deinen Mitschülern aus.

2 Wie war es früher?
Elektrische Geräte werden in rasantem Tempo weiterentwickelt. Erkundige dich bei Erwachsenen, welche elektrischen Geräte es in ihrer Kindheit noch nicht gab.
Welche Geräte wurden durch neue ersetzt?

3 Energie sparen?
Bewerte folgende Aussagen aus physikalischer Sicht:

4 Die Erlebnisse einer Portion Energie
Aus einem Schüleraufsatz:

Hallo, ich bin das kleine Quäntchen Energie. Mit dem Sonnenlicht bin ich auf die Erde gereist. Dort wurde ich von einem Löwenzahnblatt durch Fotosynthese in etwas Zucker gesteckt. Als ein Hase vorbeikam, hat er das Blatt gefressen. Er hat mich aus dem Zucker herausgeholt und ist mit meiner Hilfe einem Fuchs davongerannt.

Ein großer Teil von mir hat sich mit der Körperwärme in der Umgebung verteilt. So schwebe ich nun ein bisschen in der Luft, liege ein bisschen im Gras und ein bisschen hoppelt von mir mit dem Hasen durch die Gegend.

a) Zeichne ein Energieflussdiagramm für diese Geschichte.
b) Denke dir selbst eine Geschichte über den Weg einer kleinen Portion Energie aus. Trage sie deinen Mitschülern vor und diskutiert darüber.

5 **Strom hat Wirkungen**
Baue in einen Stromkreis aus Netzgerät und Lämpchen einen Lamettafaden oder einen Streifen aus Aluminiumfolie ein.

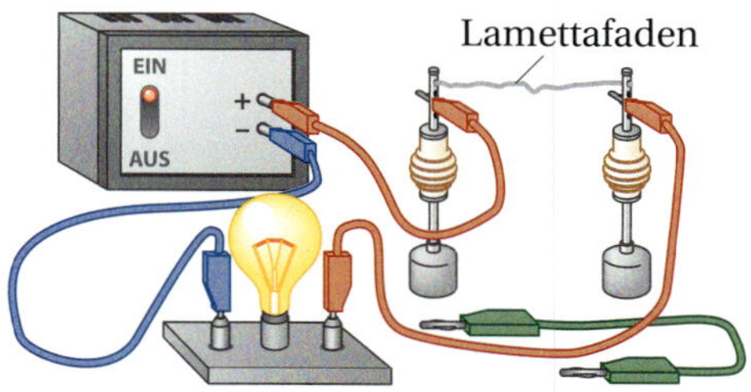

Bitte die Lehrkraft, die Schaltung zu prüfen. Überbrücke das Lämpchen mit einem Kabel. Beschreibe deine Beobachtung.

6 **Schwebender Transrapid**
Der Transrapid hat keine Räder. Er schwebt über der Fahrbahn, die wie ein großes T geformt ist.
Recherchiere im Internet, wie der Zug mithilfe von Elektromagneten und Dauermagneten in der Schwebe bleibt. Entwirf einen Text und diskutiere ihn mit deinen Mitschülern.

7 **Lampe intakt?**
Um die Funktionstüchtigkeit einer Haushaltsglühlampe mit der Aufschrift 230 V/40 W zu prüfen, schließt Finja sie an eine Flachbatterie. Sie kommt zu dem Schluss: nicht intakt. Was meinst du dazu?

8 **Lasten heben auf Knopfdruck**
Sammelt Informationen und Bilder zu Lasthebemagneten und elektrischen Haltemagneten. Berücksichtigt dabei Folgendes:
- Wie groß sind Lasthebemagnete?
- Welche Lasten können sie heben?
- Wo werden sie genutzt?

Verwendet verschiedene Quellen zur Informationssuche, u. a. Lexika und das Internet. Sammelt interessante Texte und Bilder. Notiert die genauen Quellen.
Achtet darauf, dass alle Informationen aus verlässlichen Quellen stammen.

9 **Schalten wie die Profis**
Philipp und Hannah haben die Aufgabe, eine Schaltung aus Spannungsquelle (6 V), zwei gleichen Glühlampen (6 V; 0,1 W), zwei Schaltern und Kabeln zu entwerfen und aufzubauen. Dies ist ihr Entwurf:

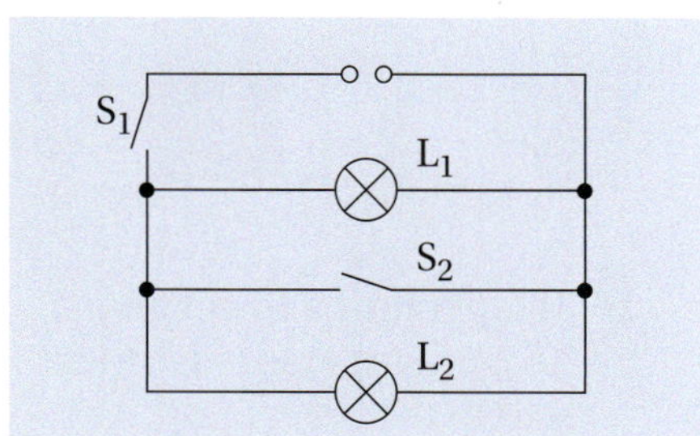

Warum haben die beiden wohl keine Erlaubnis für den Aufbau ihrer Schaltung erhalten?

Trainiere mit Methode

10 Wer ist schneller?
Erkunde, wie lange der Mond für eine Drehung um seine eigene Achse benötigt.
Wie lange dauert ein Mondtag im Vergleich zu einem Erdtag?

11 Ein Globus hilft
Erkläre die Entstehung von Tag und Nacht und den Wechsel der Jahreszeiten. Nutze eine Taschenlampe und einen Globus. Inwiefern ist ein Globus ein Modell?

12 Das passende Thermometer
Gib an, welches der abgebildeten Thermometer du für die Temperaturmessung in der jeweiligen Situation nutzen würdest.
Begründe deine Wahl.

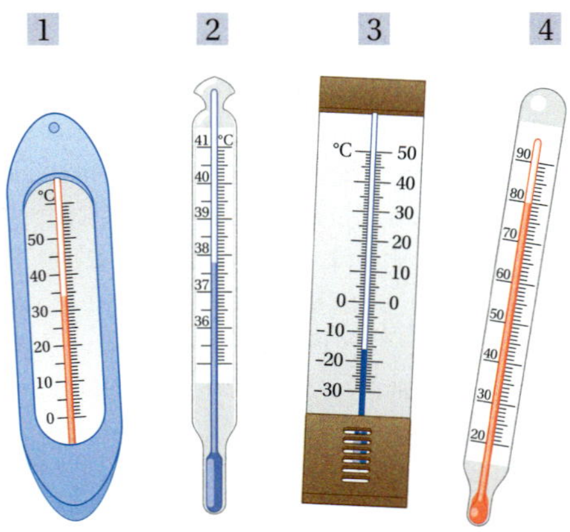

a) Temperaturen in der Sauna
b) Körpertemperatur des Menschen
c) Außentemperatur der Luft
d) Temperatur im Tiefkühlfach des Kühlschranks
e) Temperatur von Badewasser

13 Ändern sich die Temperaturen?
In einem großen Glas befindet sich kaltes Wasser, in einem kleineren Glas heißes Wasser.

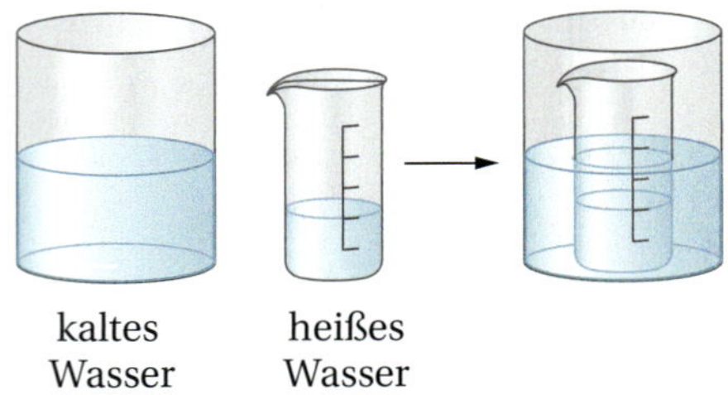

a) Miss zunächst die Temperatur des Wassers in beiden Gläsern.
b) Stelle die Gläser ineinander. Miss jeweils im Abstand von einer Minute die Temperaturen. Rühre gut um. Erfasse die Messwerte in einer Tabelle.
c) Zeichne ein Temperatur-Zeit-Diagramm. Trage alle Messwerte ein. Werte das Diagramm aus.
d) Mache eine Aussage über die Wärme, die zwischen den Wassermengen ausgetauscht wird.

14 Leben wie die Eskimos
Diskutiert in Gruppen, ob ihr euch ein Leben in einem Iglu vorstellen könnt. Wie würde sich euer bisheriges Leben ändern?

15 Wie Flüssigkeiten abkühlen

Denise interessiert, nach welchem Gesetz sich Flüssigkeiten abkühlen. Deshalb hat sie alle zwei Minuten die Temperatur von Tee in einer Tasse gemessen:

t in min	0	2	4	6	8	10
ϑ in °C	85	63	49	39	33	28

a) Stelle den Abkühlvorgang in einem Temperatur-Zeit-Diagramm (ϑ-t-Diagramm) dar.
b) Berechne die Temperaturänderung nach jeweils zwei Minuten.
c) Werte das Diagramm aus.
d) Am nächsten Tag wiederholt Denise den Versuch bei einer geringeren Zimmertemperatur. Werden sich die Messwerte ändern? Begründe.

16 Ein anschauliches Teilchenmodell

a) Welche der Aussagen, die den flüssigen Aggregatzustand eines Stoffs mit dem Teilchenmodell beschreiben, sind richtig, welche falsch?
(1) Alle Teilchen bewegen sich gleich schnell.
(2) Alle Teilchen sind gleich groß.
(3) Zwischen den Teilchen wirken Kräfte.
(4) Alle Teilchen haben den gleichen Abstand voneinander.
b) Erkläre mit dem Teilchenmodell, warum du eine vollständig mit Wasser gefüllte Kunststoffflasche kaum zusammendrücken kannst, eine mit Luft gefüllte Flasche dagegen sehr leicht.

17 Nur mit Netz

Warum verhindert ein Drahtnetz unter dem Gefäß, dass das Glas zerspringt? Was passiert mit der Wärme?

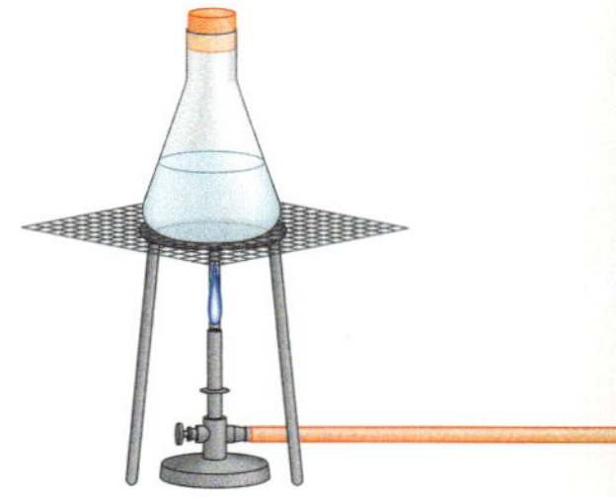

18 Küchenhelfer

Begründe, warum Küchenhelfer aus Holz, Kunststoff oder aus einer Kombination von hitzebeständigen Metallen und Griffen aus Kunststoff sind.

19 Was stimmt denn nun?

An einem Teelöffel aus Kunststoff und einem aus Stahl werden jeweils vier Stahlkügelchen mit Wachs befestigt. Danach werden die beiden Löffel gleichzeitig in ein Glas mit heißem Wasser getaucht. Das Ergebnis des Experiments zeigt die Abbildung rechts. Entscheide, welche der Schlussfolgerungen die richtigen sind:
(1) Metalle leiten die Wärme besser als Nichtmetalle.
(2) Stahl ist der beste Wärmeleiter.
(3) Kunststoff leitet Wärme schlechter als Stahl.
(4) Kunststoff leitet die Wärme nicht.
(5) Stoffe leiten Wärme unterschiedlich gut.

Trainiere mit Methode

20 Nur teilweise finster
Eine partielle (teilweise) Sonnenfinsternis wie in der Abbildung ist viel häufiger zu beobachten als eine totale Sonnenfinsternis. Worin unterscheiden sich beide? Informiere dich im Internet.

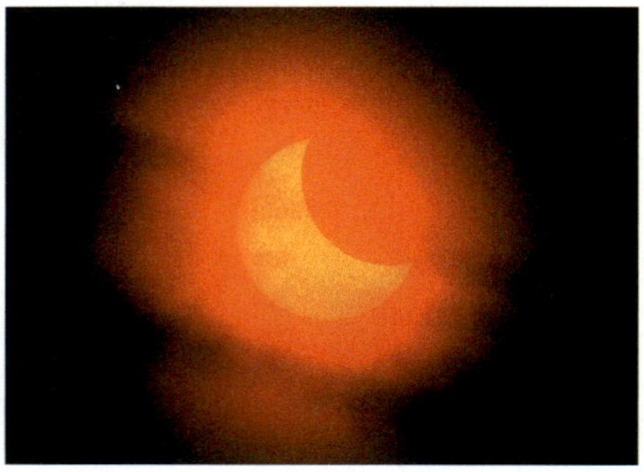

21 Pia versteckt sich
Pia, Tim und Lena spielen Verstecken. Wo muss Pia stehen, damit sie weder von Tim noch von Lena gesehen werden kann? Wähle zwischen den Positionen A bis E aus und begründe deine Entscheidung.

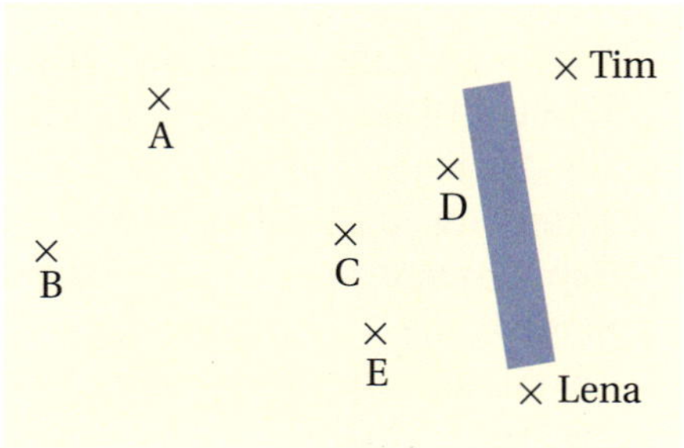

22 Saftflasche
Von einer 25 cm hohen Saftflasche wird ein Schatten an einer Wand erzeugt. Die Lichtquelle befindet sich 40 cm vor der Wand, die Flasche 20 cm.

a) Ermittle in einer maßstäblichen Zeichnung, wie hoch der Schatten der Flasche an der Wand ist.
b) Sage voraus, wie sich die Höhe des Schattens ändert, wenn die Flasche verschoben wird.
c) Prüfe deine Voraussage in einem Experiment. Kannst du sie bestätigen?

23 Vom Sehen
Die Vorstellungen darüber, warum wir Gegenstände sehen, haben sich im Laufe der Geschichte verändert. Welche der farbigen Pfeile (rot, grün oder blau) stellen den Sehvorgang richtig dar?

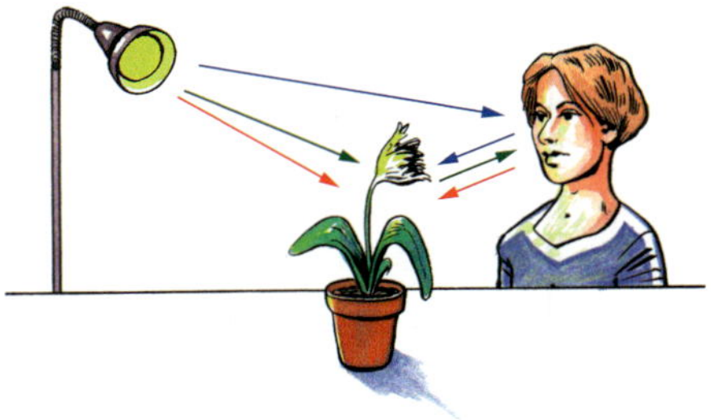

24 Erstaunliche Augen
a) Bei unseren Augen ist der Abstand zwischen Linse und Netzhaut immer gleich. Trotzdem können wir Gegenstände in unterschiedlicher Entfernung scharf sehen. Wie ist das zu erklären?
b) Wie ragieren unsere Augen auf verschiedene Helligkeiten? Beobachtet eure Augen, wenn ihr vom Dunkeln ins Helle kommt. Wertet eure Beobachtungen aus.

25 Nicht hören

Fabian ist mit dem Fahrrad unterwegs. Er hat seinen Walkman auf und hört seine Lieblingsmusik.
Bewerte das Verhalten von Fabian.

26 Schall von Tieren

Erkunde, wie verschiedene Tiere Schall erzeugen und welche Hörfähigkeiten sie haben.

a) Fertige Informationsmaterial zu verschiedenen Arten der Schallerzeugung an.

b) Interessant ist, dass der Hörbereich bei allen Lebewesen größer ist als der Stimmumfang. Überlege, warum dies sinnvoll ist.

c) Hundepfeifen werden u. a. zum Trainieren von Rettungshunden eingesetzt. Vergleiche das Gehör eines Hundes mit dem eines Menschen. In welchem Bereich erzeugt die Pfeife Töne?

27 Bolzplatz in Gefahr

Die Anwohner eines Bolzplatzes beschweren sich über den ständigen Lärm, der erst bei Dunkelheit anhält. An den Wochenenden ist die Belastung besonders groß. Sie schlagen verschiedene Maßnahmen vor:

- Einige sprechen sich dafür aus, den Bolzplatz zu schließen.
- Andere fordern, Ohrenschützer an die Anwohner auszuteilen.
- Einer hat die Idee, eine Halle bauen zu lassen.
- Viele fordern, nur bestimmte Zeiten am Tag für das Bolzen zuzulassen.

Bewertet die Maßnahmen und entscheidet, welche am besten ist.
Diskutiert die Maßnahmen in der Gruppe und gebt Gründe an, die für oder gegen die Maßnahmen sprechen.
Wägt die Gründe gegeneinander ab und begründet eure Entscheidung.

28 Wenn Sinne ausfallen

Behinderte Menschen haben es schwer, sich zu verständigen, sich zu orientieren und zu agieren. Sie nutzen andere Wege.

a) Stellt in einer Übersicht zusammen, welche Behinderungen durch Ausfall von Augen und Ohren zustande kommen.

b) Diskutiert darüber, wie man sich gegenüber einer behinderten Person verhalten sollte.

A Anhang

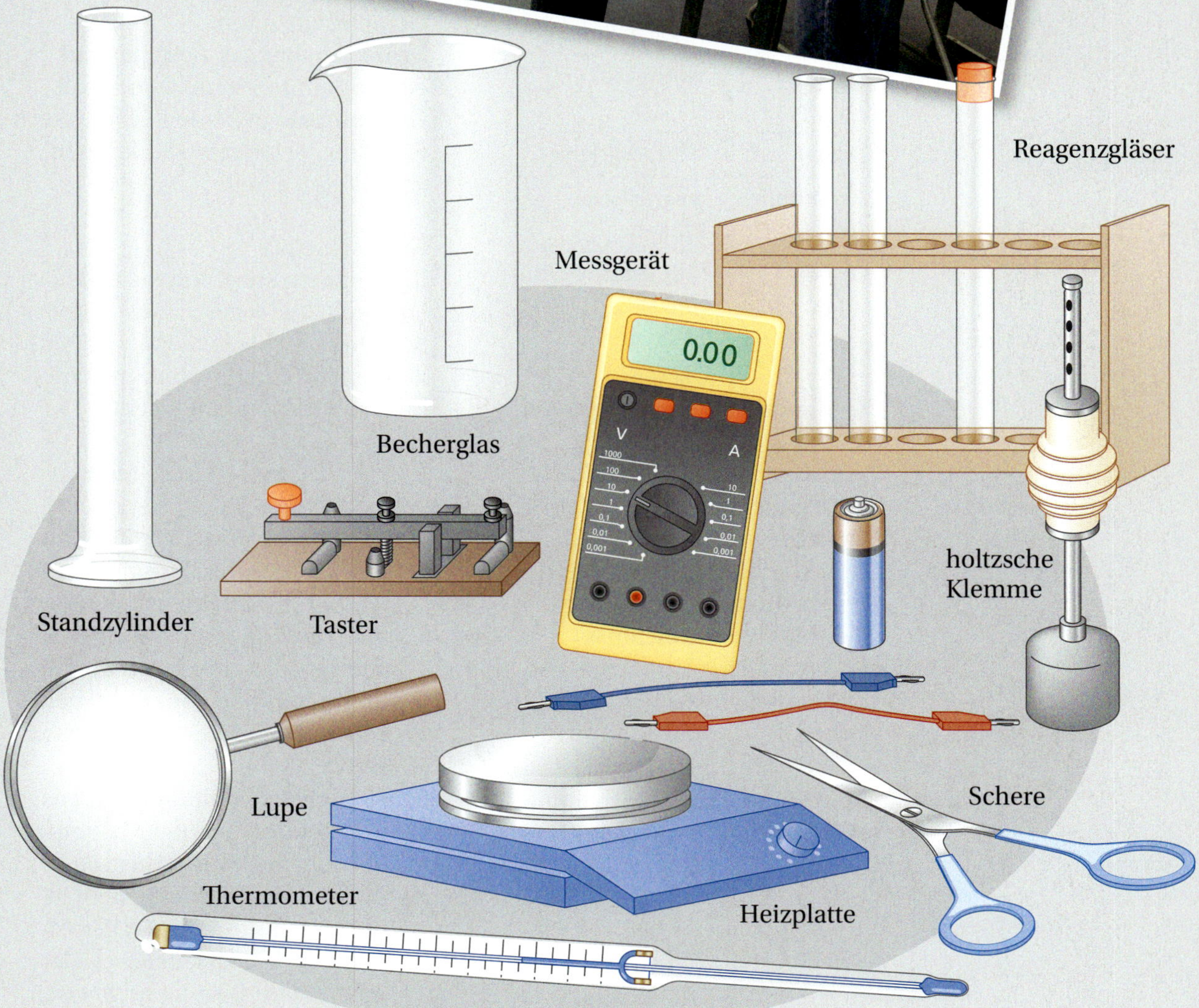
Reagenzgläser
Messgerät
0.00
V
A
Becherglas
Standzylinder
Taster
holtzsche
Klemme
Lupe
Schere
Thermometer
Heizplatte

Lösungen zu „Teste dich selbst"

Strom und Magnetismus

Wähle aus – ↗ S. 46

1 A, C; 2 A, C; 3 C; 4 B; 5 B; 6 B

Beantworte ausführlich – ↗ S. 47

1 a)

Gerät	Wirkung des elektrischen Stroms
Wasserkocher	Wärmewirkung
Toaster	Wärmewirkung
Handrührgerät	magnetische Wirkung
Leuchte	(mit Leuchtstoffröhre) Lichtwirkung

b) Die Geräte sind parallel geschaltet.

c) Wenn der Wasserkocher defekt ist, kann der Toaster trotzdem betrieben werden, weil beide Geräte parallel geschaltet sind. Wenn in dem Wasserkocher allerdings ein Kurzschluss verursacht wird, kann auch der Toaster nicht mehr betrieben werden.

2 Schaltplan für die Reihenschaltung (Schaltung rechts)

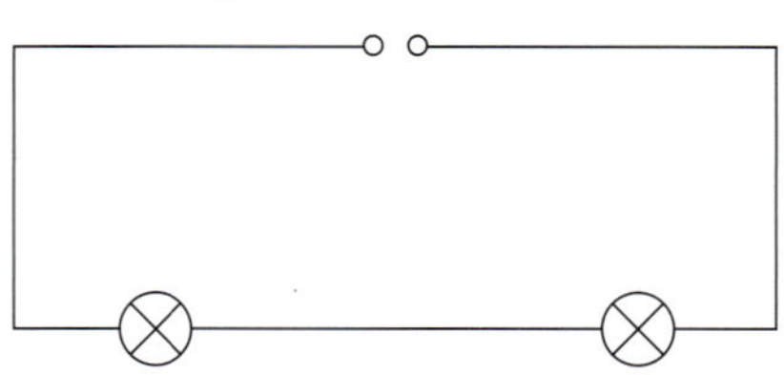

Schaltplan für die Parallelschaltung (Schaltung links):

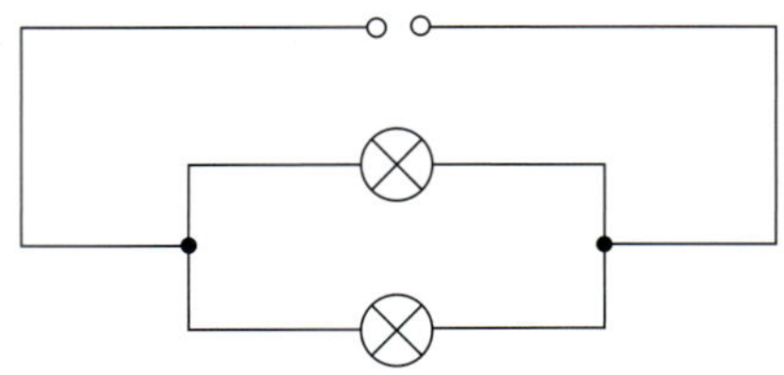

Gemeinsamkeiten:
Beide Schaltungen bestehen aus einer Spannungsquelle und zwei Glühlampen. In beiden Schaltungen leuchten die beiden Glühlampen jeweils gleich hell.

Unterschiede:
In Schaltung links sind die Glühlampen parallel geschaltet, in der Schaltung rechts in Reihe. Die Glühlampen in Schaltung links leuchten heller als in Schaltung rechts.

3 a) Die Schaltung darf so nicht aufgebaut werden. Der obere Schalter verursacht beim Schließen einen Kurzschluss. Wird nur der untere Schalter geschlossen, läuft der Motor an. Bei einer Sicherheitsschaltung darf der Motor nur dann laufen, wenn beide Schalter gleichzeitig geschlossen sind.

b) Sicherheitsschaltungen gibt es u. a. bei Geräten und Maschinen, bei denen gewährleistet sein muss, dass die Hände nicht in die Maschine geraten. Dies ist z. B. bei Heckenscheren, elektrischen Kettensägen und Pressen der Fall.

4 Niklas geht nicht nur extrem leichtsinnig mit seiner Gesundheit um, sondern gefährdet unter Umständen auch Personen, die ihm bei einem Stromunfall zu Hilfe eilen würden. Gerade die Berührung der Pole einer Steckdose, die Spannungen von 230 V liefert, ist für Menschen lebensgefährlich.

5 a) Das Leitungswasser enthält genug Salze und leitet deshalb den elektrischen Strom. Wenn man beim Baden mit elektrischem Strom in Berührung kommt, kann der elektrische Strom durch den Körper fließen – es besteht Lebensgefahr.
b) Benutzung nicht im Wasser, Herabfallen ins Wasser verhindern, nur mit trockenen Händen benutzen.
Elektrogeräte wie einen Föhn sollte man im Bad nur dort benutzen, wo man nicht mit Wasser in Berührung kommen kann.
Niemals in der Badewanne!

6 a) Ein Elektromagnet ist stärker, wenn er bei gleicher Stromstärke mehr Windungen hat.
b) Im Stromkreis fehlt eine Spannungsquelle.
c) Körper aus Kupfer leiten den elektrischen Strom. Körper aus Kunststoff sind Nichtleiter.

Sonnenenergie und Wärme

Wähle aus – ↗ S. 112

1 B, C; 2 B; 3 A, B; 4 A; 5 C; 6 A, C

Beantworte ausführlich – ↗ S. 113

1 In sehr kalter Umgebung ist die Temperaturdifferenz zwischen der Temperatur des Getränks und der Umgebung besonders groß, sodass in kurzer Zeit viel Wärme übertragen wird.

2 Beim Schwitzen wird Schweiß abgesondert. Durch die Schweißabsonderung wird die Haut feucht. Die Feuchtigkeit auf der Haut verdunstet. Zum Verdunsten ist Wärme erforderlich. Diese Wärme wird der Haut und der Umgebung entzogen. Der Körper wird gekühlt.
Ist die Schweißproduktion gestört, kommt es zu einem Wärmestau. Die Haut der Betroffenen fasst sich sehr heiß und trocken an.
Ohne Gegenmaßnahmen erhöht sich der Puls, der Gang wird taumelnd. Es kann zu Bewusstlosigkeit kommen. Die Stoffwechselvorgänge hängen von der Temperatur ab und funktionieren nicht mehr bei großer Hitze. Ohne Behandlung kann der Hitzschlag zum Tod führen.
Maßnahmen zur Rettung: Betroffene ins Kühle bringen, die Körpertemperatur zusätzlich durch kaltes Wasser und Eiswürfel absenken.

3 Die Körperoberfläche eines Elefanten ist im Verhältnis zu seinem Körpervolumen klein. Eine Regulation der Körpertemperatur über die Haut ist deshalb nicht ausreichend.

Elefanten lösen dieses Problem mithilfe ihrer Ohren. Diese sind auffallend groß. Jedes Ohr kann eine Fläche von zwei Quadratmetern haben. Die Ohren sind mit einem komplizierten Netz von Blutgefäßen ausgestattet. In diesen Gefäßen zirkuliert das Blut mit hoher Geschwindigkeit dicht unter der Oberfläche.
Sobald der Elefant mit den Ohren fächelt, kühlt sich das Blut in den Adern um bis zu fünf Grad Celsius ab. Dadurch wird der ganze Körper gekühlt.

4 Alle Geschichten sollten die Information enthalten, dass die Sonne ein heißer Körper ist und viel Strahlung aussendet. Diese durchdringt den Weltraum. Ein Teil gelangt auf die Erdoberfläche und erwärmt sie. Strahlung breitet sich also ohne Beteiligung von Stoff aus.

5 Durch die gute Wärmeleitung des Metalls ist es nicht möglich, die Münze so lange festzuhalten, wie das Streichholz braucht, um abzubrennen.

6 Wenn nach dem Baden das Wasser auf deiner Haut durch hohe Lufttemperatur und Wind schnell verdunstet, dann wird der Haut Wärme entzogen. Dein Körper kann diese Wärme nicht so schnell „nachliefern". Du frierst.

7 Die Wäsche sollte großflächig aufgehängt werden. Wind und Sonneneinstrahlung beschleunigen das Verdunsten.

Licht und Schall

Wähle aus – ↗ S. 168

1 B; 2 A; 3 A; 4 B; 5 B; 6 A; 7 B, D

Beantworte ausführlich – ↗ S. 169

1 a) Das Bild muss umgekehrt sein.
b) Leiser und lauter Ton wurden vertauscht.

2 a) Die Schattenbilder kommen zustande, weil der Fußballer von verschiedenen Lichtquellen beleuchtet wird.
b) An der Erzeugung der Schattenbilder sind vier Lichtquellen (Flutlicht des Stadions) beteiligt.

3 Fahrzeuge mit Licht werden von anderen Verkehrsteilnehmern besser wahrgenommen. Reflektoren werfen das Licht immer nur in die Richtung des Senders zurück.
Ein Fahrzeugführer sieht also Reflektoren an Menschen oder Gegenständen nur bei eingeschaltetem Licht.

4 a) Reflektoren setzen Licht voraus und reflektieren Licht in die Ausgangsrichtung zurück. In vielen Alltagssituationen ist helle Kleidung zusätzlich sinnvoll.
b) Die Sonne scheint nicht weniger. Die Wolken verhindern aber, dass alles Licht der Sonne auf die Erde gelangt.
c) Fledermäuse orientieren sich mithilfe von Schall im Raum. So können sie Hindernissen ausweichen und Beutetiere fangen.
d) Weiche und poröse Körper absorbieren besonders viel Schall.

5 a) Schall kann nicht nur durch Luft übertragen werden, sondern auch über einen straff gespannten Faden. Der Schall breitet sich über die Schnur sogar noch besser aus als in der Luft. Wenn man in den Becher spricht, so wird die Luft im Becher in Bewegung versetzt und der Boden des Bechers schwingt hin und her. Dadurch wird auch die gespannte Schnur bewegt und am anderen Ende beim „Empfänger“ zieht der Faden am Becherboden und bringt auch ihn zum Schwingen. Die Luft im zweiten Becher gerät dadurch in Bewegung.

b) Die Verständigung verbessert sich bei einem Metalldraht, da dieser den Schall besser überträgt als ein Faden.

Register

Bildquellenverzeichnis

AEARO GmbH: 181/2; adpic Bildagentur/A. Buss: 155/3; AEG Hausgeräte GmbH: 36/2; Archiv der Archenhold-Sternwarte Berlin: 126/1; Archiv Stadtwerke Hannover AG: 40/1; ars mundi, www.arsmundi.de: 80/1; AVM GmbH: 36/1; BackArts GmbH: 37/2, 154/5, 155/4; K. Bahro, Berlin: 45/2; BASF, Ludwigshafen: 161/1; Arnulf Betzold GmbH: 151/1; Hubert Bossek, Hoppegarten: NS/1, 128/2, 180/1; Bibliographisches Institut GmbH, Mannheim: 129/6, 145/2; Bildagentur Waldhäusl/McPhoto: 124/1, 136/1; blickwinkel/P. Royer: 74/2; Bosch: 20/6, 28/1-2; Channel Island Pictures/Alamy: 72/1; Continental AG: 67/5; Kathy Coatney/AgStock Images/Corbis: 96/1; Corel Photos Inc.: 55/1, 86/3; Corel Photos Inc.: 110/1, 129/5; Cornelsen Experimenta: 10/1, 17/2, 17/3, 20/2, 20/5, 23/1, 23/3, 23/8, 32/1, 39/1, 44/3, 44/4, 46/1, 65/3, 65/4, 73/1, 101/1, 148/1, 150/1, 152/1, 154/2, 178/2; Cornelsen Experimenta GmbH: 47/1, 47/2; Daimler AG: 44/1; Deutscher Wetterdienst: 69/1; DRK: 135/2; Duden Paetec GmbH: 142/1, 155/5; ESA: NS/6; NS/10; Rainer Fischer: 52/1, 178/1; Fotolia: 67/2, 71/1, 84/1, 88/1; Fotolia/Alain Nicolas Lavanchy: 40/3; Fotolia/Andrzej Solnica: 75/3; Fotolia/ctacik: 182/1; Fotolia/Elenathewise: 171/5; Fotolia/Flexmedia - Fotolia: 67/3; Fotolia/Freddy

Smeets: NS/2; Fotolia/Georg Hergenhan: 41/1; Fotolia/Ilka Burckhardt: 144/1; Fotolia/Irina Tischenko: 77/2; Fotolia/Kurt Tutschek: 49/2; Fotolia/Monique van Elsen: 145/3; Fotolia/Renee Jansoa: 74/5; Fotolia/Sergey Tokarev: 175/2; Fotolia/Tanja Strunk: 86/1; Fotolia/Volker Wille: 20/8; Fotolia/Yuri Arcurs: 115/2; Fraport AG: 162/2; Fujitsu Siemens Computers: 36/3; Getty Images: 175/1; M. Hannemann, Georg-Weerth-Oberschule: 116/1; Infra-Tec GmbH, Dresden: 84/2; iStockphoto: 22/1, 22/2, 75/1, 86/2, 94/1, 154/1, 159/1, 171/2, 171/3, 179/1; iStockphoto/Amanda Rohde: 174/1, iStockphoto/ARENA Creative: 146/1; iStockphoto/Chris Hutchison: 166/2; iStockphoto/Christina Norwood: 67/1; iStockphoto/Elena Elisseeva: 113/1, iStockphoto/GoodMood Photo: 113/3; iStockphoto/Ina Peters: 14/2; iStockphoto/Larry Sherer: 173/2; iStockPhoto/M. Olson: 178/3; iStockphoto/max homand: 125/1; iStockphoto/Mike Clarke: 171/4; iStockphoto/MH: 172/1; iStockphoto/R. Kohlhuber: 165/2; iStockphoto/Roman Milert: 163/1; iStockphoto/T. Popova: 155/1; iStockphoto/Tomasz Pietryszek: 83/1; S. Kalmutzki, Neuenhagen: 142/2; Sebastian Karpp: 113/2; Knauf Insulation GmbH & Co. KG: 77/1; Landesamt für Denkmalpflege und Archäologie/Juraj Lipták: 56/1; Heinz-Günter Lau GmbH: 157/1; LD Systeme AG & Co. KG: 29/1, 44/2, 65/1, 65/6, 72/2; LEGO BAGS: 133/1, LEMO Solar: 20/4; Linde AG, Geschäftsbereich Linde Gas, 82049 Höllriegelskreuth: 67/4; G. Liesenberg: NS/4, 23/5-7, 50/2-4, 65/5, 65/7, 94/5, 155/2; Kenneth G. Libbrecht, Kalifornien, USA: 111/1; Werner Krüger/Deutsche Lufthansa AG: 165/1; B. Mahler, Fotograf, Berlin: 16/1, 83/2, 94/3, 95/1, 101/2, 120/2, 121/1; H. Mahler, Fotograf, Berlin: 17/1, 66/1, 66/2, 76/2, 120/1; Mannesmann Dematic AG, Wetter: 38/2; mauritius images/Deniz Kalkavan: 87/2; mauritius images/Thorsten Milse: NS/5; mauritius images/imagebroker/Ralph Kerpa: 74/1; mauritius images/imagebroker.net: 49/3; mauritius images/Marc Gilsdorf: 8/1; mauritius images/Schulze + Schulze: 114/1; mauritius images/age fotostock: 48/1; mauritius images/Creatas: 50/1: mauritius images/Edmund Nägele: 58/1, 59/2; mauritius images/Harry Walker: 145/1; mauritius images/Nonstock: 170/1; mauritius images/Photo Researchers: 105/4; mauritius images/Photononstop: 98/1; mauritius images/Schlief: 173/1; mauritius images/Simon Katzer: 166/1; mauritius images/Tunger: 82/1; Metabowerke GmbH, Nürtingen: 36/4, 154/4; Meyer, L., Potsdam: 26/1, 37/3, 37/4, 42/3, 60/2, 65/2, 65/8, 94/4, 117/1, 129/2, 134/1; Chris Sorensen / Messe Berlin GmbH und BDLI: NS/9; Miele & Cie. KG, Gütersloh: 176/1; Z. Neuls, Berlin: 23/9; Michael Neunzig: 25/2; NTL Austria: 12/1-4, 34/1, 53/1, 183/1, 144/2, 144/3; ÖAMTC: 40/4, 134/2, 155/4; Osram GmbH: 23/2, 37/1, 45/4; panthermedia: 105/1; panthermedia/C. Rother: NS/8; panthermedia/H. Landshoeft: NS/7; panthermedia.net /T. Alteholz: 40/2; panthermedia/Dieter Beselt: 174/3; panthermedia/Hans Eder: 105/2; panthermedia/Horst Hellwig: 160/1; panthermedia/Josef Müllek: 75/2; panthermedia/Kay Augustin: 43/1; Photo Disc: 70/2; Photo Disc Inc.: NS/3, 60/3, 74/3, 74/4, 104/1, 116/1-2, 128/1, 152/2, 152/3, 154/3; Phywe Systeme GmbH & Co. KG, Göttingen: 18/2, 62/1; picture alliance/AFP Creative: 162/1; picture-alliance/dpa/dpaweb/B. Thissen: 122/1; picture-alliance/akg-images: 133/2; picture-alliance/dpa: 25/1, 38/1, 42/2, 115/1, 135/1, 171/1, picture-alliance/dpa/dpaweb: 156/1, 181/1; picture-alliance/OKAPIA KG, Germany: 33/3; picture-alliance/ZB: 70/1, 87/1; Pixland: 115/3; Susanne Raake: 20/1, 30/1, 67/6, 82/2; Sammlung Gesellschaft für ökologische Forschung/Gerhard Rohrmoser: 108/1-2; Dr. Ingo Schnell: 138/1; SCHOTT, Mainz: 42/1; Siemens AG/München: 9/2, 33/2, 45/1, 45/3, 45/5, 76/1, 94/2, 129/1; Silva Deutschland GmbH: 14/1, 16/3; Technorama, Schweiz, www.technorama.ch: 9/1; Transrapid International GmbH: 177/1; ullstein bild - imagebroker.net: 106/1; VARTA AG: 20/3; Vogt, Patrik, Landau: 23/4, 26/2, 26/3, 33/1; Silvia Wenning, Essen: 85/1; WILDLIFE/NWU: 116/3; B. Wöhlbrandt: 129/4; www.erdbeergarten.com: 111/2; www.fotos-direkt.de: 129/3; Maximilian Ziegler: 49/1, 105/3; Zweirad-Profi/R. Jäger: 24/1

Temperaturen in Natur und Technik

tiefste Temperatur, die möglich ist
−273 °C = 0 K

Temperatur, bei der der
Widerstand von Quecksilber
sprungartig null wird (Supraleitung)
−268,95 °C = 4,2 K

Temperatur flüssiger Luft
−193 °C

Nachtseite des Mondes
−130 °C

niedrigste Lufttemperatur in der Antarktis
− 89 °C

Körpertemperatur des Menschen
37 °C

Körpertemperatur einer Maus
44 °C

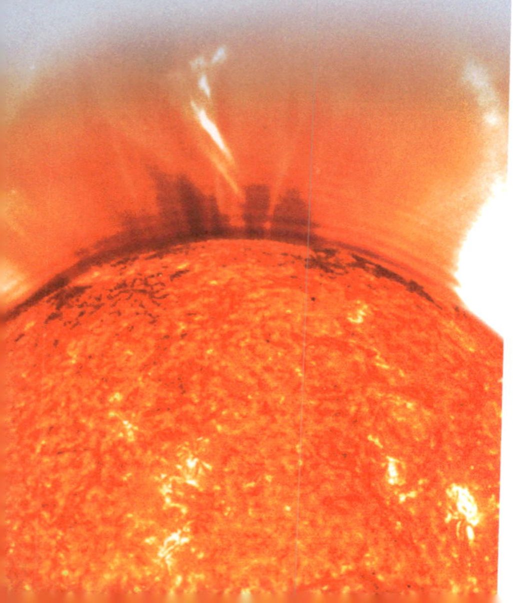

Siedetemperatur von Wasser
100 °C

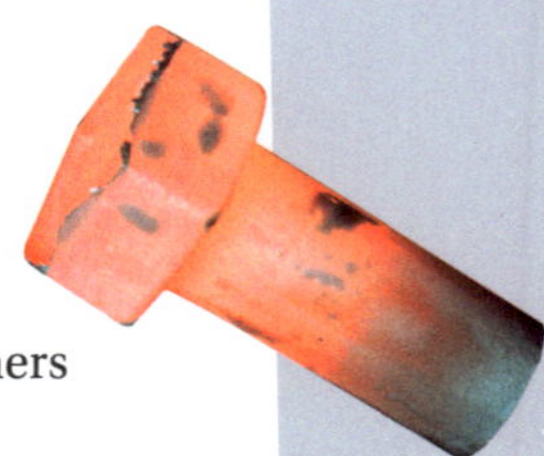

rot glühender Stahl
800 °C

Flamme eines Bunsenbrenners
1 700 °C

Oberfläche der Sonne
5 500 °C